数理学科导论

陈芳跃 主编

西安电子科技大学出版社

内 容 简 介

本书主要介绍数学、物理两个学科的发展概况、研究范围和普通本科院校与这两个学科相关的几个专业的学习内容和基本要求，以及每个专业的理论课程和实验实践课程介绍等；同时，本书也介绍了与数学、物理两个学科相关的学科以及数学、物理类专业的学生毕业后可以继续深造的专业和方向。

本书目的在于为大学生本科阶段的学习生涯提供帮助和指导，可以作为数学、物理两个学科相关专业方向学生的学科导论课教材，也可以作为数学、物理类专业的入门指导书。

图书在版编目(CIP)数据

数理学科导论/陈芳跃主编. —西安：西安电子科技大学出版社，2015.11(2024.7 重印)
ISBN 978–7–5606–3913–0

Ⅰ. ① 数… Ⅱ. ① 陈… Ⅲ. ① 数学—学科发展—研究—中国
② 物理学—学科发展—中国 Ⅳ. ① O1-12

中国版本图书馆 CIP 数据核字(2015)第 252150 号

策　　划　陈　婷
责任编辑　陈　婷
出版发行　西安电子科技大学出版社(西安市太白南路 2 号)
电　　话　(029)88202421　88201467　　邮　　编　710071
网　　址　www.xduph.com　　　　　　　电子邮箱　xdupfxb001@163.com
经　　销　新华书店
印刷单位　西安日报社印务中心
版　　次　2015 年 11 月第 1 版　　2024 年 7 月第 3 次印刷
开　　本　787 毫米×1092 毫米　1/16　印　张　12.5
字　　数　291 千字
定　　价　32.00 元
ISBN 978–7–5606–3913–0

XDUP 4205001-3
如有印装问题可调换

前　言

　　学科导论是帮助大学生在进校初期能够迅速对自己所学习的专业有比较全面的了解的一门课程。作为数理学科导论课的教材，本书内容主要包括：数理学科的发展概况和发展历史，数理学科的基本情况，数理学科各个专业的介绍，各个专业的考研方向，各个专业的实践教学环节的内容和要求，数学建模课程和全国大学生数学建模竞赛的介绍，以及怎样规划好自己的大学生涯。

　　进入大学后，大部分学生对于自己所学的专业不是十分了解，因此，入校后系统地了解本专业的学习内容和发展前景显得非常重要。我校从2013级开始，在全校范围内按学科门类开设了"学科导论"课程，经过两年的教学实践，收到了很好的效果。为更好地建设这门课程，同时也为了让学生有该门课程的具体教材，我们把理学类的"学科导论"的教学讲稿整理成本书，名为《数理学科导论》，希望让学生能够更加系统地了解和学好这门课程，同时也为更好地学好自己的专业课程打下基础。

　　本书从自然科学的分类开始，系统地介绍了数学、物理两大学科的起源、发展和现状，在此基础上，向读者系统地介绍了数学、物理两大学科各个专业的学习内容。一般而言，在课堂教学中，各个专业的学生仅学习自己专业的内容，现在我们把数学、物理两个学科的各个专业的内容编写成教材后，就可以让学生也了解其他专业的学习内容以及自己所学专业与其他专业的区别等，这样可以为学生在本科毕业以后的学习深造提供帮助，以利于学生为自己以后的发展做出更好的规划。

　　本书由杭州电子科技大学理学院"学科导论"课程教学团队集体完成，其中第1章由陈芳跃编写，第2.1节由李炜编写，第2.2节、第3.2节由赵金涛编写，第3.1节由凌晨编写，第4.1节由潘建江编写，第4.2节由赵易编写，第4.3节由赵月旭编写，第4.4节、第5.2节、第7.2节由丁宁编写，第4.5节由陈林飞编写，第5.1节由邓重阳编写，第5.3节、第7.3节由黄清龙编写，第6章由裘哲勇编写，第7.1节、第7.4节由张智丰编写，第8章由卢峰编写；全书由张智丰统稿，陈芳跃审定。学科导论全部内容涉及面非常广泛，编写难度很大，其中必定有很多的不足甚至错误。此次出版，希望得到专家读者的批评指正，以利于我们今后修订中改进和提高。

　　本书的完成得到杭州电子科技大学教材项目的资助，得到学校领导、教务处、理学院的大力支持，西安电子科技大学出版社对本书的出版也给予大力的支持和帮助，在此一并表示感谢。

编　者

2015年6月

目　　录

第1章　数理科学发展概述

1.1　自然科学概述

1.1.1　简介

自然科学含括了许多领域，研究自然科学通常试图解释世界是依照自然程序而运作的，而不是由神性的方式运作。自然科学是研究无机自然界和包括人的生物属性在内的有机自然界的各门科学的总称。认识的对象是整个自然界，即自然界物质的各种类型、状态、属性及运动形式。认识的任务在于揭示自然界发生的现象以及自然现象发生过程的实质，进而把握这些现象和过程的规律性，以便解读它们，并预见新的现象和过程，为在社会实践中合理而有目的地利用自然界的规律开辟了新的途径。

自然科学的根本目的在于发现自然现象背后的规律。但是目前自然科学的工作尚不包括研究这些规律为什么存在以及它们为什么是现在的样子。自然科学认为超自然的、随意的和自相矛盾的现象是不存在的。自然科学的最重要的两个支柱是观察和逻辑推理。由于对自然的观察和逻辑推理，自然科学可以引导出大自然中的规律。假如观察的现象与规律的预言不同，那么要么是因为观察中有错误，要么是因为至此为止原来被认为是正确的规律是错误的，超自然因素是不存在的。

自然科学是研究自然界的物质形态、结构、性质和运动规律的科学。它包括数学、物理学、化学、生物学等基础科学和天文学、气象学、农学、医学、材料学等实用科学，是人类改造自然的实践经验即生产斗争经验的总结。它的发展取决于生产的发展。原始社会中，人类因生产工具简单、粗笨，且受到原始宗教及其他意识的影响，自然科学的发展是非常缓慢的。不过，人类取得的每一个科技进步，都推动了生产的发展，同时又促进自然科学知识的不断积累，预示着科技的新突破。从古到今，人类以辛勤的劳动与聪明智慧，不断地推动着科学和技术的发展。

1.1.2　自然科学的分类、领域介绍

1. 数学

数学是研究数量、结构、变化以及空间模型等概念的一门学科。透过抽象化和逻辑推理的使用，由计数、计算、量度和对物体形状及运动的观察，产生了数学。数学家们拓展这些概念，将新的猜想公式化以及从合适选定的公理及定义中建立起严谨推导出的真理。很多人认为数学只属于逻辑学，这种认识是错误的。数学属于自然科学，自然科学从诞生

开始就和数学紧密联系。从牛顿的《自然哲学的数学原理》一书的名字就可以很好地说明这一点。

数学又分为基础数学和应用数学两部分，基础数学绝对是自然科学，具有自然科学的性质，"1+1=2"是客观事实，不是逻辑推导；应用数学则是把某些事物运用数学模型进行解释，并不一定符合客观事实，这也许是很多人认为数学不属于自然科学的原因。可是数学的本质是基础数学层面的，所以数学属于自然科学。

2．物理学

物理学是研究物质结构、物质相互作用和运动规律的自然科学，是一门以实验为基础的自然科学，物理学的一个永恒主题是寻找各种序、对称性和对称破缺、守恒律或不变性。

3．化学

化学是研究物质的组成、结构、性质以及变化规律的科学。世界是由物质组成的，化学则是人类用以认识和改造物质世界的主要方法和手段之一，它是一门历史悠久而又富有活力的学科，它的成就是社会文明的重要标志。

4．生物学

生物学是研究生命现象，生命活动的本质、特征和发生、发展规律的科学，用于有效地控制生命活动，能动地改造生物界，造福人类。生物学与人类生存、人民健康、经济建设和社会发展有着密切关系，是当今在全球范围内最受关注的基础自然科学。

1.1.3　自然科学的研究方法

1．科学实验法

科学实验、生产实践和社会实践并称为人类的三大实践活动。实践不仅是理论的源泉，而且也是检验理论正确与否的唯一标准。科学实验就是自然科学理论的源泉和检验标准，特别是现代自然科学研究中，任何新的发现、新的发明、新的理论的提出都必须以能够重现的实验结果为依据，否则就不能被他人所接受，甚至连发表学术论文的可能性都会被取缔。即便是一个纯粹的理论研究者，也必须面对他所关注的实验结果，甚至对实验过程有相当深入的了解才行。因此，可以说，科学实验是自然科学发展中极为重要的活动和研究方法。

2．数学方法

数学方法有两个不同的概念，在方法论中的数学方法指研究和发展数学时的思想方法，而这里所要阐述的数学方法则是在自然科学研究中经常采用的一种思想方法，其内涵是：它是科学抽象的一种思维方法，其根本特点在于撇开研究对象的其他一切特性，只抽取出各种量、量的变化及各量之间的关系，也就是在符合客观的前提下，使科学概念或原理符号化、公式化，利用数学语言(即数学工具)对符号进行逻辑推导、运算、演算和量的分析，以形成对研究对象的数学解释和预测，从量的方面揭示研究对象的规律性。这种特殊的抽象方法，称为数学方法。

下节内容主要就自然科学的数学、物理两大学科的发展作一个简要的介绍。

1.2　数理科学发展概述

1.2.1　近代数理科学的开端

　　1543 年，哥白尼公开发表《天体运行论》，这是近代自然科学诞生的主要标志。近代自然科学(或数理科学)是以天文学领域的革命为开端的。天文学是一门最古老的科学。在西方，通过毕达哥拉斯、柏拉图、喜帕恰斯、托勒密等人的研究，已经提出了几种不同的理论体系，成为最具理论色彩，又是提出理论模型最多的一门学科。同时，天文学与人们的生产和生活密切相关，人们种田靠天、畜牧靠天、航海靠天、观测时间也靠天，这就必然会有力推动天文学的发展。然而，天文学在当时又是一门十分敏感的学科。在天文学领域，两种宇宙观、新旧思想的斗争十分激烈。特别是到了中世纪后期，天主教会还别有用心地为托勒密的地心说披上了一层神秘的面纱，硬说地球处于宇宙中心，证明了上帝的智慧，是上帝把人派到地上来统治万物，让人类的住所——地球处于宇宙中心。这种荒唐说法被当作权威加以崇信之后，托勒密的学说就成为不可怀疑的结果而严重阻碍着天文科学的进步。然而，地心说基础上产生的儒略历在 325 年被确定为基督教的历法后，它的微小误差经过长时间的积累已经到了不可忽视的地步，同观测资料大相径庭。葡萄牙一位亲王的船长曾说："尽管我们对有名的托勒密十分敬仰，但我们发现，事事都和他说的相反。"托勒密体系的错误日益暴露，人们急需建立新的理论体系。当时，文艺复兴正蓬勃开展，它不仅大大解放了人们的思想，同时也推动了近代自然科学的产生。波兰天文学家哥白尼适应时代要求，他从 1506 年开始，在弗洛恩堡一所教堂的阁楼上对天象仔细观察了 30 年，从而创立了一种天文学的新理论——日心说。日心说的提出恢复了地球普通行星的本来面貌，猛烈地震撼了科学界和思想界，动摇了封建神学的理论基础，是天文学发展史上一个重要的里程碑。

1.2.2　近、现代物理学的发展

　　从哥白尼公开发表《天体运行论》为标志到 20 世纪初，自然科学的发展成就辉煌，取得了一系列重大成果。例如在天体力学中，开普勒发现了行星运动的三大定律(椭圆定律、面积定律、周期定律)；1632 年，伽利略发现了自由落体定律；1687 年，牛顿发表《自然哲学的数学原理》，系统论述了牛顿力学三定律(惯性定律、作用力反作用力定律、加速度定律)和万有引力定律。这些定律构成一个统一的体系，把天上的和地上的物体运动概括在一个理论之中。这是人类认识史上对自然规律的第一次理论性的概括和综合。

　　科学的发展不是凭空进行，而是必须以已有的科学成果为发展的起点。当时已有的天文学、数学知识为力学的发展创造了前提，而力学发展较完善的状况又促成了哲学史上机械自然观的形成。因为，从人的认识规律来看，人类对客观事物的认识总是从认识简单事物进而深化认识复杂事物，认识机械运动是科学认识的第一任务。在科学认识第一阶段，暂时把事物看成彼此无关的固定不变的东西进行研究是可以理解的，一旦科学家们把一切高级复杂运动都简单类比为机械运动，并且把力学中的外力照搬过来，就变成了否认事物内部矛盾的机械外因论。他们认为，自然界绝对不变，自然界只是在空间上扩张，展现其多样性，而在时间上没有变化，没有发展的历史。不变的行星一定始终不变地绕着不变的太阳运行，由于它不承认物质的发展，不能回答自然界的一切从何而来的问题，最后只能搬用神的创造力来解释，自然科学又回到了神学之中。

1755 年，德国著名哲学家康德出版了《宇宙发展史概论》，书中提出了著名的星云假说。康德的星云假说能较好解释太阳系的某些现象。他认为，太阳系以及一切恒星都是由原始星云在引力和斥力的作用下逐渐聚集而成的。宇宙中的万事万物有生有死，而发展是永无止境的。恩格斯 1875 年为《自然辩证法》写的一篇导言中，给予康德的星云假说极高的评价，说它"包含着一切继续前进的起点。"因为既然地球是随着太阳系的形成而逐渐形成和发展起来的，那么，地球上的万物山川、动物和植物，自然也有它逐渐形成和发展的历史。"如果立即沿着这个方向坚决地继续研究下去，那么，自然科学现在就会进步得多"。康德的星云假说有力冲击了形而上学的机械自然观，是继哥白尼天文学革命后的又一次科学革命。

18 世纪 60 年代，英国开始了工业革命，这也是近代以来的第一次技术革命。不过，在第一次工业革命期间，许多技术发明大都来源于工匠的实践经验，科学和技术尚未真正结合。总之，在 18 世纪中叶以前，自然科学研究主要运用观察、实验、分析、归纳等经验方法达到记录、分类，积累现象知识的目的。在 18 世纪中叶以后，由于启蒙运动的发展，自然科学便走进了理论的领域，引导人们进行理性思维。理性思维就是对感性材料进行抽象和概括，建立概念，并运用概念进行判断和推理，提出科学假说，进而建立理论或理论体系。19 世纪，道尔顿的原子论、阿佛加德罗的分子学说、门捷列夫的元素周期律以及康德的星云假说开始都是以假说形式出现的。

在 19 世纪之前，人们基本上认为电与磁是两种不同现象，但人们也发现两者之间可能会存在某种联系，因为水手们不止一次看到，打雷时罗盘上的磁针会发生偏转。1820 年 7 月，丹麦教授奥斯特通过实验证实了电与磁的相互作用，他指出磁针的指向同电流的方向有关。这说明自然界除了沿物体中心线起作用的力以外，还存在着旋转力，而这种旋转力是牛顿力学所无法解释的。这样，一门新学科电磁学诞生了。奥斯特的发现震动了物理学界，科学家们纷纷做各种实验，力求搞清电与磁的关系。法国的安培提出了电动力学理论。英国化学家、物理学家法拉第于 1831 年总结出电磁感应定律，1845 年他还发现了"磁光效应"，播下了电、磁、光统一理论的种子。但法拉弟的学说都是用直观的形式表达的，缺少精确的数学语言。后来，英国物理学家麦克斯韦克服了这一缺点，他于 1865 年根据库仑定律、安培力公式、电磁感应定律等经验规律，运用矢量分析的数学手段，提出了真空中的电磁场方程。以后，麦克斯韦又推导出电磁场的波动方程，还从波动方程中推论出电磁波的传播速度刚好等于光速，并预言光也是一种电磁波。这就把电、磁、光统一起来了，这是继牛顿力学以后又一次对自然规律的理论性概括和综合。

1888 年，德国科学家赫兹证实了麦克斯韦电磁波的存在。利用赫兹的发现，意大利物理学家马可尼、俄国的波波夫先后分别实现了无线电的传播和接收，使有线电报逐渐发展成为无线电通信。所有这些电器设备都需要大量的电，这远远不是微弱的电池所能提供的。1866 年，第一台自激式发电机问世使电流强度大大提高。19 世纪 70 年代，欧洲开始进入电力时代，80 年代还建成了中心发电站，并解决了远距离输电问题。电力的广泛应用是继蒸汽机之后近代史上的第二次科技革命。电磁学的发展为这次科技革命提供了重要的理论准备。由于自然科学的新发现被迅速应用于生产，第二次工业革命在欧美国家蓬勃兴起。

19 世纪，自然科学在多个领域取得了辉煌的成就。物理学中一切基本问题在牛顿力学的基础上都已基本上得到解决，科学家们给牛顿力学本来解释不了的电磁现象虚构了一个物质承担者——以太，把电磁现象归结为以太的机械运动，他们认为整个物理世界都可以归结为绝对不可分的原子和绝对静止的以太这两种物质。

正当古典物理学达到顶峰，人们陶醉于"尽善尽美"的境界时，却出人意料发生了一系列震惊整个物理学界的重大事件。首先是迈克耳逊和莫雷为了寻找地球相对于绝对静止的以太运动进行了著名的以太漂移实验，但实验结果却同古典理论的预测相反；在对比热和热辐射的研究中又出现了"紫外灾难"等古典理论不可克服的矛盾。古典物理学再次受到严重的挑战，第三次面临重大的危机。

19 世纪末，德国物理学家伦琴发现了一种能穿透金属板使底片感光的 X 射线。不久，贝克勒尔发现了放射性现象。居里夫妇受贝克勒尔启发，发现了钋、镭的放射性，并在艰苦的条件下提炼出辐射强度比铀强 200 万倍的镭元素。1897 年，汤姆生发现了电子，打破了原子不可分的传统观念，电子和元素放射性的发现，打开了原子的大门，使人们的认识得以深入到原子的内部，这就为量子论的创立奠定了基础。量子论是反映微观粒子结构及其运动规律的科学。与此同时，在对电磁效应和时空关系的研究中相对论产生了。相对论将力学和电磁学理论以及时间、空间和物质的运动联系了起来。这是继牛顿力学、麦克斯韦电磁学以后的又一次物理学史上的大综合。量子论和相对论是现代物理学的两大支柱，它们是促成 20 世纪科学技术飞跃发展的理论基础。

20 世纪四五十年代，第三次科技革命兴起。电子计算机的发明和应用是科技发展史上一项划时代的成就。蒸汽时代和电气时代的技术发明大都是延长人的四肢与感官功能，解放人的体力，而电子计算机却是延长了人大脑的功能。它开始替代人的部分脑力劳动，在一定程度上物化并放大了人类的智力，极大地增强了人类认识和改造世界的能力，现在更是广泛渗透和影响到人类社会的各个领域。

1.2.3　近、现代数学的发展和三大数学难题

1. 变量数学的诞生

文艺复兴以来资本主义生产力的兴起，对科学技术提出了全新的要求。机械的普遍使用引起了对机械运动的研究；航海事业的空前发达要求测定船舶位置，这就需要准确地研究天体运行的规律；武器的改进刺激了弹道问题的探讨。总之，到了 16 世纪，对运动与变化的研究已变成自然科学的中心问题，这就迫切地需要一种新的数学工具，从而导致了变量数学亦即近代数学的诞生。

变量数学的第一个里程碑是解析几何的诞生。解析几何的基本思想是在平面上引进所谓"坐标"的概念，并借助这种坐标在平面上的点和有序实数对 (x, y) 之间建立一一对应的关系。以这种方式可以将一个代数方程 $f(x, y) = 0$ 与平面上一条曲线对应起来，于是几何问题便可归结为代数问题，并反过来通过代数问题的研究发现新的几何结果。笛卡儿(1596～1650 年，法国人)发表了最有名的著作《谈谈正确运用自己的理性在各门学问里寻求真理的

方法》，通常简称为《方法论》。在《方法论》中附有三篇论文：《折光学》、《气象学》和《几何学》。在这三篇论文中，笛卡尔给出了用自己的方法做出发明的例子。笛卡儿的思想核心是，把几何学的问题归结成代数形式的问题，用代数学的方法进行计算、证明，从而达到最终解决几何问题的目的。依照这种思想他创立了我们现在所说的"解析几何学"。笛卡儿提出了一种大胆的计划，即：任何问题→数学问题→代数问题→方程求解。

费马(1601～1665年，法国人)工作的出发点是试图恢复失传的阿波罗尼奥斯的著作《论平面轨迹》，从而在1629年写了一本名为《平面和立体的轨迹引论》的书，他试图用他所熟悉的代数形式描述阿波罗尼奥斯的结果。书中清晰地阐述了费马的解析几何原理，指出："只要在最后的方程中出现两个未知量，就有一条轨迹，这两个量之一的末端描绘出一条直线或曲线。直线只有一种，曲线的种类则是无限的，有圆、抛物线、椭圆等等"。

变量被引入数学，成为数学中的转折点。变量被引进数学，使运动与变化的定量表述成为可能，从而为微积分的创立搭起了舞台。正如恩格斯所说："数学中的转折点是笛卡儿的变数。有了变数，运动进入了数学，有了变数，辩证法进入了数学，有了变数，微分和积分也就立刻成为必要了。"从此数学进入一个新的以变数为主要研究对象的领域。

2．近代三大数学难题之一——四色猜想

四色猜想的提出来自英国。1852年，毕业于伦敦大学的弗南西斯·格思里来到一家科研单位搞地图着色工作时，发现了一种有趣的现象：看来，每幅地图都可以用四种颜色着色，使得有共同边界的国家着上不同的颜色。这个结论能不能从数学上加以严格证明呢？他和在大学读书的弟弟格里斯决心试一试。兄弟二人为证明这一问题而使用的稿纸已经堆了一大叠，可是研究工作没有进展。1852年10月23日，他的弟弟就这个问题的证明请教他的老师、著名数学家德·摩尔根，摩尔根也没有能找到解决这个问题的途径，于是写信向自己的好友、著名数学家哈密尔顿爵士请教。哈密尔顿接到摩尔根的信后，对四色问题进行论证。但直到1865年哈密尔顿逝世为止，问题也没有能够解决。1872年，英国当时最著名的数学家凯利正式向伦敦数学学会提出了这个问题，于是四色猜想成了被世界数学界关注的问题。世界上许多一流的数学家都纷纷参加了四色猜想的大会战。1878～1880年两年间，著名的律师兼数学家肯普和泰勒两人分别提交了证明四色猜想的论文，宣布证明了四色定理，大家都认为四色猜想从此就解决了。11年后，即1890年，数学家赫伍德以自己的精确计算指出肯普的证明是错误的。不久，泰勒的证明也被人们否定了。后来，越来越多的数学家虽然对此绞尽脑汁，但一无所获。于是，人们开始认识到，这个貌似容易的题目，实是一个可与费马猜想相媲美的难题。但是先辈数学大师们的努力，为后世的数学家揭示四色猜想之谜铺平了道路。进入20世纪以来，科学家们对四色猜想的证明基本上是按照肯普的想法在进行。1913年，伯克霍夫在肯普的基础上引进了一些新技巧，美国数学家富兰克林于1939年证明了22国以下的地图都可以用四色着色。1950年，有人将四色着色的地图从22国推进到35国。1960年，有人又证明了39国以下的地图可以只用四种颜色着色；随后又推进到了50国。看来这种推进仍然十分缓慢。电子计算机问世以后，由于演算速度迅速提高，加之人机对话的出现，大大加快了对四色猜想证明的进程。1976年，美国数学家阿佩尔与哈肯在美国伊利诺斯大学的两台不同的电子计算机上，用了1200个小时，作了100亿判断，终于完成了四色定理的证明。四色猜想的计算机证明，轰动了

世界。它不仅解决了一个历时 100 多年的难题，而且有可能成为数学史上一系列新思维的起点。不过也有不少数学家并不满足于计算机取得的成就，他们还在寻找一种简洁明快的书面证明方法。

3. 近代三大数学难题之二——费马最后定理

被公认执世界报纸牛耳地位的《纽约时报》于 1993 年 6 月 24 日在其一版头题刊登了一则有关数学难题得以解决的消息，那则消息的标题是"在陈年数学困局中，终于有人呼叫'我找到了'"。时报一版的开始文章中还附了一张留着长发、穿着中古世纪欧洲学袍的男人照片。这个古意盎然的男人，就是法国的数学家费马。费马是 17 世纪最卓越的数学家之一，他在数学许多领域中都有极大的贡献，因为他的本行是专业的律师，为了表彰他的数学造诣，世人冠以"业余王子"之美称。在 360 多年前的某一天，费马正在阅读一本古希腊数学家戴奥芬多斯的数学书时，突然心血来潮在书页的空白处，写下一个看起来很简单的定理，这个定理的内容是有关一个方程式 $x^n+y^n=z^n$ 的正整数解的问题，当 $n=2$ 时就是我们所熟知的毕氏定理(中国古代又称勾股弦定理)：$x^2+y^2=z^2$，此处 z 表示一直角形之斜边而 x、y 为其之两股，也就是一个直角三角形之斜边的平方等于它的两股的平方和，这个方程式当然有整数解(其实有很多)，例如：$x=3$、$y=4$、$z=5$；$x=6$、$y=8$、$z=10$；$x=5$、$y=12$、$z=13$ 等等。费马声称当 $n>2$ 时，就找不到满足 $x^n+y^n=z^n$ 的整数解，例如：方程式 $x^3+y^3=z^3$ 就无法找到整数解。当时费马并没有说明原因，他只是留下这个叙述并且也说他已经发现这个定理的证明妙法，只是书页的空白处不够无法写下。始作俑者的费马也因此留下了千古的难题，300 多年来无数的数学家尝试要去解决这个难题却都徒劳无功。这个号称世纪难题的费马最后定理也就成了数学界的心头大患，极欲解之而后快。19 世纪时法国的法兰西斯数学院曾经在 1815 年和 1860 年两度悬赏金质奖章和 300 法郎给任何解决此难题的人，可惜都没有人能够领到奖赏。德国的数学家佛尔夫斯克尔，在 1908 年提供十万马克给能够证明费马最后定理是正确的人，有效期为 100 年。其间由于经济大萧条的原因，此笔奖额已贬值至 7500 马克，虽然如此仍然吸引不少的"数学痴"。

20 世纪计算机发展以后，许多数学家用计算机计算可以证明这个定理当 n 为很大时是成立的，1983 年计算机专家斯洛文斯基借助计算机证明当 n 为 286243−1 时费马定理是正确的。虽然如此，数学家还没有找到一个普遍性的证明。不过这个 300 多年的数学悬案终于解决了，这个数学难题是由英国的数学家威利斯所解决的。其实威利斯是利用 20 世纪过去三十年来抽象数学发展的结果加以证明。

20 世纪 50 年代，日本数学家谷山丰首先提出一个有关椭圆曲线的猜想，后来由另一位数学家志村五郎加以发扬光大，当时没有人认为这个猜想与费马定理有任何关联。直到 20 世纪 80 年代，德国数学家佛列将谷山丰的猜想与费马定理扯在一起，而威利斯所做的正是根据这个关联论证出一种形式的谷山丰猜想是正确的，进而推出费马最后定理也是正确的。这个结论由威利斯于 1993 年 6 月 21 日在剑桥大学牛顿数学研究所的研讨会上正式发表，这个报告马上震惊了整个数学界，就是数学门墙外的社会大众也寄以无限的关注。不过威利斯的证明马上被检验出有少许的瑕疵，于是威利斯与他的学生又花了十四个月的时间再加以修正。1994 年 9 月 19 日他们终于交出完整无瑕的解答，数学界的梦魇终于结束。1997 年 6 月，威利斯在德国哥庭根大学领取了佛尔夫斯克尔奖。当年的十万法克约为两百万美金,不过威利斯领到时,只值五万美金左右,但威利斯已经名列青史,永垂不朽了。要证明费马最后定理是正确的(即 $x^n+y^n=z^n$ 对 n 大于 3 均无正整数解)只需证 $x^4+y^4=z^4$ 和 $x^p+y^p=z^p$ (p 为奇质数)都没有整数解。

4. 近代三大数学难题之三——哥德巴赫猜想

哥德巴赫是德国一位中学教师,也是一位著名的数学家,生于 1690 年,1725 年当选为俄国彼得堡科学院院士。1742 年,哥德巴赫在教学中发现,每个不小于 6 的偶数都是两个素数(只能被和它本身整除的数)之和。如 $6 = 3 + 3$,$12 = 5 + 7$ 等等。1742 年 6 月 7 日,哥德巴赫写信将这个问题告诉给意大利大数学家欧拉,并请他帮助作出证明。欧拉在 6 月 30 日给哥德巴赫的回信中说,他相信这个猜想是正确的,但他不能证明。叙述如此简单的问题,连欧拉这样首屈一指的数学家都不能证明,这个猜想便引起了许多数学家的注意。他们对一个个偶数开始进行验算,一直算到 3.3 亿,都表明猜想是正确的。但是对了更大的数目,猜想也应是对的,然而不能作出证明。欧拉一直到死也没有对此作出证明。从此,这道著名的数学难题引起了世界上成千上万数学家的注意。200 年过去了,没有人证明它。哥德巴赫猜想由此成为数学皇冠上一颗可望不可及的"明珠"。到了 20 世纪 20 年代,才有人开始向它靠近。今日常见的猜想陈述为欧拉的版本,把命题"任何一个充分大的偶数都可以表示成为一个素因子个数不超过 a 个的数与另一个素因子不超过 b 个的数之和",记作 $a + b$。1920 年,挪威数学家布爵用一种古老的筛选法证明,得出了一个结论:每一个比 6 大的偶数都可以表示为 9+9。这种缩小包围圈的办法很管用,科学家们于是从 9 +9 开始,逐步减少每个数里所含质数因子的个数,直到最后使每个数里都是一个质数为止,这样就证明了哥德巴赫猜想。1924 年,数学家拉德马哈尔证明了 7 + 7;1932 年,数学家爱斯尔曼证明了 6 + 6;1938 年,数学家布赫斯塔勃证明了 5 + 5,1940 年,他又证明了 4 + 4;1956 年,数学家维诺格拉多夫证明了 3 + 3;1958 年,我国数学家王元证明了 2 + 3。随后,我国年轻的数学家陈景润也投入到对哥德巴赫猜想的研究之中,经过 10 年的刻苦钻研,终于在前人研究的基础上取得重大的突破,率先证明了 1 + 2。至此,哥德巴赫猜想只剩下最后一步 1 + 1 了。陈景润的论文于 1973 年发表在中国科学院的《科学通报》第 17 期上,这一成果受到国际数学界的重视,从而使中国的数论研究跃居世界领先地位,陈景润的有关理论被称为"陈氏定理"。1996 年 3 月下旬,当陈景润即将摘下数学王冠上的这颗明珠,"在距离哥德巴赫猜想 1 + 1 的光辉顶峰只有咫尺之遥时,他却体力不支倒下去了……"在他身后,将会有更多的人去攀登这座高峰。

1.3 数理科学两个伟大的成就

1.3.1 微积分——人类智慧最伟大的成就

莱布尼茨曾说:"在从世界开始到牛顿生活的时代的全部数学中,牛顿的工作超过了一半"。的确,牛顿除了在天文及物理上取得伟大的成就,在数学方面,他从二项式定理到微积分,从代数和数论到古典几何和解析几何、有限差分、曲线分类、计算方法和逼近论,甚至在概率论等方面,都有创造性的成就和贡献。而牛顿发明的微积分被称为最伟大的数学成就或人类最伟大的科学成就。可以毫不夸张地说，现代社会是靠微积分支撑的。

微积分学是微分学和积分学的总称。它是一种数学思想，"无限细分"就是微分，"无限求和"就是积分。微积分是高等数学中研究函数的微分、积分以及有关概念和应用的数学分支。它是数学的一个基础学科，内容主要包括极限、微分学、积分学及其应用。微分学包括求导数的运算，是一套关于变化率的理论。它使得函数、速度、加速度和曲线的斜率等均可用一套通用的符号进行讨论。积分学，包括求积分的运算，为定义和计算面积、体积等提供一套通用的方法。

1. 我国的微积分思想萌芽

公元前 5 世纪，战国时期名家的代表作《庄子·天下篇》中记载了惠施的一段话："一尺之棰，日取其半，万世不竭"，是我国较早出现的极限思想。

2. 西方的微积分思想萌芽

安提芬在研究化圆为方问题时，提出用圆内接正多边形的面积穷竭圆面积，从而求出圆面积，即"穷竭法"。之后，阿基米德借助穷竭法解决了一系列几何图形的面积、体积计算问题。刺激微分学发展的主要科学问题是求曲线的切线、求瞬时变化率以及求函数的极大值、极小值等问题。

3. 17 世纪微积分的酝酿

第一类问题是，已知物体的移动的距离表为时间函数的公式，求物体在任意时刻的速度和加速度使瞬时变化率成为当务之急；第二类问题是，望远镜的光程设计使得求曲线的切线问题不可回避；第三类问题是，确定炮弹的最大射程以及求行星离开太阳的最远和最近距离等涉及的函数极大值、极小值问题也急待解决；第四类问题是，求行星沿轨道运动的路程、行星矢径扫过的面积以及物体重心与引力等，使面积、体积、曲线长、重心和引力等微积分基本问题的计算被重新研究。意大利数学家卡瓦列里在其著作《用新方法促进的连续不可分量的几何学》(1635 年)中发展了系统的不可分量方法。卡瓦列里认为线是由无限多个点组成，面是由无限多条平行线段组成，立体则是由无限多个平行平面组成。他分别把这些元素叫做线、面和体的"不可分量"。卡瓦列里建立了一条关于这些不可分量的普遍原理，后以"卡瓦列里原理"著称。 笛卡尔的代数方法在推动微积分的早期发展方面有很大的影响，牛顿就是以笛卡尔圆法为起跑点而踏上研究微积分的道路的。德国天文学家、数学家开普勒的无限小元法，以及 17 世纪上半叶一系列先驱性的工作，沿着不同的方向向微积分的大门逼近，但所有这些努力还不足以标志微积分作为一门独立科学的诞生。

4. 微积分的创立

牛顿对微积分问题的研究始于 1664 年秋，当时他反复阅读笛卡尔《几何学》，对笛卡尔求切线的"圆法"发生兴趣并试图寻找更好的方法。就在此时，牛顿首创了小○记号表示 x 的无限小且最终趋于零的增量。1665 年 11 月发明"正流数术"(微分法)，次年 5 月又建立了"反流数术"(积分法)。1666 年 10 月，牛顿将前两年的研究成果整理成一篇总结性论文，此文现以《流数简论》著称，是历史上第一篇系统的微积分文献。

5. 莱布尼茨的微积分

不同于研究微积分着重于从运动学来考虑，莱布尼茨研究微积分侧重于从几何学来考虑。1684 年，他发表了现在世界上认为的最早的微积分文献，这篇文章有一个很长而且很古怪的名字《一种求极大极小和切线的新方法，它也适用于分式和无理量，以及这种新方法的奇妙类型的计算》。就是这样一篇说理也颇含糊的文章，却有划时代的意义。它已含有现代的微分符号和基本微分法则。1686 年，莱布尼茨发表了第一篇积分学的文献。他是历史上最伟大的符号学者之一，他所创设的微积分符号，远远优于牛顿的符号，这对微积分的发展有极大的影响。现在我们使用的微积分通用符号就是当时莱布尼茨精心选用的。

莱布尼茨于 1673～1676 年间发明了微积分，1686 年公布了论文；牛顿于 1665～1666 年间发明了微积分，1687 年公布在巨著《自然哲学的数学原理》中。微积分到底是谁发明的，这在世界科学史上曾是一桩公案。

6. 18 世纪微积分的发展

从 17 世纪到 18 世纪的过渡时期，法国数学家罗尔在其论文《任意次方程一个解法的证明》中给出了微分学的一个重要定理，也就是我们现在所说的罗尔微分中值定理。伯努利兄弟雅各布和约翰，他们的工作构成了现今初等微积分的大部分内容。其中，约翰给出了求未定式极限的一个定理，这个定理后由约翰的学生罗比达编入其微积分著作《无穷小分析》，现在通称为罗比达法则。1715 年数学家泰勒在著作《正的和反的增量方法》中陈述了他获得的著名定理，即现在以他的名字命名的泰勒定理。后来麦克劳林重新得到泰勒公式的特殊情况，现代微积分教材中一直将这一特殊情形的泰勒级数称为"麦克劳林"级数。18 世纪的数学家还将微积分算法推广到多元函数而建立了偏导数理论和多重积分理论。这方面的贡献主要应归功于尼古拉·伯努利、欧拉和拉格朗日等数学家。

7. 微积分中注入严密性

微积分学中的许多概念都没有精确的定义，特别是对微积分的基础——无穷小概念的解释不明确，在运算中时而为零，时而非零，出现了逻辑上的困境。18 世纪的时候，欧陆数学家们力图以代数化的途径来克服微积分基础的困难，这方面的主要代表人物是达朗贝尔、欧拉和拉格朗日。达朗贝尔定性地给出了极限的定义，并将它作为微积分的基础，他认为微分运算"仅仅在于从代数上确定我们已通过线段来表达的比的极限"；欧拉提出了关于无限小的不同阶零的理论；拉格朗日也承认微分可以在极限理论的基础上建立起来，但他主张用泰勒级数来定义导数，并由此给出我们现在所谓的拉格朗日中值定理。欧拉和拉格朗日在分析中引入了形式化观点，而达朗贝尔的极限观点则为微积分的严格化提供了合理内核。19 世纪，对分析的严密性真正有影响的先驱则是伟大的法国数学家柯西。柯西关于分析基础的最具代表性的著作是他的《分析教程》、《无穷小计算教程》以及《微分计算教程》。柯西的工作在一定程度上澄清了微积分基础问题上长期存在的混乱，向分析的全面严格化迈出了关键的一步。另一位为微积分的严密性做出卓越贡献的是德国数学家魏尔斯特拉斯，魏尔斯特拉斯定量地给出了极限概念的定义：自变量的值无限趋近但不等于某规定数值时，或正向或负向增大到一定程度时，与数学函数的数值差为无穷小的数，这就是魏尔斯特拉斯所倡导的"分析算术化"纲领。基于魏尔斯特拉斯在分析严格化方面的贡献，在数学史上，他获得了"现代分析之父"的称号。

微积分的发展表明了人的认识是从生动的直观开始，进而达到抽象思维，也就是从感性认识到理性认识的过程。人类对客观世界的规律性的认识具有相对性，受到时代的局限。

随着人类认识的深入，认识将一步一步地由低级到高级、由不全面到比较全面地发展。人类对自然的探索永远不会有终点。

1.3.2 计算机——改变了我们的世界

计算机(Computer)俗称电脑，是一种用于高速计算的电子计算机器，可以进行数值计算，又可以进行逻辑计算，还具有存储记忆功能，是能够按照程序运行，自动、高速处理海量数据的现代化智能电子设备。计算机由硬件系统和软件系统所组成，没有安装任何软件的计算机称为裸机。计算机可分为超级计算机、工业控制计算机、网络计算机、个人计算机、嵌入式计算机五类，较先进的计算机有生物计算机、光子计算机、量子计算机等。

计算机是 20 世纪最先进的科学技术发明，对人类的生产活动和社会活动产生了极其重要的影响，并以强大的生命力飞速发展。它的应用领域从最初的军事科研应用扩展到社会的各个领域，已形成了规模巨大的计算机产业，带动了全球范围的技术进步，由此引发了深刻的社会变革。计算机已遍及一般学校、企事业单位，进入寻常百姓家，成为信息社会中必不可少的工具。它是人类进入信息时代的重要标志之一。随着物联网的提出和发展，计算机与其他技术又一次掀起信息技术的革命。物联网是当下几乎所有技术与计算机、互联网技术的结合，实现物体与物体之间环境以及状态信息实时的共享以及智能化的收集、传递、处理。因此说计算机已经或正在改变我们的世界一点不为过。

1. 计算机之父"——冯·诺依曼

约翰·冯·诺依曼(John von Neumann，1903～1957)，美籍匈牙利人，经济学家、物理学家、数学家、发明家，"现代电子计算机之父"，他制定的计算机工作原理直到现在还被各种计算机使用着。

冯·诺依曼 1903 年 12 月 28 日生于匈牙利的布达佩斯，父亲是一个银行家，家境富裕，十分注意对孩子的教育。冯·诺依曼从小聪颖过人，兴趣广泛，读书过目不忘。据说他 6 岁时就能用古希腊语同父亲闲谈，一生掌握了七种语言，最擅长德语，可在他用德语思考种种设想时，又能以阅读的速度译成英语。他对读过的书籍和论文，能很快一句不差地将内容复述出来，而且若干年之后，仍可如此。1911 年至 1921 年，冯·诺依曼在布达佩斯的卢瑟伦中学读书期间，就崭露头角而深受老师的器重。在费克特老师的个别指导下并合作发表了第一篇数学论文，此时冯·诺依曼还不到 18 岁。1921 年至 1923 年在苏黎世联邦工业大学学习，很快又在 1926 年以优异的成绩获得了布达佩斯大学数学博士学位，此时冯·诺依曼年仅 22 岁。1927 年至 1929 年冯·诺依曼相继在柏林大学和汉堡大学担任数学讲师。1930 年接受了普林斯顿大学客座教授的职位，西渡美国。1931 年他成为美国普林斯顿大学第一批终身教授，那时，他还不到 30 岁。1933 年转到该校的高级研究所，成为最初六位教授之一，并在那里工作了一生。冯·诺依曼是普林斯顿大学、宾夕法尼亚大学、哈佛大学、伊斯坦堡大学、马里兰大学、哥伦比亚大学和慕尼黑高等技术学院等校的荣誉博士。他是美国国家科学院、秘鲁国立自然科学院和意大利国立林且学院等的院士。1954 年他任美国原子能委员会委员；1951 年至 1953 年任美国数学会主席。1954 年夏，冯·诺依曼被发现患有癌症，1957 年 2 月 8 日，在华盛顿去世，终年 54 岁。

冯·诺依曼是 20 世纪最重要的数学家之一，在数学的诸多领域都进行了开创性工作，并作出了重大贡献。在第二次世界大战前，他主要从事算子理论、集合论等方面的研究。1923 年关于集合论中超限序数的论文，显示了冯·诺依曼处理集合论问题所特有的方式和风格。他把集合论加以公理化，他的公理化体系奠定了公理集合论的基础。他从公理出发，用代数方法导出了集合论中许多重要概念、基本运算、重要定理等。特别在 1925 年的一篇论文中，冯·诺依曼就指出了任何一种公理化系统中都存在着无法判定的命题。

1933 年，冯·诺依曼解决了希尔伯特第 5 问题，即证明了局部欧几里德紧群是李群。1934 年他又把紧群理论与波尔的殆周期函数理论统一起来。他还对一般拓扑群的结构有深刻的认识，弄清了它的代数结构和拓扑结构与实数是一致的。他对算子代数进行了开创性工作，并奠定了它的理论基础，从而建立了算子代数这门新的数学分支。这个分支在当代的有关数学文献中均称为冯·诺依曼代数。这是有限维空间中矩阵代数的自然推广。冯·诺依曼还创立了博弈论这一现代数学的又一重要分支。1944 年发表了奠基性的重要论文《博弈论与经济行为》。论文中包含博弈论的纯粹数学形式的阐述以及对于实际博弈应用的详细说明。文中还包含了诸如统计理论等数学思想。冯·诺依曼在格论、连续几何、理论物理、动力学、连续介质力学、气象计算、原子能和经济学等领域都作过重要的工作。40 年代末，他开始研究自动机理论，研究一般逻辑理论以及自复制系统。在生命的最后时刻他深入比较天然自动机与人工自动机。他逝世后其未完成的手稿在 1958 年以《计算机与人脑》为名出版。冯·诺依曼的主要著作收集在《冯·诺依曼全集》(6 卷，1961)中。

冯·诺依曼对人类的最大贡献是对计算机科学、计算机技术、数值分析和经济学中的博弈论的开拓性工作。现在一般认为 ENIAC 机是世界第一台电子计算机，它是由美国科学家研制的，于 1946 年 2 月 14 日在费城开始运行。其实由汤米、费劳尔斯等英国科学家研制的"科洛萨斯"计算机比 ENIAC 机问世早两年多，于 1944 年 1 月 10 日在布莱奇利园区开始运行。ENIAC 机证明电子真空技术可以大大地提高计算技术，不过，ENIAC 机本身存在两大缺点：① 没有存储器；② 它用布线接板进行控制，甚至要搭接几天，计算速度也就被这一工作抵消了。ENIAC 机研制组的莫克利和埃克特显然是感到了这一点，他们也想尽快着手研制另一台计算机，以便改进。

1944 年，冯·诺依曼参加原子弹的研制工作，该工作涉及到极为困难的计算。在对原子核反应过程的研究中，要对一个反应的传播做出"是"或"否"的回答。解决这一问题通常需要通过几十亿次的数学运算和逻辑指令，尽管最终的数据并不要求十分精确，但所有的中间运算过程均不可缺少，且要尽可能保持准确。他所在的洛斯阿拉莫斯实验室为此聘用了一百多名女计算员，利用台式计算机从早到晚计算，还是远远不能满足需要。无穷无尽的数字和逻辑指令如同沙漠一样把人的智慧和精力吸尽。被计算机所困扰的冯·诺依曼在一次极为偶然的机会中知道了 ENIAC 计算机的研制计划，从此他投身到计算机研制这一宏伟的事业中，建立了一生中最大的丰功伟绩。

1944 年夏的一天，正在火车站候车的冯·诺依曼巧遇戈尔斯坦，并同他进行了短暂的交谈。当时，戈尔斯坦是美国弹道实验室的军方负责人，他正参与 ENIAC 计算机的研制工作。在交谈中，戈尔斯坦告诉了冯·诺依曼有关 ENIAC 的研制情况。具有远见卓识的冯·诺依曼为这一研制计划所吸引，他意识到了这项工作的深远意义。

冯·诺依曼由 ENIAC 机研制组的戈尔德斯廷中尉介绍参加 ENIAC 机研制小组后，便带领这批富有创新精神的年轻科技人员，向着更高的目标进军。1945 年，他们在共同讨论的基础上，发表了一个全新的"存储程序通用电子计算机方案"——ENIAC(Electronic Discrete Variable Automatic Computer 的缩写)。在这过程中，冯·诺依曼显示出他雄厚的数理基础知识，充分发挥了他的顾问作用及探索问题和综合分析的能力。冯·诺依曼以"关于 ENIAC 的报告草案"为题，起草了长达 101 页的总结报告。报告广泛而具体地介绍了制造电子计算机和程序设计的新思想。这份报告是计算机发展史上一个划时代的文献，它向世界宣告：电子计算机的时代开始了。

ENIAC 方案明确奠定了新机器由五个部分组成，即运算器、控制器、存储器、输入和输出设备，并描述了这五部分的职能和相互关系。报告中，冯·诺依曼对 ENIAC 中的两大设计思想作了进一步的论证，为计算机的设计树立了一座里程碑。

设计思想之一是二进制，他根据电子元件双稳工作的特点，建议在电子计算机中采用二进制。报告提到了二进制的优点，并预言，二进制的采用将极大简化机器的逻辑线路。

实践证明了冯·诺依曼预言的正确性。如今，逻辑代数的应用已成为设计电子计算机的重要手段，在 ENIAC 中采用的主要逻辑线路也一直沿用至今，只是对实现逻辑线路的工程方法和逻辑电路的分析方法作了改进。

2. 计算机的发展趋势

随着科技的进步，各种计算机技术、网络技术的飞速发展，计算机的发展已经进入了一个快速而又崭新的时代，计算机已经从功能单一、体积较大发展到了功能复杂、体积微小、资源网络化等。计算机的未来充满了变数，性能的大幅度提高是不可置疑的，而实现性能的飞跃却有多种途径。不过性能的大幅提升并不是计算机发展的唯一路线，计算机的发展还应当变得越来越人性化，同时也要注重环保等等。

计算机从出现至今，经历了机器语言、程序语言、简单操作系统和 Linux、MacOS、BSD、Windows 等现代操作系统四代，运行速度也得到了极大的提升，第四代计算机的运算速度已经达到几十亿次每秒。计算机也由原来的仅供军事科研使用发展到人人拥有，计算机强大的应用功能，产生了巨大的市场需要，未来计算机性能应向着微型化、网络化、智能化和巨型化的方向发展。

(1) 巨型化。巨型化是指为了适应尖端科学技术的需要，发展高速度、大存储容量和功能强大的超级计算机。随着人们对计算机的依赖性越来越强，特别是在军事和科研教育方面对计算机的存储空间和运行速度等要求会越来越高。此外计算机的功能更加多元化。

(2) 微型化。随着微型处理器(CPU)的出现，计算机中开始使用微型处理器，使计算机体积缩小了，成本降低了。另一方面，软件行业的飞速发展提高了计算机内部操作系统的便捷度，计算机外部设备也趋于完善。计算机理论和技术上的不断完善促使微型计算机很快渗透到全社会的各个行业和部门中，并成为人们生活和学习的必需品。四十年来，计算机的体积不断缩小，台式电脑、笔记本电脑、掌上电脑、平板电脑体积逐步微型化，为人们提供便捷的服务。因此，未来计算机仍会不断趋于微型化，体积将越来越小。

(3) 网络化。互联网将世界各地的计算机连接在一起，从此进入了互联网时代。计算机网络化彻底改变了人类世界，人们通过互联网进行沟通、交流，实现教育资源共享、信息查阅共享等，特别是无线网络的出现，极大地提高了人们使用网络的便捷性，未来计算机将会进一步向网络化方面发展。

(4) 智能化。计算机人工智能化是未来发展的必然趋势。现代计算机具有强大的功能和运行速度，但与人脑相比，其智能化和逻辑能力仍有待提高。人类不断在探索如何让计算机能够更好地反映人类思维，使计算机能够具有人类的逻辑思维判断能力，可以通过思考与人类沟通交流，抛弃以往的依靠编码程序来运行计算机的方法，直接对计算机发出指令。

(5) 多媒体化。传统的计算机处理的信息主要是字符和数字。事实上，人们更习惯的是图片、文字、声音、图像等多种形式的多媒体信息。多媒体技术可以集图形、图像、音频、视频、文字为一体，使信息处理的对象和内容更加接近真实世界。

第 2 章　数理学科的基本情况

2.1　数学学科的基本情况

本节分四个方面来探讨数学的定义、数学学科的性质及特点、数学学科的教学方法以及数学的地位及作用。

2.1.1　数学的定义

《中国大百科全书·数学卷》中对数学的定义是："数学是研究现实世界中数量关系和空间形式的，简单地说，是研究数和形的科学。"这一权威的论断，脱胎于马克思和恩格斯关于数学的概括。恩格斯指出："数学是数量的科学"，"纯数学的对象是现实世界的空间形式和数量关系"。根据恩格斯的观点，较确切的说法为，数学是研究现实世界的数量关系和空间形式的科学。

关于什么是数学，古往今来有不少流传颇广的论断。

古希腊有一个著名的哲学学派——毕达哥拉斯学派，认为数是万物的本原，事物的性质是由某种数量关系决定的，万物按照一定的数量比例而构成和谐的秩序；由此他们提出了"万物皆为数"的论断。第一位诺贝尔物理奖获得者伦琴在有人问他科学家需要什么样的修养时的回答是"第一是数学，第二是数学，第三是数学"。我国杰出的数学家华罗庚先生指出："宇宙之大，粒子之微，火箭之速，化工之巧，地球之变，生物之谜，日用之繁……无一不可用数学来表达。"的确，数学的内涵博大精深，数学的外延无所不在。

1969 年～1981 年间颁发的最初的 13 个诺贝尔经济学奖中，有 7 个获奖工作主要是基于数学学科的，其中 Kantorovich 由于对物资最优调拨理论的贡献而获 1975 年奖；Klein 的"设计预测经济变动的计算机模式"获 1980 年奖；Tobin 的"投资决策的数学模型"获 1981 年奖等等。进入 20 世纪八九十年代以来，就更不用说了，如众所周知的影片《美丽心灵》男主角的生活原型、美国普林斯顿大学数学教授约翰·纳什就是 1994 年诺贝尔经济学奖获得者。又如，2005 年诺贝尔经济奖排名第一的获得者是麻省理工学院数学博士。现在不懂数学的经济学家，决不会成为杰出的经济学家。在经济和管理中，预测是管理(资金的投放、商品的产销、人员的组织等)的依据，而数学则是预测的重要武器。我国数学工作者在气象、台风、地震、病虫害、鱼群、海浪等方面进行过大量的统计预测，获得了良好的效果。

究竟什么是数学？从 20 世纪以来不少专家学者对此做过一些探讨，但迄今为止，众说纷纭，莫衷一是。英国的罗素说："数学是我们永远不知道我们在说什么，也不知道我们说的是否对的一门学科。"而法国的 E·波莱尔则提出另一个与其针锋相对的说法："数学是我们确切知道我们在说什么，并肯定我们说的是否对的唯一的一门科学。"事实上，我们很难简单的用几句话来回答这个问题，该问题的答案一直是与时俱进的。下面我们介绍若干具有代表性的论述。

1. 20 世纪以来的若干主流观点

由于数学的性质及其应用途径不断发生变化，新的数学领域不断涌现，数学的应用范围的不断扩充，人们对"数学是什么"的认识发生了很多变化，一般地说，可以分为两类——隐喻性回答和实质性回答。

所谓隐喻性回答指的是用比喻的方式来表达数学是什么，常见的比喻主要有以下几种：

(1) 数学是打开科学大门的钥匙。这种比喻说明数学在科学理论成就中的重要性。早在古希腊时代，著名的毕达哥拉斯学派就把数看做万物之本源；享有"近代科学之父"尊称的伽利略(G. Galileo)认为，宇宙像一本用数学语言写成的大书，如不掌握数学的符号语言，就像在黑暗的迷宫里游荡，什么也认识不清。目前，人们通常将"数学"与"科学"分开，数学被视为所有科学的基础。

(2) 数学是科学的语言。随着社会的数学化程度日益提高，数学已成为交流和储存信息的重要手段，这是因为数学有特制的符号语言，这种特制的符号语言正在逐步地渗透到现代社会生活的各个方面的各种信息系统中。而现代数学的一些新的概念如算子、泛函、拓扑、张量和流形等则不断大量涌现在科学技术文献中，日渐发展成为现代的科学语言。但经过仔细分析我们可以发现，数学和语言在许多地方是不同的，"不仅外延有较大的不同，而且种属关系也不一致。"，因此这种比喻不但没有解决数学的性质问题，甚至本身也有不能自圆其说之嫌。

(3) 数学是思维的工具。这是由于数学是人们分析问题和解决问题的思想工具，数学具有运用抽象思维去把握实在的能力以及数学赋予科学知识以逻辑的严密性和结论的可靠性，是使认识从感性阶段发展到理性阶段，并使理性认识进一步深化的重要手段。这是从思维科学的角度来理解和认识数学，仅是从思维科学这个侧面来揭示数学形成的丰富多彩和数学内容的博大精深。但也有不少专家却认为数学是思维的科学，将二者联系起来，一个是工具，而另一个是科学，这就有点逻辑问题，因为科学与工具二者相差还是很大的。

(4) 数学是理性的艺术。这是由于数学特别是现代数学的研究对象在很大程度上可以被看成"思维的自由想像和创造"。因此，美学的因素在数学的研究中占有特别重要的地位，以致在一定程度上数学可被看成一种艺术。但这仅是从作为一种语言文化形态的角度来理解和认识数学。其实，数学与艺术有着很多本质的不同。因为数学讲究的是论证简洁、推理严谨、文体优美、思想清晰、形式对称等，而艺术则是一种创作，要求独立独行、张扬个性，不允许有雷同。

(5) 数学是一种理性精神。由于数学充满着理性精神，它不断为人们提供新概念和新方法。因而数学对于人类理性精神的发展有着特殊的意义，著名数学家克莱因指出："在最广泛的意义上说，数学是一种精神，一种理性的精神。正是这种精神，使得人类的思维得以运用到最完善的程度，亦正是这种精神，试图决定性地影响人类的物质、道德和社会生活；试图回答有关人身自身存在提出的问题；努力去理解和控制自然；尽力去探求和确立已经获得知识的最深刻的和最完善的内涵。"从这一论述不难看出数学的这种"精神"是和思维紧密结合起来的，所以说数学是理性的精神仍需要重新面对"数学是什么"的问题。

实质性回答"数学是什么"主要有四类说法。

(1) 形式倾向性说法："数学是一门演绎科学。"这种说法注重于数学知识按形式逻辑编排的表面形式和按演绎体系展开的特点，这种观点的典型代表是数学基础学派中的逻辑主义和形式主义。前者把数学归结为逻辑，后者把数学看做是符号游戏。

(2) 综合性说法："数学是一门演算的科学"，其中"演"表示演绎，"算"表示计算或算法，"演算"表示演与算这对矛盾的对立统一。为什么用"演算"概括数学的本质，其原因主要有两个，一是"演算"反映了数学研究的特点，二是"演"与"算"的对立统一反映数学性质的辨证性。

(3) 对象性说法："数学是研究数与形的科学"。这是从数学研究的基本概念"数"和"形"的角度阐述的，当然这是把"数"和"形"作为基本概念不加定义来直接建立体系的，显然这是对"数学是什么"的一个实质性回答。

(4) 政府性质说法。在国家重点基础研究发展规划关于数学的项目计划任务书中对数学的描述是："数学科学是研究数量关系和空间形式的一个宏大科学体系，它包括纯粹数学，应用数学以及这两者与其他学科的交叉部分，它是一门集严密性、逻辑性、精确性和创造力与想像力于一体的学问，也是自然科学、技术科学、社会科学、管理科学等的巨大智力资源。"

2. 对目前数学本质概括的思考

哲学家和数学家是从数学内部(数学的内容、表现形式、研究过程)和数学外部(数学与社会的关系、数学学科与其他学科的关系、数学与人的发展的关系)等几个方面来研究数学的本质特征的，他们所得到的结论都从某一侧面反映了数学的本质特征，为我们全面认识数学的本质特征提供了一些视角。数学发展到今天总是不断出现一些新的现象，这种现象总是促使我们直接或间接地思考数学本质这一数学哲学要回答的问题。

要回答"数学是什么"这一问题，最重要的一个方面应该是数学对象的本体论地位，即数学真理的实在性问题，而"实在性"这一概念早已根植于人们的日常生活之中，因此一谈到实在性人们总是自觉不自觉地将日常生活中的现实结合在一起。特别是计算机技术的广泛应用，给数学发展增添了新的英姿，人们总是回头看看过去数学的发展足迹，又不时地展望数学发展的未来。因而又对数学本质产生一些新的不同认识和不同理解。因此，要给"数学是什么"下一个统一的、大家都完全公认的结论是不可能的事情，也正因为如此，才促使人们不断思考数学的发展有没有或在何种意义上有内在的统一性。

关于数学本质的概括有着明显的时代特征，着眼点首先应当以数学发展的历史观来分析和思考。只有从数学发展的眼光看才能从新的高度和视角对其有一个本质的理解，否则不可能真正去解决这一数学哲学要解决的首要问题。例如，关于数学的严谨性，在各个数学历史发展时期有不同的标准。从古希腊以欧几里得的《几何原本》为代表的演绎体系到17 世纪以牛顿、莱布尼兹为代表的微积分体系，再到 19 世纪至 20 世纪初以希尔伯特为代表的现代公理体系，对严谨性的评价标准有很大差异，其严谨化水平越来越高。又如数学研究对象，很多是直接从现实世界中提炼出来的，还有一些则是根据数学自身逻辑发展的需要而构造出来的。这两种类型的数学对象互相影响、互相渗透。进入 20 世纪，数学思想得到空前解放，特别表现在引进许多新的研究对象，传统的数学文化完全崩溃，没有系统、没有关联、没有问题、没有历史的来龙去脉，形成一个动态的概念体系。它随着数学在以上三个不同历史时期的发展而被赋予逐步变化、越来越深刻的特征。

综上所述，我们认为对数学本质特征的认识，应该用发展的、变化的眼光去看待，这才是真正接近数学、走进数学、研究数学和发现数学真理的科学态度。

数学，是一个多元化综合的产物。如果要用几句话给"数学是什么"作一个恰当的回答，决非是一件易事，关键是看问题的角度。对"数学"的认识，我们应当从一元论走向多元论。美国数学家柯朗在他的《数学是什么》的书中说道："…对于学者，对于普通人来说，更多的是依靠自身的数学经验，而不是哲学，才能回答这个问题：数学是什么。"

2.1.2　数学的四大特点

1．高度的抽象性

数学的内容是非常现实的，但它仅从数量关系和空间形式或者一般结构方面来反映客观现实，舍弃了与此无关的其他一切性质，表现出高度抽象的特点。数学学科本身是借助抽象建立起来并不断发展的，数学语言的符号化和形式化的程度，是任何学科都无法比拟的，它给人们学习和交流数学以及探索、发现新数学问题提供了很大方便。虽然抽象性并非数学所特有，但就其形式来讲，数学的抽象性表现为多层次、符号化、形式化，这正是数学抽象性区别于其他科学抽象性的特征。因次，培养学生的抽象能力就自然成为数学课程目标之一。

2．严谨的逻辑性

数学的对象是形式化的思想材料，它的结论是否正确，一般不能像物理等学科那样借助于可以重复的实验来检验，而主要靠严格的逻辑推理来证明。而且一旦由推理证明了结论，那么这个结论也就是正确的。数学中的公理化方法实质上就是逻辑方法在数学中的直接应用。在数学公理系统中，所有命题与命题之间都是由严谨的逻辑性联系起来的。从不加定义而直接采用的原始概念出发，通过逻辑定义的手段逐步地建立起其他的派生概念；由不加证明而直接采用作为前提的公理出发，借助于逻辑演绎手段而逐步得出进一步的结论，即定理；然后再将所有概念和定理组成一个具有内在逻辑联系的整体，即构成了公理系统。一个数学问题的解决，一方面要符合数学规律，另一方面要合乎逻辑，问题的解决过程必须步步为营，言必有据，进行严谨的逻辑推理和论证。因此，培养学生的分析、综合、概括、推理、论证等逻辑思维能力也是数学课程目标之一。

3．应用的广泛性

人们的日常生活、工作、生产劳动和科学研究中，自然科学的各个学科中都要用到数学知识，这是人所共知的。随着现代科学技术的突飞猛进和发展，数学更是成为必不可少的重要工具。每门科学的研究中，定性研究最终要化归为定量研究来揭示它的本质，数学恰好解决了每门科学在纯粹的量的方面的问题，每门科学的定量研究都离不开数学。当今，数学更多地是渗透入其他科学，影响其他科学的发展，甚至人们认为哪一门科学中引入了数学，就标志着该学科开始成熟起来。

4．内涵的辩证性

数学中包含着丰富的辩证唯物主义思想，揭示了唯物辩证法的许多基本规律。数学本身的产生和发展就说明了其动力归根结底是由于客观物质所产生的需要这样的唯物主义观点。数学的内容中充满了相互联系、运动变化、对立统一、量变到质变的辩证法的基本规律。例如，正数和负数、常量与变量、必然与随机、近似与精确、收敛与发散以及有限与无限等等，它们都互为存在的前提，失去一方，另一方将不复存在，而且在一定条件下可以相互转化。数学方法也体现了辩证性。例如，数学中的极限方法就是为了研究和解决数学中"直与曲"、"有限与无限"、"均匀与非均匀"等矛盾问题而产生的，这就决定了极限方法的辩证性。数学发展过程也充满了辩证性。三次数学危机的产生和解决过程，就给了我们以深刻的启示。在数学教学中，充分揭示蕴涵在数学中的诸多辩证法内容，是对学生进行辩证唯物主义教育，使学生形成正确数学观的好形式。

2.1.3　数学学科的教学方法

1．注重数学课堂"导入"环节

数学教学设计注重"导入"环节，是贯彻启发式教学的关键之一。"数学导入"已经成为一门艺术。当前提倡的"情境设置"只是"导入"的一种。就数学课堂而言，能够设置与学生的日常生活相联系的"情境"只能是少数。大多数的数学课，尤其是大量的"数与式"的运算规则的程序性数学内容，多半没有现实情境可言。中国数学课堂上，呈现了许多独特的导入方式，其中包括"情境呈现"、"假想模拟"、"悬念设置"、"故事陈述"、"旧课复习"、"提问诱导"、"习题评点"、"铺垫搭桥"、"比较剖析"等等手段。一个好的"导入"设计，往往会成为一堂课成败的关键。

这些导入方式，都是教师讲授时常用的"启发式"方法，其缺陷是缺乏学生的探索活动参与其中，因而常常为一些教育家所诟病。但是，人不能事事都获得直接经验，大量获得的是间接经验。为了提高学习效率，不可能让学生花费大量时间进行"探索"。导入，是数学教学设计中更有效、更切实际的数学教学手段。因此，我们应该提倡"情境教学"，但从学生的日常生活情境出发的数学教学，只能是启发式的"导入"的一种加强和推广。情境教学，不能覆盖或代替"导入"。

2．师生互动

中国的大学课堂人数相对较多，一般是 40～70 人。这样的大班上课，用分组讨论、汇报交流的教学方式十分困难。那么，数学课堂如何避免"满堂灌"，实现师生互动呢？在长期的实践中，广大数学教师采用了"设计提问"、"学生口述"、"教师引导"、"全班讨论"、"黑板书写"、"严谨表达"等措施，实现了师生之间用数学语言进行交流，和谐对接，最后形成共识的过程。这是一个重要的创造。

我们注意到，当教师提出数学问题时，要求学生站起来回答。学生或者用口头的数学语言叙述证明过程，或者使用心算得出计算结果。如果一位学生回答不完整，由其他学生补充和更正。最后，教师将学生语言的表达，经过提炼形成严谨的书面数学语言，写在黑板上。这样，学生和学生，学生和教师之间通过"大声说"的方式，暴露数学思维过程，进行心算演练，而且在讨论中互相补充纠正，教师的点拨总结，最后写在黑板上。这是一种和谐的数学语言对接,效率高,师生互动快速,锻炼学生的数学表达能力,是成功的经验。

当前盛行的"分组探究"、"代表汇报"、"彼此讨论"、"教师总结",也是一种互动形式(比较适合于小班教学),和上述的大班讨论相比较,各有短长。不过,大班上课是中国国情所决定的,这种形式目前在国内仍是主流。

3. 适度解读"熟能生巧"的数学教育理念

熟能生巧,是中国文化传统的组成部分,也是中国数学教育重要理念之一。不过,把熟能生巧翻译成英文"Practice makes perfect"之后,外国人士都不认可。查查国外的教育文献,没有一种教育理论是支持"熟能生巧"的。即使中国社会普遍接受"熟能生巧",国内的教育文献,也鲜见于著述。教育界似乎把"熟能生巧"等同于"死记硬背"了。

那么,"熟能生巧"为什么是正确的呢?

大数学家华罗庚有诗云:"妙算还从拙中来,愚公智叟两分开。积久方显愚公智,发白始知智叟呆。埋头苦干是第一,熟能生出百巧来。勤能补拙是良训,一分辛劳一分才。"

数学大师陈省身先生在一次《焦点访谈》节目中说:"做数学,要做得很熟练,要多做,要反复地做,要做很长时间,你就明白其中的奥妙,你就可以创新了。灵感完全是苦功的结果,要不灵感不会来。"

具体说来,"熟能生巧"有以下的教育内涵:

(1) 记忆通向理解。理解是记忆的综合,没有记忆就无法理解。以数学教学为例,九九表的记忆与背诵,使之成为一种算法直觉。会背九九表,是中国数学教学的长处之一。

(2) 速度赢得效率。西方的一些教育理论,认为数学题目只要会做就可以,速度不必强调。其实,没有必要的速度,思维不够敏捷,创新就会落空。例如中国在整数、小数、分数上的心算能力的教学上,强调要有一定的速度,不能时时依靠计算器。中学生在因子分解、配方、代数变形等方面,也具有优势。这些基础的建立,可以保证学生把注意力集中在"问题解决"的高级思维之上。

(3) 严谨形成理性。西方的一些数学教育理论,偏重依赖学生的日常生活经验。中国的数学学习则注重理性的思维能力。中国的传统是不怕抽象,例如,仁、道、礼、阴阳五行等都是抽象的事物。中国的文化传统讲究"严谨治学"。因此,总的来说,中国学生不拒绝"概念的抽象定义和严谨的逻辑表达"。中国学生能够学好西方的"演绎几何",是有文化渊源的。

(4) 重复依靠变式。西方的一些教育理论,认为中国的学习,只是"重复"的演练,没有价值。其实,一定的重复是必要的。如前提到的,中国的数学教学,重视"变式练习",在变化中求得重复,在重复中获取变化。中国的研究,有概念变式、过程变式、问题变式等多种方式,这些理应成为数学教学的有机组成部分。

"熟能生巧"、"温故而知新"等等传统格言,在基础训练和创新思维之间的关系上,具有独特的中国视野。

4. 问题驱动教学法

目前在国际上比较流行的一种教学法称为问题驱动教学法(Problem-Based Learning, PBL)。该教学方法不是像传统教学那样先学习理论知识再解决问题,而是一种以学生为主体、以专业领域内的各种问题为学习起点,以问题为核心规划学习内容,让学生围绕问题寻求解决方案的一种学习方法。教师在此过程中的角色是问题的提出者、课程的设计者以及结果的评估者。问题驱动教学法能够提高学生学习的主动性，提高学生在教学过程中的参与程度，容易激起学生的求知欲，活跃其思维。

问题驱动教学法的步骤可以概括如下：

(1) 教师提出问题。适当的问题是该教学法能成功实施的基础。教师要在课前准备好问题。这一步骤不仅仅需要教师熟悉教学内容，还要较好地了解学生的情况。

(2) 分析问题。这一阶段以学生的活动为主，通常是让参加学习的全体同学相互间进行讨论和交流，也可以全体同学分组讨论，争取让每个学生都提出自己的观点和看法。教师在此阶段主要是发挥引导作用，当讨论发生跑题或者学生们误解问题的本意时，给予及时的提醒和引导。

(3) 解决问题。即在上一阶段分析的基础上，让学生们探讨解决问题的方法。可以分成课题组的方式组织进行。

(4) 结果评价。让学生用报告的方式与全班进行交流，包括自我评估、小组互评及教师评价等，评价内容为小组整体表现、问题解决方法的合理性、个人贡献等。

问题设计是 PBL 教学法的基础，问题设计得科学与否直接关系到教学的成败。一般来说，问题设计应当遵循以下几个原则：

(1) 要有明确的目标。问题设计必须紧紧围绕教学目标，教师要尽量了解教材和学生的具体情况，设计的问题要明确。

(2) 由浅入深。在设计问题时，要给学生以清晰的层次感，由易到难，以便增强学生的自信心，激发学生的学习兴趣，促使学生积极思考。

(3) 难度适当。过于简单的问题难以激发学生的兴趣，但如果问题太难，学生就会望而生畏。

(4) 面向全体学生。在设计问题时，要注意调动每一个学生的学习积极性，力争让每个人都有发挥和表现的机会，做到人人参与、人人有收获。

5. 倡导提炼"数学思想方法"

数学教学中关注数学思想方法的提炼，是中国数学教育的重要特征。

长期以来，中国数学教育着重提高数学学科知识的水平。数学教育研究密切结合数学内容进行。数学教育工作者也是数学家园的守望者，数学教育工作者和数学家的关系曾经十分密切，互动良好。比如华罗庚等关于"数学三大能力"的概括被数学教育工作者广泛接受。尤其是大力提倡"数形结合"的数学思想方法，影响深远。

19 世纪 80 年代，徐利治正式提出"数学思想方法"的理论，这一构想，迅速在中国数学教育界获得热烈反应，并直接用于课堂教学。除了"分析综合"、"归纳演绎"、"联想类比"等一般学思想方法之外，还使用"数形结合"、"化归方法"、函数思想，方程思想，关系—映射—反演原理，以及"几何变换"、"等价转换"、"逐步逼近"、"特例解剖"等解题策略。至于"变量替换"、"待定系数法"，"十字相乘法"等等的具体解题方法，一向多有，现在更加丰富起来。最可贵的是，这些数学思想方法，不是停留在理论探讨上，而是付诸实践，成为许多中国数学教师的共识。数学教师普遍具有数学思想方法的教学意识，掌握数学思想方法的内涵，将数学思想方法用于解题，并能够用数学思想方法进行总结和反思。这是一笔巨大的精神财富。学生在进行数学学习的时候，不仅会解题，而且得到数学思想方法的训练和熏陶，发展自己的数学思维能力。

2.1.4　数学的地位与作用

在新的世纪，无论在发达国家还是在发展中国家，各国都将出现普及高等教育的一种强有力的趋势。中等教育的普及，社会公正、经济发展趋势以及全民终身教育的目标等，是推动高等教育这一趋势的重要因素。而大学数学教育是高等教育的一个重要组成部分，这是因为它是各门学科的基础和工具，数学在自然科学、工程技术、国防、国民经济，甚至社会科学中起着越来越重要的作用。天文学、力学、物理学等与数学紧密联系的历史源远流长。航天、航空、航海、原子能利用、资源与能源的探测与开发、各种过程的自动控制与调节等技术领域都离不开数学这一基本工具。化学、生物、医学近年来也都利用到了高深的数学工具。甚至像语言学、心理学、经济学、管理科学、人口问题等人文科学领域和社会科学领域也都要建立数学模型，用数学的知识分析与计算，去预测发展并研究其控制与调节。数学的应用范围急剧扩展，大量实用的新兴的数学方法正在被有效地用于科学研究、工农业生产、行政管理甚至人们的日常生活。

在发给参加第九届数学教育国际会议(ICME9)的会议代表的贺电中，时任美国总统克林顿说：“世界正以惊人的速度向前发展，科学技术的进步是建立在数学的原理之上的，数学的理论创造了新的工作方式、生活方式和思维方式”，“数学已成为人类文化的核心部分，这是因为数学的应用遍及自然科学和社会科学。数学的推理证明的过程中显示的力量和美也大大地丰富了人们的精神文化领域”，“在全球化的今天，我们应该继续合作，以提高数学教育和数学研究的水平，数学教育是世界普通教育的核心，我们不仅要培养数学家和科学家，并且还要提高我们所有的人的数学素质”。

数学教育的本质是一种素质教育。学习数学，不仅要学到许多重要的数学概念、方法和结论，更要学到数学的精神实质和思想方法，如果将数学教学仅仅看成是数学知识的传授(特别是那种照本宣科式的传授)，那么即使包罗了再多的定理和公式可能仍免不了沦为一堆僵死的教条，难以发挥作用，而掌握了数学的思想方法和精神，就可以由不多的几个公式演绎出千变万化的生动结论，显示出无穷无尽的威力。

认真、严格的数学学习和训练，可以使学生树立明确的数量关系，凡事胸中有数；可以提高学生的逻辑思维能力，思路清晰，条理分明，有助于培养学生认真细致、严谨、踏实、一丝不苟的作风，使学生养成精益求精的风格；可以提高学生用数学知识处理现实世界中种种复杂问题的意识和能力；可以使学生增强拼搏精神和应变能力；可以调动学生的探索精神和创新能力；可以使学生具有数学上的直觉和想象能力等，这些特有的素质和能力，是只有或主要通过数学的学习才能逐步培养形成的，这就是数学教育对素质教育的特有的重要贡献。

新世纪的社会主义市场经济要求所培养的人才要具有宽阔的知识面和较强的适应能力，以促进学生从不同层次、不同方向分流。因此，必须对非数学类各专业的学生进行良好的大学数学教育，使他们具有创造性发展高等数学的基础。

在新的21世纪，非数学类各专业人才的数学素质应具有谦虚进取的优良学风和严谨的治学精神、探索精神、创新精神、交流与合作精神以及责任感。数学知识的要求是扎实的数学基础知识、宽阔的数学知识面，通过数学知识的学习，使非数学类各专业人才应当具有以下的数学能力：联想能力(把表象不同而实质相同的问题联想起来相互借鉴处理方法的能力)、翻译能力(将实际问题与数学问题相互翻译的能力)、分析能力(运用多种思维方法寻找内部规律性的能力)、洞察能力(迅速抓住主要关系、忽略次要因素的能力)、抽象思维的能力、逻辑推理的能力、自学能力、处理分析数据的能力、建模能力。

通过以上这些能力的培养，使学生在自己的专业领域和实践工作中，具有探索和提出问题、分析研究问题、建立数学模型并利用计算机、数值计算等工具解决问题的能力。

2.2 物理学科的基本情况

2.2.1 物理学科的性质及特点

1. 物理学科的性质

(1) 物理学是人类对无生命自然界中物质运动与转变的知识进行科学规律性的总结。

物理学知识的积累和总结，起初表现为早期人们通过感官视觉对客观事物现象的描述和记载，后来到了近代，人们通过发明创造测量仪器，从实验的角度定量研究物质的运动和发展规律。从研究角度和观点来看，物理学研究的领域可以分为宏观和微观领域，宏观研究的是由大量微粒构成的体系所表现出来的宏观性质，微观研究的是构成物体的微粒所遵循的规律，随着物理学的不断完善，进而建立起来了物体的宏观性质与微观规律的联系。

(2) 物理是一种智能。德国物理学家玻恩曾经说过，与其说是因为我发表的工作里包含了一个自然现象的发现，倒不如说是因为那里包含了一个关于自然现象的科学思想方法基础。物理学之所以被人们公认为是一门重要的科学，不仅仅在于它对客观世界的规律作出了深刻的揭示，还因为它在发展、成长的过程中，形成了一整套独特而卓有成效的思想方法体系。也正因为如此，使得物理学当之无愧地成了人类智能的结晶，文明的瑰宝。

大量事实表明，物理思想与方法不仅对物理学本身有价值，而且对整个自然科学，乃至社会科学的发展都有着重要的贡献。据有人统计，自 20 世纪中叶以来，在诺贝尔化学奖、生物及医学奖，甚至经济学奖的获奖者中，有一半以上的人具有物理学的背景，这意味着他们从物理学中汲取了智能，转而在非物理学领域里获得了成功。反过来，却从未发现有非物理专业出身的科学家问鼎诺贝尔物理学奖的事例。这就是物理智能的力量。

总之，物理学是概括规律性的总结和概括经验科学性的理论认识。

2. 物理学科的特点

物理是研究物质结构、相互作用和运动基本规律的一门系统性较强的学科，是知识类别化、贯穿实践化、模型理想化的基础自然学科，是一门集较强思维想象能力、抽象判断能力、逻辑推理能力、实际操作能力为一体的综合性理性科学。

物理学的特点可以概括为以下五个方面：

(1) 物理学是一门实验和科学思维相结合的科学。实验是物理学的基础，科学思维是物理学的生命，在物理学中，概念的形成，规律的发现，理论的建立，都有其坚实的基础。

任何物理理论的真理性都要以实验作为唯一的检验标准。物理实验不仅是物理学理论的基础，也是物理学发展的基本动力，是启迪物理思维的源泉。不少重要的物理思想就是在物理实验的基础上涌现出来的。物理学的发展充分表明，实验不仅是一种研究物理问题的科学方法或手段，而且是一种物理学的基本思想和基本观点，另一方面，在物理学中，观察实验也离不开科学思维，无论是实验方案的设计、实验现象的观察、实验数据的采集、实验结果的分析、实验结论的得出，还是理论研究中的推理论证、概括和总结，都必须经过科学思维。同时，经过科学思维得出的物理结论，又必须接受实验的检验。由此可见，物理学是观察实验和科学思维相结合的产物，物理模型的提出，物理概念的形成，物理规律的发现，物理理论的建立，以及物理学中许多重大发现都是在观察实验的基础上进行科学思维的结果，科学思维对物理学的发展起着决定性的作用。

(2) 物理学是一门严密的理论科学。物理学是以基本概念和基本规律为主干而构成的一个完整的体系。基本概念、基本规律和基本方法及其相互联系构成了物理学科的基本结构，其中基本概念是基石，基本规律是中心，基本方法是纽带。

(3) 物理学是一门精密的定量科学。自从伽利略开创了把观察实验、抽象思维同数学方法相结合的研究途径以后，物理学迅速发展成为一门精密的定量的科学，在物理学中，许多物理概念和物理规律，具有定量的含义。物理学中的基本定律和公式都是运用数学的语言予以精确表达的，物理学中的基本概念和规律的定性描述与精确的定量表达相结合，这是物理学区别于其他学科的显著特点。此外，数学方法使得物理学研究的重要推理论证的工具和手段，物理学与数学有密切的关系，物理学的发展离不开数学。

(4) 物理学是一门基础科学，它是自然科学的基础之一。它的研究成果和研究方法在自然科学的各个领域都起着重要作用，并且形成了许多交叉学科；物理学也是现代科学技术的重要基础，许多高新技术都与物理学密切相关，历史上许多与物理学直接有关的重要的技术发明，对人类社会的发展起到了很大的作用。

(5) 物理学是一门带有方法论性质的科学。物理学在长期的发展过程中，形成了一整套研究问题和解决问题的科学方法，这些方法不仅对物理学的发展起了很重要的作用，而且对其他学科的发展产生了一定的影响，它是辩证唯物主义哲学的重要基础，深刻影响着人们的思想、观点和思维方式。

2.2.2 物理学方法论及其研究内容

1. 物理学方法论概述

物理科学方法就是研究和描述物理现象和效应，进行实验、总结和检验物理规律所应用的各种手段和操作。它要求在严格的科学条件之下，进行严密的科学观察、逻辑推理，从而由表及里，层层深入，寻找事物本质以及它与外部环境的相互联系与作用，形成规律性的知识。

物理学方法论是以唯物辩证法为指导，探讨物理科学一般研究方法的理论，主要探讨用什么方法研究物理现象，怎样描述物理现象，如何探索并总结物理规律，如何检验物理规律等。

　　探讨物理科学认识的逻辑结构和研究程序，揭示物理科学研究过程的各个阶段和每一环节的作用、特点及其所应遵循的一般原则。总结物理科学研究中常用的一般方法，并将它们分类，揭示各种方法的含义，特点，适用范围，运用的原则和注意事项，以及物理学史上的例证，并尽可能给出使用模式，以便使用，借鉴与移植。研究物理学史上的重大突破和有代表性的事例，揭示著名物理学家的研究方法。研究新兴科学，新兴技术对物理学研究的重大影响，并探讨其方法论意义。

　　伽利略是物理科学方法论的创始者。牛顿、法拉第、麦克斯韦、爱因斯坦等物理学家都对物理学的研究方法做出了重要贡献。目前，物理学已形成了许多新的分支领域，随之也出现了与之相应的新的研究方法。一般说来，物理学所用到的方法主要是以观察、实验为基础，经过科学抽象，运用数学工具，概括总结出经验定律，提出假说，进一步发展成为理论，再经实验的检验，循环往复，使之不断丰富，不断深化，不断完善。

　　伽利略在关于物体运动理论的研究中，从对现象的一般观察到提出假说，进而运用数学和逻辑的手段得出特殊推论，然后通过物理的实验对推论进行检验，最后对假说进行修正和推广，修正后的假说上升为理论。从伽利略的研究中可以看到，重视观察现象，可以让我们从平常的感性经验中认识到现象的特殊方面。在分析感性经验和借助于创造性想象的基础上，提出相应的假说。伽利略就是根据自然界单一效应的简单性的信念，大胆假设自由落体是速度随时间成正比而增加的匀加速运动，从假说入手讨论这种运动的定义和性质的。进而，应用数学进行演绎，从假设引出可检验的逻辑推论。最后，通过特殊情况的实验，对由假设得出的结论进行检验。在完成上述步骤之后，就可以建立理论，并把它的成果向更大的广度和深度推进。伽利略实质上使用了把实验和逻辑结合起来的方法，有力地推进了人类科学认识活动的进展。他所发现的许多最基本的定理，都是通过了实验和逻辑的双重证明的。值得指出的是，在伽利略的著作里所描述的实验都是理想化的，他所写出的实验数据都同理论结论精确的符合，这很可能是因为他对数据进行了筛选。这表明伽利略并没有被实验的表面现象所束缚，能够正确地对待和解释实验误差。在他看来，实验结果与理想的简单规则之间的偏差，只是某些次要因素干扰的结果。比如，在实际的下落实验中，重球与轻球并不是同时落地的，伽利略认为这是由空气的阻力造成的，所以不应该由于这点误差而对亚里士多德学说的重大谬误提出辩护。又如在单摆实验中，摆球并不能完全回到原来的高度，伽利略把这点微小的偏差也归因于空气和绳子的阻力。由此可见，无论是在动力学基本原理上，还是在动力学研究方法上，伽利略都做出了奠基性的重要贡献。爱因斯坦和英费尔德在《物理学的进化》中评论说：“伽利略的发现以及他所应用的科学的推理方法是人类思想史上最伟大的成就之一，而且标志着物理学的真正开端”。

　　20 世纪初以来，工业和生产技术的巨大发展为物理实验提供了电子显微镜、射电望远镜、高能加速器、计算机等大批大型、精密的实验装置，光谱分析、质谱分析、X 射线衍射等分析技术也得到很大的发展，从而使物理学实验在精密、高能、快速和自动化方面达到了新的水平，物理学观测的视野也得到很大的拓展。

　　现代物理学实验除了能够用更有效的手段纯化实验条件和隔离实验因素之外，还发展了有效地施加外部干扰和使研究对象处于极限条件，在对象的激发状态或破坏状态下进行观测的实验方法。这就更加充分地发挥了实验的变革作用和控制作用，以更好地揭露物理现象中各种内在和外在的因素之间的相互联系。另外，现代物理实验由于实验的规模越来越大，它的集体化、社会化的程度也越来越高，许多实验是在较大规模的实验机构中进行的，有些实验需要组织全国甚至国际的力量才能完成。例如，现代高能物理实验，往往要在几千亿电子伏特的能量范围，上百万美元的费用，几十个人在几年的时间内才能完成；为了得到所需要的实验信息，物理学家们必须把大部分精力用于开发仪表和技术，实验的准备工作往往比实验本身困难得多。这样的实验是靠个人的力量所不能完成的。

由于现代物理学研究的内容远离实践经验的范围，理论体系高度抽象化和脱离直觉经验的特征无可避免地日益加强，这使通常的思维方式和机械论的观点愈来愈无能为力。创造性思维如抽象思维、科学想象、理想实验、试探猜测和大胆假设以及直觉、灵感等方法在建立新的物理学理论中的作用愈来愈突出了。人们愈来愈认识到，传统的归纳法和演绎法很难使人类思维成为真正创造性的根源。爱因斯坦认为，理论观念的产生固然是建立在经验的基础之上的，但是理论决不可能逻辑地从经验事实中导出，"在建立科学时，我们免不了要自由地创造概念。"他特别指出，物理学的概念是人类智力的自由创造，它不是单纯地由外在世界所决定的。

在近代科学发展的早期，人们曾经以为认识可以在毫不改变客体本来面目的情况下实现。即使主体必须在变革客体的过程中认识客体，这种变革所产生的影响也是可以运用逻辑思维抽象掉的。但是到了20世纪，随着科学实验的发展，特别是在微观物理学的研究领域中，由于微观物体的特殊本性以及观测仪器与被观测系统之间不可避免的干扰的存在，主体在认识过程中的巨大的能动作用已成为现代科学方法的一个基本特点。

经典物理学时期，也是科学注重于本体论的探索的时期，人们把"现象→规律→实体"作为把科学研究向纵深推进的基本线索。这无疑是一种有效的方法，今后也还会继续发挥其认识的作用。不过，在现代物理学的研究中，人们更注重于关系和模型，这是一个能动的认识论的时期。一些学者认为，把西方科学中重视实体，强调经验、分析和定量表述的方法与中国传统哲学中重视关系，强调整体、协调和转化的思想结合起来，将会导致一种更加符合我们时代的科学精神的新的自然观和科学认识方法。

从物理学的发展历史来看，随着物理学研究内容的变化，物理学的研究方法也在变化着，不断得到丰富和提高。在古代，人们主要是靠不充分的观察和简单的推理，直觉地、笼统地去把握物理现象的一般特性。随着近代自然科学的兴起，观察方法就从以自然观察为主发展为以仪器观测为主。科学实验和数学方法相结合，使精确的、定量的物理学研究有了很快的发展。整理事实材料的需要，也促进了分析、归纳和演绎等逻辑方法的发展。这一时期科学方法的发展，使物理学作为一门实验科学的特点显著地呈现出来。18世纪末到19世纪末，实验方法、数学方法、假说方法和理论概括方法都有了显著的提高和发展，统计方法也被引进了物理学。20世纪以来，科学实验在精密、快速和自动化方面达到了新的水平；物理学理论的公理化和数学化的特点更加突出；科学想象、理想实验、创造性思维等方法，对于现代物理学的发展起到了重要的作用。

2．物理学方法列举

方法是沟通思想、知识和能力的桥梁，物理方法是物理思想的具体表现。研究物理的方法很多，如观察法、实验法、假设法、类比法、比较法、极限法、分析法、综合法、变量控制法、归纳法、总结法、发散思维法、抽象思维法、逆向思维法、模拟想象法、知识迁移法、数学演变法等。运用方法的过程也是思维的过程，思维主要包括抽象思维和形象思维。下面介绍常见的一些思维方法及其运用。

1) 实验法

实验法是利用相关的仪器仪表和设计的装置通过对现象的观测，数据的采集、处理、分析后得出正确结论的一种方法。它是研究、探讨、验证物理规律的根本方法，也是科学家研究物理的主要途径。正因如此，物理学是一门实验科学，也是区别于其他学科的特点所在。当然，其中也包括了观察法，观察实验应注意重复试验、去伪存真、去表抓本、去粗存精，注意数据观测正确，理论与实验的误差，理想与实际的差异，发现规律。如笛卡尔和惠更斯通过小球碰撞实验，发现宇宙守恒量——动量。

2) 假设法

假设法是解决物理问题的一种重要方法。一般是从某一假设入手，然后运用物理规律得出结果，再进行适当讨论，从而找出正确答案。这种科学严谨、合乎逻辑，而且可拓宽思路。在判断一些似是而非的物理现象时，一般常用假设法。科学家在研究物理问题时也常采用假设法。如爱因斯坦提出光速不变假设，然后从这一假设出发，推导出运动的时钟变慢和运动的尺子变短。

3) 归纳与演绎

归纳法使物理学家从大量的实验和观察结果中发现客观存在的普遍规律。而归纳得出的普遍规律，又可以通过演绎法对未曾探索的问题进行逻辑推理，得到一个正确的结论，从而为人们所用。可以看出，演绎必须以归纳为基础，而归纳则要以演绎为指导，二者是相互渗透，相互联系的。例如，法拉第通过大量的实验和观察，对实验结果进行归纳，最后得到电磁感应的规律，即电磁感应定律。又例如在狭义相对论中，合理地假设质量守恒和动量守恒在所有惯性参考系中都成立，再运用洛伦兹速度变换进行数学演绎，最后得到物体质速关系：

$$m = \frac{m_0}{\sqrt{1 - \dfrac{v^2}{c^2}}}$$

4) 类比法

类比法是指通过对内容相似、或形式相似、或方法相似的一类不同问题的比较来区别它们异同点的方法。这种方法往往用于帮助理解、记忆、区别物理概念、规律、公式很有好处。通常用于同类不同问题的比较。如：电场和磁场，动能和动量，动能定理和动量定理，单位物理量的形式(如单位体积的质量、单位面积的压力)等的比较。而比较法可以是不同类的比较，更有广义性。

例如，研究刚体定轴转动时，可以类比质点力学关于质点的运动规律和研究方法。

例如：

将刚体的转动动能 $E_k = \frac{1}{2}J\omega^2$ 与质点运动动能 $E_k = \frac{1}{2}mv^2$ 进行类比；

将刚体定轴转动的角动量定理 $\int_{t_1}^{t_2} M dt = J\omega_2 - J\omega_1$ 与质点的角动量定理 $\int_{t_1}^{t_2} \vec{M} dt = \vec{L}_2 - \vec{L}_1$ 进行类比。

5) 极限法

极限法是利用物理的某些临界条件来处理物理问题的一种方法，也叫临界(或边界)条件法。在一些物理的运动状态变化过程中，往往达到某个特定的状态(临界状态)时，有关的物理量将要发生突变，此状态叫临界状态，这时有临界值。如果题目中出现如"最大、最小、至少、恰好、满足什么条件"等一类词语时，一般都有临界状态，可以利用临界条件值作为解题思路的起点，设法求出临界值，再作分析讨论得出结果。此方法是一种很有用的思考途径，关键在于抓住满足的临界条件，准确地分析物理过程。

6) 控制变量法

控制变量法是指在多个物理量可能参与变化影响中时，为确定各个物理量之间的关系，以控制某些物理量使其固定不变来研究另外两个量变化规律的一种方法。它是研究物理的一种科学的重要方法。

其实每个解决物理问题的方法表面上看起来是孤立的，但实际上它们是相辅相成，密不可分的，要想解决更高层次的物理问题或者从事高层次的物理研究，这些方法共用会达到更好的效果。比如伽利略首创了"科学实验法"。其步骤如下：

(1) 通过观察提出疑问：轻重不同的物体从同一高度落下，落地时间是否如亚里士多德所说的那样悬殊。

(2) 提出合理的假设："当我观察一块原来静止的石头从高处落下速率连续增加时，为什么不应当相信速率的增加是以一种简单的，也是大众最容易理解的方式在进行呢？"

(3) 数学推导：得出匀加速运动通过的距离与时间的平方成正比，即匀加速度为常量。这里不含任何瞬时值，只要直接测定 S 和 t 就行了。

(4) 实验验证：为了"冲淡重力"减缓下落运动，伽利略进行了著名的斜面实验。从而否定了亚里士多德的错误观点，为力学的发展做出巨大贡献。

2.2.3　物理学思想

物理学思想就是研究物质的运动形式、内在规律和物质基本结构的客观存在反映在人的意识中经过思维活动而产生的结果。这种思维活动是人的一种精神活动，是从社会实践中产生的，其内涵包括了物理科学本身的发展建立、物理学家的探索精神和研究方法以及我们学习物理的思想过程。狭义地说，就是学习物理过程而形成的符合物理体系、物理规律和物理逻辑、物理方法的结果。我们应该学会用物理思想去分析、解决物理问题。

认识物理学思想是学好物理的前提，因此，我们在学习物理过程中，始终要领会物理学思想，并能逐步转化为自己的思想。掌握科学方法，提高解决物理问题的能力是极其重要的。我们在了解物理学发展史的同时，不仅要学习物理学家的精神，而且要学习他们研究物理的方法，努力汲取物理学家的精华。

2.2.4 物理学体系

从研究物质性质变换的角度，研究物体机械运动的基本规律的规律，如经典力学及理论力学；研究物质热运动的统计规律及其宏观表现，如热力学与统计物理学；研究电磁现象、物质的电磁运动规律及电磁辐射等规律，如电磁学及电动力学。

(1) 从物质运动的低速和高速来分：低速领域主要是经典物理包含的内容，高速领域研究物体高速运动的动力学和时空相对性的规律，如相对论。

(2) 从宏观领域和微观领域来分：宏观领域主要以经典力学、热学、电磁学、光学、原子物理学以及相对论构成的体系；微观领域则是应用量子力学研究微观物质运动现象以及基本运动规律。

自 16 世纪意大利物理学家伽利略开创近代物理先河开始，物理学经过近 500 年的发展，展开了多方位全面的研究领域，形成了较为完整的体系，如：物理学、声学、热学、光学、电磁学、无线电物理、电子物理学、凝聚态物理学、等离子体物理学、原子分子物理学、原子核物理学、高能物理学、计算物理学、应用物理学以及物理学其他学科交叉的领域。

1. 理论物理

理论物理是从理论上探索自然界未知的物质结构、相互作用和物质运动的基本规律的学科。理论物理的研究领域涉及粒子物理与原子核物理、统计物理、凝聚态物理、宇宙学等，几乎包括物理学所有分支的基本理论问题。

无论如何，理论物理依然是一个未完成的体系，它生机勃勃而又充满了挑战。理论物理一方面探索基本粒子的运动规律，同时也探索各种复杂条件下物理规律的表现形式。随着技术的高度发展，理论物理的研究在越来越多的领域继续发挥着至关重要的作用：量子信息理论加深了我们对量子力学基础的理解，同时又在不断挑战量子理论的解释极限；介观物理、纳米技术揭示着宏观和微观过渡区域丰富的物理规律；超低温、强激光等极端环境显示出独特的物理性质；强关联多电子体系则对解析和数值研究都提出了挑战；复杂物理系统、非线性物理系统不断涌现新的问题。

在新的世纪，作为宇宙学的重大发现，我们的宇宙处于加速膨胀的状态，暗物质和暗能量分别构成了宇宙组分的 23% 和 73%，我们熟悉的普通物质不过占区区 4% 而已。理论和实验的冲突如此尖锐，而理论本身也面临着自洽的逻辑问题，新物理已经不可避免，理论物理再次面临着重大突破的时机。随着大型强子对撞机 LHC 的完成，新一代天文探测器的升空，引力波探测实验的推进，以及数个未来的大型实验计划的实施，我们有机会探测到超出标准模型的新粒子，精确测量宇宙极早期大爆炸的余辉，研究遥远宇宙空间的黑洞和其他奇异天体。当我们拥有越来越多的实验结果时，理论物理学家将得到更多的启示，某种新物理将水到渠成地出现并正确地解释上述谜团，我们对自然规律的认识将迈入新的层次。

理论物理是在实验现象的基础上，以理论的方法和模型研究基本粒子、原子核、原子、分子、等离子体和凝聚态物质运动的基本规律，解决学科本身和高科技探索中提出的基本理论问题。研究范围包括粒子物理理论、原子核理论、凝聚态理论、统计物理、光子学理论、原子分子理论、等离子体理论、量子场论与量子力学、引力理论、数学物理、理论生物物理、非线性物理、计算物理等。

2．计算物理学

计算物理学是一门新兴的边缘学科。利用现代电子计算机的大存储量和快速计算的有利条件，将物理学、力学、天文学和工程中复杂的多因素相互作用的过程，通过计算机来模拟。如原子弹的爆炸、火箭的发射，以及代替风洞进行高速飞行的模拟试验等。应用计算物理学的力一法，还可研究恒星，特别是太阳的演化过程。

计算物理所依赖的理论原理和数学方程由理论物理提供，结论还需要理论物理来分析检验。同时所需要的数据是由实验物理提供的，结果也需要实验来检验。对实验物理而言，计算物理可以帮助解决实验数据的分析、控制实验设备、自动化数据获取以及模拟实验过程等。对理论物理而言，计算物理可以为理论物理研究提供计算数据，为理论计算提供进行复杂的数值和接下运算的方法和手段。计算物理学研究如何使用数值方法解决已经存在定量理论的物理问题。

在物理学中，大量的问题是无法严格求解的。有的问题是因为计算过于复杂，有的问题则根本就没有解析解。比如，经典力学中，三体以上问题，一般都无法求解。量子力学中，哪怕是单粒子问题，也只有在少数几种简单势场中的运动可以严格求解。因此，在现代物理中，数值计算方法已变得越来越重要。

计算物理学在 20 世纪 80 年代还只被作为沟通理论物理学与实验物理学之间的桥梁。但是最近几年，随着计算机技术的飞速发展和计算方法的不断完善，计算物理学在物理学进一步发展中扮演着越来越重要的不可替代的角色，计算物理学越来越经常地与理论物理学和实验物理学一起被并称为现代物理学的三大支柱。很难想象一个 21 世纪的物理系毕业生，不具备计算物理学的基本知识，不掌握计算物理学的基本方法。

3．凝聚态物理

凝聚态物理学是当今物理学最大也是最重要的分支学科之一，是研究由大量微观粒子(原子、分子、离子、电子)组成的凝聚态物质的微观结构、粒子间的相互作用、运动规律及其物质性质与应用的科学。它是以固体物理学为主干，进一步拓宽研究对象，深化研究层次形成的学科。其研究对象除了晶体、非晶体与准晶体等固体物质外，还包括稠密气体、液体以及介于液体与固体之间的各种凝聚态物质，内容十分广泛。其研究层次从宏观、介观到微观，进一步从微观层次统一认识各种凝聚态物理现象；物质维数，从三维到低维和分数维；结构从周期到非周期和准周期，完整到不完整和近完整；外界环境从常规条件到极端条件和多种极端条件交叉作用，等等，形成了比固体物理学更深刻更普遍的理论体系。经过半个世纪的发展，凝聚态物理学已成为物理学中最重要、最丰富和最活跃的分支学科，在诸如半导体、磁学、超导体等许多学科领域中的重大成就已在当代高新科学技术领域中起关键性作用，为发展新材料、新器件和新工艺提供了科学基础。前沿研究热点层出不穷，新兴交叉分支学科不断出现，是凝聚态物理学科的一个重要特点；与生产实践密切联系是它的另一重要特点，许多研究课题经常同时兼有基础研究和开发应用研究的性质，研究成果可望迅速转化为生产力。

近些年来凝聚态物理的研究热点：

1) 准晶态的发现(1982 年)

准晶体是一种介于晶体和非晶体之间的固体结构。在准晶的原子排列中，其结构是长程有序的，这一点和晶体相似；但是准晶不具备平移对称性，这一点又和晶体不同。普通晶体只具有二次、三次、四次或六次旋转对称轴，但是准晶的布拉格衍射图具有五次对称性或者更高的六次以上对称性。

钛-镁-锌十二面体准晶

63.43°

五重对称性电子衍射斑

1984 年以色列理工学院的丹尼尔·舍特曼和同事们在快速冷却的铝锰合金中发现了一种新的金属相，其电子衍射斑具有明显的五次对称性。舍特曼因发现准晶体而荣获 2011 年诺贝尔化学奖。

2) 高温超导体 $YBaCuO_2$(钇钡铜氧化物)

1986 年瑞士柏诺兹和缪勒发现了 35K 超导的镧钡铜氧体系。这一突破性发现导致了更高温度的一系列稀土钡铜氧化物超导体的发现。通过元素替换，1987 年初美国朱经武等人和中国科学院物理研究所赵忠贤等宣布了 90K 钇钡铜氧超导体的发现，第一次实现了液氮温度(77 K)这个温度壁垒的突破。柏诺兹和缪勒也因为他们的开创性工作而荣获了 1987 年度诺贝尔物理学奖。这类超导体由于其临界温度在液氮温度(77K)以上，因此通常被称为高温超导体。液氮温度以上钇钡铜氧超导体的发现，使得普通的物理实验室具备了进行超导实验的条件，因此全球掀起了一股探索新型高温超导体的热潮。1987 年底，我国留美学者盛正直等首先发现了第一个不含稀土的铊钡铜氧高温超导体。1988 年初日本研制成临界温度达 110K 的铋锶钙铜氧超导体。1988 年 2 月盛正直等又进一步发现了 125K 铊钡钙铜氧超导体。1993 年法国科学家发现了 135K 的汞钡钙铜氧超导体。

2001 年 1 月，二硼化镁(MgB_2)超导电性的发现引起了国内外科学家的普遍关注与研究。因为该超导体具有远高于低温超导体的临界转变温度(Tc)，又不存在高温超导体中难以克服的弱连接问题，而且该超导体是一种新的简单的二元金属间化合物超导体，其合成工艺简单，原材料成本低廉，所以 MgB_2 超导体具有广阔的研究和应用前景，也日趋成为超导研究领域的一大热点。

2008 年 2 月，日本一个研究组发现在镧氧铁砷化合物中存在转变温度为 26K(−247.15℃)的超导电性，揭示了铁砷化合物的超导性。日本的上述研究结果引起了中国科学家的注意。赵忠贤和团队成员分析后认为，镧氧铁砷不是孤立的，26K 的转变温度大有提升空间，类似结构的铁砷化合物中很可能存在系列高温超导体。之后，中国科学技术大学陈仙辉研究组和王楠林研究组几乎同时在实验中分别观测到了 43K 和 41K 的超导转变温度，突破了"麦克米兰极限"，证明铁基超导体是继铜氧化物后的又一类非常规高温超导体，在国际上引起极大轰动。中科院物理研究所赵忠贤研究组将该类铁砷化合物的超导临界温度提升至 55K(−218.15℃)，利用高压合成技术制备出一大批不同元素构成的铁基超导材料并制作了相图，这标志着铁基高温超导家族基本确立。

中国科学家在铁基高温超导方面发表了一系列研究论文，引起了国际同行的极大关注。据不完全统计，中国科学家在铁基超导体研究上的 8 篇代表性论文 SCI 他引达到 3800 多次，20 篇主要论文 SCI 他引达到约 5150 次。2013 年 2 月，中国科学院国家科学图书馆统计数据显示，世界范围内铁基超导研究领域被引用数排名前 20 的论文中，9 篇来自中国，其中 7 篇来自物理所。《科学》、《自然》等国际知名学术刊物纷纷对其作出专门评述，或将其作为亮点进行跟踪报道。中国科学家的铁基超导体工作研究也因此被评为《科学》杂志"2008 年度十大科学突破"、美国物理学会"2008 年度物理学重大事件"及欧洲物理学会"2008 年度最佳"。

中国科学家的出色表现赢得了国际同行的高度评价。美国佛罗里达大学教授、著名理论物理学家彼得赫胥菲尔德说："一个或许本不该让我惊讶的事实就是，居然有如此多的高质量文章来自北京。他们的出色表现证明中国确确实实已进入了凝聚态物理强国行列。"

2013 年国家科学技术奖励大会上，中国科学院物理研究所/中国科技大学"40K 以上铁基高温超导体的发现及若干基本物理性质的研究"获 2013 年度国家自然科学一等奖。

3) 纳米科学(1984 年)

纳米材料(Nano-Material Science)是指由极细晶粒组成，尺寸在纳米(1 nm＝10^{-9} m)量级(1～100 nm)的固态材料，这种既具不同于原来组成的原子、分子，也不同于宏观的物质的特殊性能构成的材料，即为纳米材料。如果仅仅是尺度达到纳米，而没有特殊性能的材料，不能叫纳米材料。

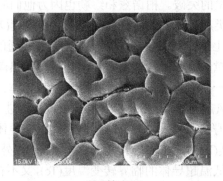

分子筛表面

由于极细的晶粒，大量处于晶界和晶粒内缺陷的中心原子以及其本身具有的量子尺寸效应、小尺寸效应、表面效应和宏观量子隧道效应等，纳米材料与同组成的微米晶体材料相比，在催化、光学、磁性、力学等方面具有许多奇异的性能，成为材料科学和凝聚态物理领域中的研究热点。

4) 材料的巨磁阻效应(1988 年)

巨磁阻效应(Giant Magnetoresistance)是指磁性材料的电阻率在有外磁场作用时较之无

外磁场作用时存在巨大变化的现象。巨磁阻是一种量子力学效应，它产生于层状的磁性薄膜结构。这种结构是由铁磁材料和非铁磁材料薄层交替叠合而成。当铁磁层的磁矩相互平行时，载流子与自旋有关的散射最小，材料有最小的电阻。当铁磁层的磁矩为反平行时，与自旋有关的散射最强，材料的电阻最大。上下两层为铁磁材料，中间夹层是非铁磁材料。铁磁材料磁矩的方向是由加到材料的外磁场控制的，因而较小的磁场也可以得到较大电阻变化的材料根据这一效应开发的小型大容量计算机硬盘已得到广泛应用。发现"巨磁电阻"效应的法国物理学家阿尔贝·费尔和德国科学家彼得·格林贝格尔荣获 2007 年诺贝尔物理学奖。

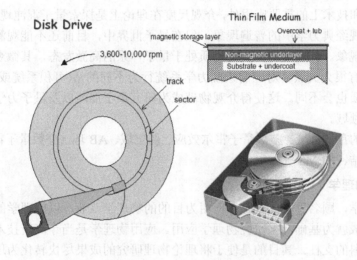

巨磁阻应用于计算机硬盘读写

5) 拓扑绝缘体

拓扑绝缘体是一种具有新奇量子特性的物质状态，也是近几年来物理学的重要科学前沿之一。拓扑绝缘体是一种新的量子物态。传统上固体材料可以按照其导电性质分为绝缘体和导体，其中绝缘体材料在其费米能处存在着有限大小的能隙，因而没有自由载流子；金属材料在费米能级处存在着有限的电子态密度，进而拥有自由载流子。而拓扑绝缘体是一类非常特殊的绝缘体。

从理论上分析，这类材料的体内的能带结构是典型的绝缘体类型，在费米能处存在着能隙，然而在该类材料的表面则总是存在着穿越能隙的狄拉克型的电子态，因而导致其表面总是金属性的。拓扑绝缘体这一特殊的电子结构，是由其能带结构的特殊拓扑性质所决定的。

拓扑绝缘体研究现状：第一代，HgTe 量子井；第二代，BiSb 合金；第三代，Bi_2Se_3、Sb_2Te_3、 Bi_2Se_3 等化合物，自旋轨道耦合引起了能带反转，以及材料表面的狄拉克型费米子，根据理论预测，拓扑绝缘体于 p 波超导体界面将会形成马拉约那(majorana)费米子，其特性符合量子计算机理论中的量子比特，这使得该领域研究成为了当今凝聚态物理的焦点。

6) 介观物理

介观(Mesoscopic)指介乎于微观和宏观之间的尺度 $10^{-9} \sim 10^{-7}$ m。介观物理学所研究的物质尺度和纳米科技的研究尺度有很大重合，所以这一领域的研究常被称为"介观物理和纳米科技"。对于宏观物质的研究，一般应用统计力学的方法，考虑大量粒子的平均性质。宏观系统的尺度远大于(微观粒子能够保持其相干性的)相干尺度。在这种情况下，每个系统样本中各个粒子的运动缺乏关联，呈现统计上的无规性，系统的整体性质很好地被大量粒子的平均运动所描述：即同一系统的不同样本性质间的差异很小，所有样本的性质都由系统的平均值刻画，统计涨落很小。处于介观尺度的材料，尽管也含有大量粒子，但其系统尺度小于相干尺度，同一样本中的粒子保持相干运动，各个样本性质差异极大，系统的平均值不再有效地刻画系统中所有样本的性质，或者说存在很大的统计涨落。这种涨落称之为介观涨落，是介观材料的一个重要特征。

除了实验和技术上的重要应用外，介观尺度在理论上是探索量子混沌现象的重要场所。混沌现象是宏观经典力学中的普遍现象，但在量子世界中，目前还不能观测到低激发态量子系统的混沌现象。介观物理研究的物质处于量子体系的高激发态，其微观性质和对应的宏观力学性质有很大关联。对应的宏观力学系统行为不同的话(可积系统或是混沌系统)，材料的微观性质也会不同。这使得介观物理成为研究量子混沌以及量子力学和经典力学过渡关系的重要领域。

介观物理的重要领域：整数量子霍尔效应、弱定域、AB 环、分数量子霍尔效应、量子点、约瑟夫森结、NEMS 等。

4. 应用物理学

应用物理学，顾名思义，就是以应用为目的的物理学专业，以物理学的基本规律、实验方法及最新成就为基础，来研究物理学应用。应用物理学是当今高新技术发展的基础，是多种技术学科的支柱。其目的是便于将理论物理研究的成果尽快转化为现实的生产力，并反过来推动理论物理的进步。

华裔诺贝尔物理奖得主杨振宁教授认为，当前和以后的几十年内，物理学的重心在于应用物理学。目前应用物理学发展比较快的主要是一些新兴的技术性行业，例如电子科学、计算机科学等。这样的行业也是物理学理论转化为应用要求最急切的，比如能够将物理电磁学方面的理论，转化在电子和计算机方面的话，将会为这些行业的发展提供非常强大的动力支持。

5. 粒子物理学

粒子物理学，又称高能物理学，是研究比原子核更深层次的微观世界中物质的结构、性质，和在很高能量下这些物质相互转化及其产生原因和规律的物理学分支。

目前，粒子物理已经深入到比强子更深一层次的物质的性质的研究。把电磁作用、弱作用和强作用统一起来的大统一理论，近年来引起相当大的注意。但即使在最简单的模型中，也包含近 20 个无量纲的参数。这表明这种理论还包含着大量的现象性的成分，只是一个十分初步的尝试。它还要走相当长的一段路，才能成为一个有效的理论。

另外，从发展趋势来看，粒子物理学的进展肯定会在宇宙演化的研究中起推进作用，这个方面的研究也将会是一个十分活跃的领域。

很重要的是，物理学是一门以实验为基础的科学，粒子物理学也不例外。因此，新的粒子加速原理和新的探测手段的出现，将是意义深远的。

6. 原子核物理

原子核物理研究原子核的结构和变化规律，获得射线束并将其用于探测、分析的技术，以及研究同核能、核技术应用有关的物理问题，简称核物理。

在现阶段，由于重离子加速技术的发展，已能有效地加速从氢到铀全部元素的离子，扩充了变革原子核的手段，使重离子核物理研究有全面的发展。强束流的中、高能加速器不仅提供直接加速的离子流，还能提供诸如 π 介子、K 介子等次级粒子束，从另一方面扩充了研究原子核的手段，加速了高能核物理的发展。超导加速器将大大缩小加速器的尺寸，降低造价和运转费用，并提高束流的品质。

第3章　数理学科的发展简史

3.1　数学的发展简史

3.1.1　学习数学史的意义

1. 更全面、更深刻地了解数学

每一门学科都有它的历史，数学也有它自己的发展过程，有它的历史。无论是概念还是体系，无论是内容还是方法，都只有在与其发展过程相联系时，才容易被理解。数学课本上的数学，经过多次加工，已经不是原来的面貌。把课本上的内容放到历史的背景上考察，才能求得自己的理解。

2. 总结经验教训，探索发展规律

数学有悠久的历史，它的成长道路是相当曲折的。探索它的发展规律，可以指导当前的工作，使我们少走或不走弯路，更好地做出正确的判断。

3. 教育的目的

(1) 激发兴趣，开阔眼界，启发思维。任何一个静止的事物，如果和它的历史联系起来，就会对它有浓厚的兴趣。知道数学的发现过程竟如此曲折，会加深印象，也可以开拓学生的思维，使他们从多个方面去思考问题。

(2) 表彰前贤，鼓励后进。今天数学的繁荣昌盛，得力于千百年来数学工作者的辛勤劳动。饮水必须思源，数典不可忘祖，他们的丰功伟绩，理应载入史册。数学史的主要内容之一，就是记述他们的生平事迹和重要贡献，以供后人参考借鉴，其目的在于总结先辈的经验教训，学习他们不畏艰苦的创业精神。表彰前贤，足以鼓励后进。

4. 文化的目的

数学是文明的一个组成部分。数学不仅仅是形式化、演绎化的思维训练，也不仅仅是一门严肃的、抽象的学科。数学其实是丰富多彩的文化的产物，数学中的几乎任何一门数学分支的每一步进展都反映了推进者的个人背景、时间和地点的影响，也受到当时流行的价值观、社会思想和当时所有的资源的影响。它们在数学中是如此紧密地交织在一起，只要拆散和剔除其中的任何一个方面都将给数学带来不可估量的损失。

3.1.2　早期文明中的数学

数学最早起源于适合人类生存的大河流域，例如尼罗河流域的埃及、两河流域的巴比伦、黄河长江流域的中国等。在记述中国古代早期数学内容的典籍中，《周易》是包含数学

内容最丰富的著作，因而对中国古代数学家产生了极大的影响。伴随着早期文明的发展，数学也开始了它的萌芽和进程。

在有文字记载之前人类就已经有了数的概念。起初人们只能认识"有"还是"没有"，后来又渐渐有了"多"与"少"的朦胧意识。而"多"与"少"的意识原始人是在一一对应的过程中建立的。即把两组对象进行一一比较，如果两组对象完全对应，则这两个组的数量就相等，如果不能完全一一对应，就会出现多少。例如，据古希腊荷马史诗记载：波吕斐摩斯被俄底修斯刺伤后，以放羊为生。他每天坐在山洞口照料他的羊群，早晨母羊出洞吃草，出来一只，他就从一堆石子中捡起一颗石子儿；晚上母羊返回山洞，进去一只，他就扔掉一颗石子儿，当把早晨捡起的石子儿全部扔完后，他就放心了，因为他知道他的母羊全都平安地回到了山洞。

另一个方面，在长期的采集、狩猎等生产活动中，原始人逐渐注意到一只羊与许多羊，一头狼与整群狼在数量上的差异。根据彼此一一对应的原则进行这种计算，也就是给每个被数物品选择一个相应的东西作为计算工具，这就是早期的计数。

最早的计算可能是手算，即用手指计数。古代俄国把 1 叫做"手指头"，10 则称为"全部"。这些都是古代手指计数的痕迹。今天十进制的广泛采用，只不过是人类绝大多数人生来就具有 10 个手指这样一个解剖学事实的结果。当指头不够用时，数到 10 时，摆一块小石头，双手就解放了，还可以继续数更大的数目。自然地人们会想到，可以不用手，直接用石头记数。但记数的石子堆很难长久保存信息，于是又有结绳记数，等等。

总之，在人类几万年的原始文明中，仅局限于一些零碎的、片断的、不完整的知识，有些人只能分辨一、二和许多，有些能够把数作为抽象的概念来认识，并采用特殊的字或记号来代表个别的数，甚至采用十、二十或五作为基底来表示较大的数，进行简单的运算。此外，古人也认识到最简单的几何概念，如直线、圆、角等。直到公元前三千年左右，数学开始取得更多的进展。

3.1.3　古希腊的数学

数学作为一门独立和理性的学科开始于公元前 600 年左右的古希腊。古希腊是数学史上一个"黄金时期"，在这里产生了众多对数学主流的发展影响深远的人物和成果，泰勒斯、毕达哥拉斯、柏拉图、欧几里德、阿基米德等数学巨匠不胜枚举。希腊人的思想毫无疑问地受到了埃及和巴比伦的影响，但是他们创立的数学与前人的数学相比较，却有着本质的区别，其发展可分为古典时期和亚历山大时期两个阶段。

1. 古典时期(600B.C.～300B.C.)

古典时期始于泰勒斯(Thales)为首的爱奥尼亚学派(Ionians)，其贡献在于开创了命题的证明，为建立几何的演绎体系迈出了第一步。稍后有毕达哥拉斯(Pythagoras)领导的学派，这是一个带有神秘色彩的政治、宗教、哲学团体，以"万物皆数"作为信条，将数学理论从具体的事物中抽象出来，予数学以特殊独立的地位。

泰勒斯(625B.C～547B.C)，古希腊哲学家、自然科学家，生于小亚细亚西南海岸米利都，早年是商人，曾游历巴比伦、埃及等地。泰勒斯是希腊最早的哲学派——伊奥尼亚学派的创始人，他几乎涉猎了当时人类的全部思想和活动领域，被尊为"希腊七贤"之首。

而他更是以数学上的发现而出名的第一人。证明命题是希腊几何的基本精神，泰勒斯在数学方面的划时代贡献是开始引入了命题证明的思想，它标志着人们对客观事物的认识从经验上升到理性。这在数学史上是一次不寻常的飞跃。

毕达哥拉斯(580B.C.～500B.C.)，古希腊哲学家、数学家和音乐理论家，生于希腊东部萨摩斯岛，早年曾游历埃及，后定居意大利南部城市克罗顿，并建立了自己的社团。公元前510年因发生反对派的造反，毕达哥拉斯又搬到梅达彭提翁，直至去逝。毕氏学派将抽象的数作为万物的本源，"万物皆数"是他们的信条之一。

古希腊古典时期还有许多数学家，例如，芝诺、柏拉图、欧多克索斯、亚里士多德等，还形成了众多学派，例如诡辩学派。这里不再具体展开。

2. 亚历山大时期(300B.C～641A.D.)

亚历山大时期分前后两个时期：亚历山大前期和亚历山大后期。前期出现了希腊数学的黄金时期，代表人物是名垂千古的三大数学家：欧几里得(Euclid)、阿基米得(Archimedes)及阿波罗尼乌斯(Appollonius)。欧几里得总结古典希腊数学，用公理方法整理几何学，写成13卷《几何原本(Elements)》。这部划时代历史巨著的意义在于它树立了用公理法建立起演绎数学体系的最早典范。阿基米得是古代最伟大的数学家、力学家和机械师。他将实验的经验研究方法和几何学的演绎推理方法有机地结合起来，使力学科学化，既有定性分析，又有定量计算。阿基米得在纯数学领域涉及的范围也很广，其中一项重大贡献是建立多种平面图形面积和旋转体体积的精密求积法，蕴含着微积分的思想。阿波罗尼乌斯的《圆锥曲线论(Conic Sections)》把前辈所得到的圆锥曲线知识予以严格的系统化，并做出新的贡献，对17世纪数学的发展有着巨大的影响。亚历山大后期是在罗马人统治下的时期，希腊的文化传统尚未被破坏，学者还可继续研究，然而已没有前期那种磅礴的气势。这时期出色的数学家有海伦(Heron)、托勒密(Plolemy)、丢番图(Diophantus)和帕普斯(Pappus)。丢番图的代数学在希腊数学中独树一帜；帕普斯的工作是对前期学者研究成果的总结和补充。之后，希腊数学处于停滞状态。

3.1.4　古代东方的数学

在初等数学时期，东方的中国、印度与阿拉伯等地区也发展出了独具特色的数学知识。在中世纪后期的欧洲，在独特的中世纪文化中，东西方数学知识逐渐融合，为下一个阶段数学的快速发展奠定了基础。

1. 中国古代的数学

1) 汉以前的中国数学

几乎和古希腊同时的战国时期的百家争鸣也促进了中国数学的发展，一些学派还总结和概括出与数学有关出的许多抽象概念。周秦以来逐渐发展起来的中国古代数学，经过汉代更进一步的发展，已经逐渐形成了完整的体系，中国传统数学自古就受到天文历法的推动，秦汉时期天文历法有了明显的进步，涉及的数学知识水平也相应提高。西汉末年编纂的《周髀算经》是一部以数学方法阐述的天文著作，提出勾股定理的特例和提出测太阳高、远的方法，为后来重差术的先驱。

《九章算术》是战国、秦、汉封建社会创立并巩固时期数学发展的总结，就其数学成就来说，堪称是世界数学名著。例如分数四则运算、今有术(西方称三率法)、开平方与开立方(包括二次方程数值解法)、盈不足术(西方称双设法)、各种面积和体积公式、线性方程组解法、正负数运算的加减法则、勾股形解法(特别是勾股定理和求勾股数的方法)等。其中方程组解法和正负数加减法则在世界数学发展上是遥遥领先的。就其特点来说，它形成了一个以算法为中心、与古希腊数学完全不同的独立体系。

2) 从魏晋到隋唐时期的中国数学

东汉《九章算术》出现以后，注释与修正的工作不断进行。魏晋赵爽作《勾股方圆图注》，利用勾股定理完成一般一元二次方程。《九章算术》中取圆周率为 3，刘徽提出"割圆术"，计算正 192 边形的面积，求得 3.141 的三位小数近似值。其后南北朝祖冲之(429～500)把这结果向前推进，在《缀术》一书中，找到 3.1415926 的密率。如果将《九章算术》的内容当作中国数学的雏型，那么自东汉到隋唐(即公元 2 世纪到 10 世纪)，可称为它的发展期，隋唐以后渐臻成熟。到十三世纪南宋及元初，进入中国数学的黄金时代。

3) 宋元时期的数学

宋元两代，中国数学进入黄金时期，尤其到了十三世纪成就更趋辉煌。不只相对于中国本身数学得到空前的发展，放眼于当时阿拉伯、印度及欧洲各地的数学水平，也是处于领先地位的。

宋元黄金时期的数学家一般以南方的秦九韶、杨辉，北方的李治、朱世杰为代表，合称秦、李、杨、朱四大家，有丰富的成果。

变量数学不曾出现在中国。内插法是一种逼近，隐约有了变量数学成份。变量数学得以发展的真正关键在于引入变化率。日月五星的运行虽也有变量，但运行的瞬间速度在当时还不必去考虑，不像在欧洲，力学已发展到必须要找出运动规律的时候了。

宋元以后，明代理学对科学技术与思想发展造成一定束缚。除程大位《算法统宗》继吴敬、徐心鲁等人将筹算改良，发展为珠算，便利四则计算之外，明朝两百年间，不仅没继承宋元数学而持续发展，甚至宋元著作散失，数学水平普遍下降。明末清初，西方传教士陆续来华之时，中国数学正处低潮时期，两种文化的交会结束了中国本土数学的发展。

2. 印度与阿拉伯的数学

1) 印度的数学

印度是世界上文化发达最早的地区之一，印度数学的起源和其他古老民族的数学起源一样，是在生产实际需要的基础上产生的。但印度数学的发展也有一个特殊的因素，它和历法一样，是在婆罗门祭礼的影响下得以充分发展。再加上佛教交流和贸易往来，印度数学和近东，特别是中国的数学便在互相融合、互相促进中前进。另外，印度数学的发展始终与天文学有密切关系，数学作品大多刊载于天文学著作中的某些篇章。

公元前 326 年，亚历山大大帝曾经征服了印度的西北部，使得希腊的天文学与三角学传到了印度。紧接着亚历山大大帝之后，孔雀王朝(Maurya，公元前 320～公元前 185 年)兴起，在其阿育王时代(公元前 272～公元前 232 年)势力达到顶峰。阿育王以佛教为国教，每到一重要城市总要立下石柱。从数学的眼光来看，这些石柱让人感兴趣，因为在石柱上我们可以找到印度阿拉伯数字的原形。很长一段历史，印度虽然有比较统一的局面，但数学方面没有进展。二十世纪初，印度数学会成立(1907 年)，出版学会杂志创刊(1909 年)，而且又产生了数学怪才(拉马努金 Ramanujan，1887～1920)，印度的数学终于渐有起色，投入到世界数学的发展洪流中。

印度的传统数学在算术及代数方面有相当的成就，包括建立完整的十进制记数系统，引进负数的观念及计算，使代数半符号化，提供开方的方法，解二次方程式及一次不定方程式等。

2. 阿拉伯数学

从九世纪开始，数学发展的中心转向阿拉伯和中亚细亚。自从公元 7 世纪初伊斯兰教创立后，迅速扩展到阿拉伯半岛以外的广大地区，跨越欧、亚、非三大洲。在这一广大地区内，阿拉伯文是通用的官方文字，这里所叙述的阿拉伯数学，就是指用阿拉伯语研究的数学。

从 8 世纪起，大约有一个到一个半世纪是阿拉伯数学的翻译时期，巴格达成为学术中心，建有科学宫、观象台、图书馆和一个学院。来自各地的学者把希腊、印度和波斯的古典著作大量地译为阿拉伯文。在翻译过程中，许多文献被重新校订、考证和增补，大量的古代数学遗产获得了新生。阿拉伯文明和文化在接受外来文化的基础上，迅速发展起来。

三角学在阿拉伯数学中占有重要地位，它的产生与发展和天文学有密切关系。阿拉伯人在印度人和希腊人工作的基础上发展了三角学。他们引进了几种新的三角量，揭示了它们的性质和关系，建立了一些重要的三角恒等式。给出了球面三角形和平面三角形的全部解法，制造了许多较精密的三角函数表。其中著名的数学家有阿尔·巴塔尼(Al-Battani)、阿卜尔·维法(Abu'l-Wefa)、阿尔·比鲁尼(Al-Beruni)等。系统而完整地论述三角学的著作是由 13 世纪的学者纳西尔丁(Nasir ed-din)完成的，该著作使三角学脱离天文学而成为数学的独立分支，对三角学在欧洲的发展有很大的影响。

3.1.5 数学的复兴

1. 中世纪的欧洲数学

罗马人活跃于历史舞台上的时期大约从公元前 7 世纪至公元 5 世纪。他们在军事上和政治上曾取得极大成功，在文化方面也颇有建树，但他们的数学却很落后，只有一些粗浅的算术和近似的几何公式。

在这一时期，数学的最基本的思想、方法和观念等成分渐渐被吸纳进基督教体系中去，并成为构建基督教体系所必需的条件之一。如萨阿迪亚在他的著作中曾把上帝的存在作为假定，而上帝的唯一性被证明出来，并且以后所赋予上帝的一些性质通过抽象推理和《圣经》的象征手法有趣地结合而推导出来。在这里希腊人的方法与希伯来传统结合起来。这也引出了近现代数学中的"唯一性问题"。

这种思想经过几个世纪的酝酿，最终在 16、17 世纪达到其顶峰，让我们看一看法国数学家、哲学家笛卡尔带有强烈的唯意志论特征的一段话："数学真理，如同其他一切受造之物一样，也都是由上帝所确立，并依赖于上帝……上帝能够做我们所理解的一切事情，我们不可以说上帝无法做我们所不理解的事情。因为，认为我们的想象力可以穷尽上帝力量的那种想法是愚蠢而狂妄的。"所以，对于此时的欧洲学者来说，上帝就是一位至高无上的数学家，人类不可能指望像上帝那样清楚地明白上帝的意图，但人至少可以通过谦恭的态度和理性的思考来接近上帝的思想，就可以明白神创造的世界。

12 世纪是数学史上的大翻译时期，是知识传播的世纪，由穆斯林保存下来的希腊科学和数学的经典著作，以及阿拉伯学者写的著作开始被大量翻译为拉丁文，并传入西欧。当时主要的传播地点是西班牙和西西里。

2. 经验主义数学观的形成及其对于近代数学实践的影响

古希腊哲学家毕达哥拉斯和柏拉图认为，数学是一门独立的、专门的学科，它被赋予了完美与和谐的性质。他们把数学孤立起来看待，认为数学是人们通往理想世界的阶梯，而当完美的数学与不完美的可感知世界产生矛盾时，现实是被校正的对象。但在文艺复兴时期，由于技工与学者相互合作、逻辑思辨与实验科学携手大大刺激了数学中新的观点、新的理论和方法的产生，这时，数学一方面从实验的自然科学中吸取了的灵感，激发了众多新学科的创造，如对数、三角学的形成，微积分的产生与分析学的发展都是建立在自然科学的研究基础上的。另一方面，数学的成果也日益广泛地被应用到其他自然科学的研究中去。

这一时期，在数学中首先发展起来的是透视法。艺术家们把描述现实世界作为绘画的目标，研究如何把三维的现实世界绘制在二维的画布上。文艺复兴时期更出版了一批普及算术书，内容多是用于商业、税收、测量等方面的实用算术。印度-阿拉伯数码的使用使算术运算日趋标准化。

符号代数学的最终确立是由 16 世纪最著名的法国数学家韦达(Viete)完成的。他在前人工作的基础上，于 1591 年出版了名著《分析方法入门》，对代数学加以系统的整理，并第一次自觉地使用字母来表示未知数和已知数，使代数学的形式更抽象，应用更广泛。韦达在他的另一部著作《论方程的识别与订正》(1615)中，改进了三、四次方程的解法，还对 $n = 2$、3 的情形，建立了方程根与系数之间的关系，现代称之为韦达定理。

文艺复兴时期在文学、绘画、建筑、天文学各领域都取得了巨大的成就。数学方面则主要是在中世纪大翻译运动的基础上，吸收希腊和阿拉伯的数学成果，从而建立了数学与科学技术的密切联系，为下两个世纪数学的大发展作了准备。最杰出的成果是意大利学者所建立的三、四次方程的解法。卡尔达诺在他的著作《大术》(1545)中发表了三次方程的求根公式，但这一公式的发现实应归功于另一学者塔尔塔利亚(Tartaglia)。四次方程的解法由卡尔达诺的学生费拉里(Ferrari)发现，在《大术》中也有记载。稍后，邦贝利(Bombelli)在他的著作中阐述了三次方程不可约的情形，并使用了虚数，还改进了当时流行的代数符号。

3.1.6　近代数学的兴起

在数学史上，17 世纪初到 20 世纪 20 年代这段时间被称为近代数学时期。对数的产生，牛顿、莱布尼茨的微积分，帕斯卡等人的概率论等都是这一阶段的重要成果。

1. 对数

16 世纪末至 17 世纪初的时候，当时在自然科学领域(特别是天文学)的发展上经常遇到大量精密而又庞大的数值计算，于是数学家们为了寻求化简的计算方法而发明了对数。德国的史提非(1487～1567)在 1544 年所著的《整数算术》中，写出了两个数列，左边是等比数列(叫原数)，右边是一个等差数列(叫原数的代表，或称指数，有代表之意)。英国的布里格斯在 1624 年创造了常用对数。1619 年，伦敦斯彼得所著的《新对数》使对数与自然对数更接近(以 e = 2.71828…为底)。

最早传入我国的对数著作是《比例与对数》，它是由波兰的穆尼斯(1611～1656)和我国的薛凤祚在 17 世纪中叶合编而成的。当时在 lg2=0.3010 中，2 叫"真数"，0.3010 叫做"假数"，真数与假数对列成表，故称对数表。后来改用"假数"为"对数"。

2．解析几何的诞生

几何学及综合几何式的思考方式是希腊数学的传统。几何学几乎是数学的同义词，数量的研究也包含其中。这种趋势直到 17 世纪上半叶才渐有改变。那时候代数学已较成熟，同时科学发展也逼使几何学寻求更有效的思考工具，更能量化的科学方法。在此双重刺激之下，解析几何学就诞生了。

3．微积分的产生与发展

微积分思想的萌芽可以追溯到古希腊时代。公元前 5 世纪，德谟克利特创立原子论，把物体看成由大量的不可分割的微小部分(称为原子)迭合而成，从而求得物体体积。公元前 4 世纪，欧多克索斯建立了确定面积和体积的新方法——穷竭法，从中可以清楚地看出无穷小分析的原理。阿基米得成功地把穷竭法、原子论思想和杠杆原理结合起来，求出抛物线弓形面积和回转锥线体的体积，他的种种方法都孕育了近代积分学的思想。

事实上，17 世纪早期不少数学家在微积分学的问题上做了大量的工作，但只停留在某些具体问题的细节之中，他们缺乏对这门科学的普遍性和一般性的认识。微积分学的最终创立要归功于英国数学家牛顿和德国数学家莱布尼兹。

4．概率论的产生

作为一门经验科学的古典概率论最直接起源于一种人们对于机会性游戏的研究思考。所谓机会性游戏是靠运气取胜的一些游戏，如赌博等。这种游戏不是哪一个民族的单独发明，它几乎出现在世界各地的许多地方，如埃及、印度、中国等。培育古典概率论成长壮大的因素丰富多彩。首先是一门与经济、政治和宗教信仰等有密切关系的关于数据的学问——统计学对概率论发展产生了重大的影响。

正是伯努利具体指出了概率论可以走出赌桌旁而迈向更广阔的天地。他的大数定律成为概率论从一系列人们视之为不怎么高尚的赌博问题转向在科学、道德、经济、政治等方面有价值和有意义的应用的一块塌脚石，从而吸引了欧拉、拉格郎日、达朗贝尔、孔多塞、拉普拉斯等一大批数学家投身于其中。伯努利的工作显示了逐渐发展的统计是概率论施展潜力的最重要舞台。但由于统计学所研究的许多现象比赌博中的输赢要复杂得多，许多问题涉及到连续和无限的情形，这样主要以离散组合方法为主的古典概率论就显得不是很充分了。所幸的是 18 世纪分析学的发展为概率论方法的扩展提供了及时的条件。早期在这方面做出重要尝试的是与伯努利几乎同时对概率论做出重要贡献的另一位数学家棣莫弗(1667～1754)。在数学分析与概率论的结合方面做出有益尝试的数学家们还有伯努利家族众多科学成员中的一员丹尼尔·伯努利(Daniel Bernoulli，1700～1782)，他研究了由他的哥哥尼古拉·伯努利(Nikolaus)在 1713 年首先提出的著名的彼得堡(Petersburg)悖论。丹尼尔·伯努利在其工作中还明确地示范了怎样将微积分应用于概率研究。欧拉(Leonard Euler，1707~1783)分类整理了许多概率问题；拉格朗日(Joseph Lagrange，1736~1813)更是系统地把微积分应用于概率论，由此把概率论推进了一大步。

3.1.7　近代数学的发展

19 世纪 20 年代以来，数学发展的主要特征是空前的创造精神和高度的严格精神相结合，这个世纪的数学成果超过以往所有数学成果的总和，其中最典型的成就应当属分析学的严格化，射影几何的复兴及非欧几何的诞生，代数学中群论和非交换代数学的产生，以及公理化运动化的开端等。这些事件具有重大的意义，从某种程度来说它们改变了人类的思维方法，并且最终影响到人们对数学的本性的理解，这些事件也深深地影响了 20 世纪数学的发展趋势。

1. 几何学的发展

19 世纪，几何学领域的一个突出的进展是关于射影几何学的研究。射影几何学讨论平面或空间图形的射影性质。所谓射影性质就是在射影变换下保持不变的几何性质，如三点共线、三线共点等，这些性质如此众多，且各不相同，因此，为了使这繁杂的知识变得有条理，人们常采取建立在定理的推演方法的基础上的分类原则。按照这种分类原则可以区分出"综合"与"分析"两大类方法。综合法就是欧几里得公理化方法，它将学科建立在纯粹的几何基础之上，而与代数及数的连续概念无关，其中的定量都是从一组称为公理或公设的原始例题推导出来的。分析法则是建立在引入数值坐标的基础上，并且应用代数的技巧。这种方法给数学带来了深刻的变化，它将几何、分析和代数统一成为一个有机的体系。

19 世纪几何学最重要的成就，应当首推 30 年代创立的非欧几何学。非欧几何的历史，开始于努力清除对欧几里得平行公理的怀疑。但是，两千多年来许多数学家在这方面的努力都失败了。这是因为，除了他们一直没有找到一个比平行公理更好的假设之外，在他们的每一个所谓"证明"中，都自觉不自觉、或明或暗地引进了一些新的假设，而每个新假设都与平行公设等价。所以，在本质上他们并没有证明平行公理，只是在整个公理体系中，把平行公理用等价命题来代替罢了。

到 17、18 世纪，许多数学家，如意大利耶稣会教士萨开里(Girolano Sacheri，1667~1733)、瑞士的兰伯特(Johann Heinrich Lambert，1728~1777)、法国的分析数学家拉格朗日(Lagrange，1736~1813)和勒让德(Legendre，1752~1833)、匈牙利的 W·波尔约(WBolyai，1775~1813)等，为了试证平行公理，而改用反证法，即从平行公理不成立的情况着手，探究它能否得出与已知定理相矛盾的结果。如果得不出，它又会产生怎样的事实。实际上，这样的思想方法，已经开辟了一条通向非欧几何的道路，并且得出了许多耐人寻味的事实。而这些事实正是从平行公理不成立这一假定下推导出来的，这恰恰就是非欧几何学中的定理。

罗巴切夫斯基(1793~1856)于 1826 年 2 月在喀山大学数理系的一次会议上提出了关于非欧几何的思想。1829 年，他正式发表了题为《论几何学基础》的论文，以后，他又发表了题为《具有平行的完全理论的几何新基础》等多篇著作，论述他关于平行公设的研讨以及对新创立几何体系的探索。

到了 19 世纪末期，非欧几何逐渐被人们所接受，非欧几何的产生具有极为深远的意义，它把几何学从传统的模型中解放出来，"只有一种可能的几何"这个几千年来根深蒂固的信念动摇了，从而为创造许多不同体系的几何打开了大门。1873 年，一位英国数学家把罗巴切夫斯基的影响比作由哥白尼的日心说所引起的科学革命。希尔伯特也称非欧几何是"这个世纪的最富有建设性和引人注目的成就"。

2. 代数学的发展

群的思想起源于求解高次方程的根的问题。在 18 世纪末和 20 世纪初，代数学中的中心问题之一仍是代数方程的代数解法，这个问题的根本困难在于求一个未知数的 n 次代数方程的解法，可以用系数的加、减、乘、除和开方的有限次运算表示出根的公式，也称根式解法。

19 世纪末期，群论几乎渗入到当时数学的各个领域中，例如 1872 年，克莱因在他著名的"埃尔朗根纲领"中指出，变换群可用来对几何进行分类；F·克莱因和庞加莱在研究自守函数的过程中曾用到其他类型的无限群；1870 年左右，S·李开始研究连续变换群的概念，并用它们阐明微分方程的解，将微分方程进行分类；在代数中，群作为一个综合的基本结构成为抽象代数在 20 世纪兴起的重要因素；此外，群论在近代物理学中也有重要的应用。

在 19 世纪早期，代数和几何有着相似的经历，人们把代数单纯地看做是符号化的算术，也就是说，在代数中，凡量都可以用字母表示，然后按照对数字的算术运算法则对这些字母进行计算，例如，这些运算法则中最基本的五条是：加法交换律、乘法交换律、加法结合律、乘法结合律、乘法在加法上的分配律。而随着伽罗瓦的群的概念的引入，19 世纪中叶的代数在保持上述这种基础的同时，又把它大大地推广了。这时，在代数中还考察比数具有更普遍得多的性质的"数"——元素。比如，上述关于数的五条基本性质，也可以看做是其他完全不同的元素体系的性质。从这个观点上说，代数不再束缚于算术上，代数就成了纯形式的演绎研究。

19 世纪后期，复数成为研究平面向量的有效工具。但是，复数只能表示平面向量，而物理学中处理的量涉及的总是三维空间向量。困此，迫切需要一种能处理空间向量的数学理论。四元数的诞生自然引起了很大的反响，数学物理家们从四元数中找到了处理空间向量的数学理论，因为四元数中含有三维向量的标准研究式。从四元数到向量需要迈出的主要一步是把向量从四元数中独立出来。电磁理论的发明者，伟大的英国数学物理学家之一麦克斯韦(1831~1879)在区分出哈密顿的四元数的数量部分和向量部分的方向上迈出了第一步。其后，在 19 世纪 80 年代初期由数学物理学家吉布斯(1839~1903)和希维赛德(1850~1925)各自独立地开创了一个独立于四元数的新课题——三维向量分析。

矩阵理论是英国数学家凯莱创造的。他是在研究线性变换下的不变问题时，为简化记号引入矩阵概念。凯莱定义了两个矩阵相等、两个矩阵的乘法、矩阵的加法。在所得到的矩阵代数中，可以证明：乘法不满足交换律。

总之，正像非欧几何的创立为新几何学的创立开辟了道路一样，四元数、超复数、向量、矩阵等新的代数体系的出现，也成为代数学上的一次革命。它们首先把数学家们从传统的观念中解放出来，并为新的代数学——现代抽象代数学的创立打开了大门。

3．分析学的发展

自 17 世纪中叶微积分建立以后，分析学各个分支像雨后春笋般迅速发展起来。它的高速发展，使人们无暇顾及它的理论基础的严密性，因而也遭到了种种非难。微积分中，缺乏牢固的理论基础和任意使用发散级数的状况，被当时一些数学家认为是数学的耻辱。此时，虽然问题仍未得到完满的解决，但人们已经从正反两方面积累了丰富的材料，为解决问题准备了条件。大批数学家转向了微积分基础的研究工作。从 19 世纪 20 年代起，经过许多数学家的努力，到 19 世纪末，微积分的理论基础基本形成。在这方面做出突出贡献的主要有数学家波尔查诺、柯西、魏尔斯特拉斯等。以极限理论为基础的微积分体系的建立是 19 世纪数学中最重要的成就之一。

在分析学的重建运动中，德国数学家康托尔开始探讨了前人从未碰过的实数点集，这是集合论研究的开端。到 1874 年康托尔开始提出"集合"的概念。他对集合所下的定义是：把若干确定的有区别的(不论是具体的或抽象的)事物合并起来，看做一个整体，就称为一个集合，其中各事物称为该集合的元素。人们把康托尔于 1873 年 12 月 7 日给戴德金的信中最早提出集合论思想的那一天定为集合论诞生日。

随着岁月的流逝，集合论日臻完善，并且以其巨大的生命力展现在人们面前。集合论的诞生被誉为是数学史上一件具有革命性意义的事件，英国哲学家罗素把康托尔的工作称为"可能是这个时代所能夸耀的最巨大的成就。"康托尔生前曾充满自信地说："我的理论犹如磐石一般坚固，任何反对它的人到头来都将搬起石头砸自己的脚……。"历史的事实证实了这一点，康托尔和他的集合论最终获得了世界的承认，至今享有极高的声誉，它已经深入到数学的每一个角落。正如大数学家希尔伯特所指出的那样"没有人能把我们从康托尔所创造的乐园里赶走！"

4．公理化运动

概括地说，公理观点可以叙述如下：在演绎系统中，为了证明一个定理，就必须证明这个定理是某些以前已经证明过的命题的必然的逻辑推论，而这些命题本身又必须用其他命题来证明，等等。这个过程不可能是无限的，因此，必须有少数不定义的术语和公认成立而不要求证明的命题(称为公理或公设)，从这些公理出发，我们可以试图通过纯逻辑的推理来导出所有其他的定理。如果科学领域的事实有这样的逻辑顺序，那么就说这个领域是按公理形式表示了。

对于分析、几何等分支的基础问题的进一步探讨，使得数学家们关心起算术的基础。然而，直到 19 世纪末，算术中一些最基本的概念，如：什么是数，什么是 0，什么是 1，什么是自然数的运算等，很少有人解释过。

自从欧几里德时代以来，几何学就成为公理化学科的典范，很多世纪，欧几里德体系是被集中研究的对象。但是在 19 世纪后期，数学家们才明白，如果一切初等几何都要从欧氏系统推演出来，那么欧氏公理必须加以修改和补充。

公理化的思想风靡于世，它日益渗透到每一个领域中去。例如，在 19 世纪初解代数方程而引进的群及域的概念，在当时都是十分具体的，如置换群。只有到 19 世纪后半叶，才逐步有了抽象群的概念并用公理刻画它，群的公理由四条组成，即封闭性公理，两个元素相加(或相乘)仍对应唯一的元素；运算满足结合律；有零元及逆元素存在，等等。公理化的思想深深地影响着现代数学的发展。20 世纪初的数学发展的趋势之一就是数学分支的公理化。例如 1933 年，苏联数学家 A.H.柯尔莫戈洛夫在他的《概率论基础》一书中给出了一套严密的概念论公理体系。特别应当指出的是，公理化运动最大的成果之一是它已经创立了一门新学科——数理逻辑。

3.1.8　现代数学概观

现代数学时期很难用一个确定的年代作为开始的时间，一般来讲，是从 20 世纪初开始的。20 世纪数学发展速度之快、范围之广、成就之大，远远超出人们的预料。数学的发展在改变着人们对数学的认识。数学本身也在不断分化出更多的二级、三级，甚至更细小的学科和思想，而在不同的学科之间，几乎没有共同的语言。在这里我们给出极为粗略的概述。

1. 集合论悖论与数学基础的研究

康托尔的集合论与数学的关系从来没有顺利过。1900 年左右，正当康托尔的思想逐渐被人们接受时，一系列完全没有想到的逻辑矛盾，在集合论里被发现了。开始，人们并不直接称之为矛盾，而是只把它们看成数学中的奇特现象。人们认为，集合的概念结构的组成还没有达到十分令人满意的程度，只需对基本定义修改，一切事情都会好起来。

在有限集合中，推理有效的逻辑法则的一个特殊例子是排中律，布劳威尔反对把它应用于无限集中。支撑这个法则的假设是每一个数学陈述都可以判断是真或假，而不依赖于我们用于判断真值的方法。对布劳威尔来说，纯粹地假设真值是一个错误。只有一个自明的构造通过有限步骤建立起来时，才可以断定一个给定的数学陈述是真的。因为并不能预先保证能够找到这样的一个构造，所以我们就无权假设有一个陈述要么是真的，要么是假的。

抛弃排中律和抛弃以此为根据的非构造的存在性证明，对希尔伯特来说是过于激进的一步，以至于不能接受。他说："禁止数学家用排中律，就像禁止天文学家用望远镜或拳击者用拳一样。"对他来说，布劳威尔不会赞同证明传统数学是相容的能够恢复数学的意义的主张。

2. 纯数学的发展

20 世纪初，除了围绕关于数学基础所展开的争论之外，由 19 世纪 70 年代以来发展起来的数学的抽象化和公理化的趋势一直受人重视，人们已经意识到抽象理论几乎具有囊括一切的本领。建立起这样的抽象理论成为许多数学家的奋斗目标，而这些人又影响到他们的弟子以及以后几代数学家，使得他们不但非常重视数学的公理化、严密性和抽象性，而且倾向于将这些特性永远看做数学的本质。在 20 世纪产生的众多的纯粹数学中，最具有代表性的应当属拓扑学、泛函分析和抽象代数学。这三门学科可以说是现代数学的三大理论支柱。20 世纪，围绕着这三个领域产生了形形色色的数学分支，时至今日，人们似乎形成了这样的一个观念，一个人不能阅读用抽象代数、拓扑和泛函分析的语言写成的书籍，就不能自认为真正掌握了现代数学知识。

有关拓扑学的某些问题可以追溯到 17 世纪，1679 年莱布尼兹发表《几何特性》一文，试图阐述几何图形的基本几何特点，采用特别的符号来表示它们，并对它们进行运算来产生新的性质。莱布尼兹把他的研究叫做位置分析或位置几何学，并宣称应建立一门能直接表示位置的真正几何的学问，这是拓扑学的先声。1736 年，欧拉解决了著名的哥尼斯堡七桥问题。欧拉解决问题的方式具有拓扑意义，他简化了这个问题的表示法，用点代表陆地，用线段或弧代表桥。

　　泛函分析有两个源头。第一个源头是变分法。早在 17 世纪末 18 世纪初，约翰·伯努利关于最速降线的工作就可以看成是泛函数研究的开端。泛函的抽象理论开始于意大利数学家沃尔泰拉(1860~1940)关于变分法的工作，他研究所谓"线的函数"时指出：每一个线的函数是一个实值函数 F，它的值取决于定义在某个区间$[a, b]$上的函数 $y(x)$ 的全体。全体 $y(x)$ 被看做一个空间，每个 $y(x)$ 看做空间中的一个点。对于 $y(x)$ 的函数 $J(y)$，沃尔泰拉曾引进连续、微商和微分的定义。法国数学家阿·达马首先称这种函数的函数 $J(y)$ 为"泛函"，而阿·达马的学生莱维则给泛函的分析性质的研究冠上了泛函分析的名称。

　　抽象代数是 20 世纪初期的数学中最伟大的成果之一，它的产生可以追溯到 19 世纪。在 19 世纪，代数学中发生了几次革命性的变革最终促进了抽象代数学的产生，首先是由于阿贝尔和伽罗瓦等人的工作结束了代数学中以解方程为主的时代，并促使人们对于代数学所研究的对象采取一种更为抽象的形式，并且，他们的工作也是后来抽象群论的第一个来源，自 19 世纪以来，引起代数学的变革并最终导致抽象代数学产生的工作还有许多，这些工作大致可以分属于群论、代数理论和线性代数这三个主要方面。到 19 世纪末期，数学家们从许多分散出现的具体研究对象抽象出它们的共同特征来进行公理化研究，完成了来自上述三个方面工作的综合，至此可以说，代数学已发展成为抽象代数学。近代一些德国数学家对这一综合的工作起到主要作用，自 19 世纪末戴德金和希尔伯特的工作开始，在韦伯(1842~1913)的巨著《代数教程》的影响下，施泰尼茨(1871~1928)于 1911 年发表了重要论文《域的代数理论》，对抽象代数学的建立贡献很大。

　　随着三大理论支柱的建立，20 世纪以来，数学越来越向着日益抽象的趋势发展。对于推动这种趋势进一步发展的是尼古拉·布尔巴基的工作。1939 年，布尔巴基出版了一部书名朴实的长篇巨著——《数学原理》，全书分成许多卷，引起了数学界极大关注。

3. 应用数学的发展

　　20 世纪现代数学变得抽象化的同时，数学应用的范围也变得更加广泛了。数学不仅仅应用于天文、物理、力学等传统的领域，而且涉及到了人们以往认为与数学关系不大的生物、地理、化学等领域。今天，可以说几乎所有的科学领域都渗入了数学的概念和方法，而数学本身由于在这些学科上的应用也不断地丰富起来，数理统计学和生物数学的兴起和发展充分说明了这一点。

　　与数理统计学的兴起和发展相互推动的是另一门应用学科——生物数学的兴起。以往生物学的研究工作大多停留在描述生命现象和定性研究的阶段，对数学的需求自然显得不太迫切，许多人对于"生物学的研究中究竟能用到多少数学知识"这个问题持消极态度，但事实证明生物学的深入研究必然会遇到大量数学问题。生物界现象的复杂程度远远超过物理现象和化学现象。特别是在定量研究方面更加困难，因此，进行研究所用数学工具必然多样化。如基因的地理分布、种群的年龄分布、森林病毒的蔓延等。这些问题的研究都要涉及到种群大小的计算、估计和预测，这是概率论的基本内容。沃尔泰拉模型中用的微分方程、进化论和试验设计发展了数理统计学；遗传结构离不开抽象代数等。这些都是数学与生物学相互结合的典型事例。到现在为止，生物数学已经有了生物统计学、生物微分方程、生物系统分析、生物控制、运筹、对策等分支。有人预言："21 世纪可能是生物数学的黄金时代。"

应用数学最迅猛的发展开始于 20 世纪 40 年代。第二次世界大战期间反法西斯战争的需要，以及战后经济发展的需要等大大促进了该学科的发展。例如：计算机的出现，使计算数学迅猛发展。一些由于计算量过大而搁置不用的应用方法，这时获得了新的实用价值。线性规划、动态规划、优选法等最优化理论迅速成长起来。应用数学有了电子计算机，如虎添翼，20 世纪初期强调抽象理论的趋势至此有了新的变化。

4. 60 年代以后的数学

20 世纪 60 年代以后，数学理论更加抽象。这个时期，除了某些重大的传统科目，如集合论、代数、拓扑、泛函、分析、概率论、数论等学科有许多重大的进展外，还有许多新兴的分支出现，其中，最引人注目是：非标准分析、模糊数学、突破理论。此外，由于电子计算机的广泛应用，使得数学发展的趋势又有了新变化。

在牛顿-莱布尼兹时代，微积分的基础理论是不严格的。那时，牛顿、莱布尼兹的无穷小游移不定，有时被认为是 0，有时被认为不是 0，他们自己不能自圆其说，因此，遭到了很多批评。直到 19 世纪，才由柯西、波尔查诺、魏尔斯特拉斯等人把微积分的理论建立在严格的极限理论基础上。从此，分析中的无穷小量和无穷大量作为数就再也不存在了，偶而提到，也只是"某变量趋于无穷大"之类的句子，只不过是习惯性的说法而已。但是，1960 年秋，罗宾逊(Robinson, Abraham, 1918~1974，生于德国，犹太人，1962 年去美国)在普林顿大学的一次报告中却指出，利用新的方法可以使分析学中久已废黜的"无穷小"、"无穷大"的概念重新纳于合法的地位。1961 年在《荷兰科学院报告》上刊登了罗宾逊的题为"非标准分析"的文章，表明数学的新分支——非标准分析已经形成。

经典集合论已经成为现代数学的基础。在经典集合论中，当确定一个元素是否属于某集合时，只能有两种回答："是"或者"不是"，它只能表示出现实事物的"非此即彼"状态，然而在现实生活中，却有大量的"亦此亦彼"的模糊现象，比如"高个子"、"年轻人"、"漂亮的人"等一些更复杂的情况，这样一类问题以经典集合论为基础的数学就不能处理。为了解决这类矛盾，1965 年，美国加利福尼亚州立大学的扎德(Zadeh, L.A)发表了论文《模糊集合》。其中，他提出了一种崭新的数学思想并引进了"隶属度"的概念。此后，在电子计算机的配合下，形成了一个数学的新分支——模糊数学，并且很快应用到各个领域中去。

如果说微积分的主要研究对象是连续变化的现象，那么突变理论的基本思想则是运用拓扑学、奇点理论和结构稳定性等数学工具描述客观世界各种形态、结构的突然性变化，如火山爆发、胚胎变异、神经错乱、市场崩溃等一系列不连续的变化现象。但是，突变理论产生的时间毕竟很短，它的理论还远不够完善，对它也还存在着不同的意见和看法，因此，现在对它做出更准确的评价，似乎为时尚早。

20 世纪科学技术的卓越成就之一是电子计算机的产生。自从 1944 年第一台计算机问世以来，计算机已经深深地影响到整个人类的生活，包括数学在内，人们普遍认为，电子计算机的出现标志着一个新时代——信息时代的到来。

3.1.9　数学与其他学科的交叉发展情况

1. 概述

当代科学技术发展的一个显著特点是，在高度分化基础之上的高度综合。学科越分越细，门类越来越多，学科之间的联系日益紧密，相互交叉日益加剧；不同学科的界限在淡化和融合；学科知识与经验知识的界限在淡化和融合；知识在整体化，学科交叉与综合俨然已成为当代科学发展的时代特征。

首先，自然界的各种现象之间本来就是一个相互联系的有机整体，科学作为人类认识自然界的知识体系被分解为各个不同的学科主要取决于人类认识能力的局限性。随着人类认知能力的提升，学科的交叉和综合就成了当代科学发展的必然趋势，这是人类从认识上对事物进行从片面到全貌、从局部到全局的还原，也是人类认识自然和社会的广度与深度的需求。

其次，随着学科的不断发展，人类对各种自然规律在单一学科上的认识正趋于"极限"，在学科的边缘和内部地带存在着单一学科不能解决的复杂问题，对这些问题的认识和研究需要借助相邻的学科，这种由学科自身产生的动力促进了学科交叉。例如"规范场论和弦理论"就是由物理学家和数学家携手取得的重大成就，宇宙"暗物质"、人工光合作用能量转换系统等问题的进一步突破也有待于多学科的共同努力。

第三，随着社会经济的发展，人类社会活动日益大型化、复杂化，物质科学、生命科学、社会科学、人文学科等各个领域的问题日益复杂，而复杂问题又多居于学科的交叉地带，致使交叉学科自然而然地形成和趋于成熟。

第四，自然科学界认识问题和解决问题的方法离不开社会科学的支持，而社会科学界又要以自然科学发展作为物质基础，两"界"中天然存在着内在的逻辑关系，自然科学与社会科学的交叉是不可抗拒的历史潮流。

可见，科学发展越来越依赖多种学科的综合、渗透和交叉。而学科的交叉，首先加强了纵向分化的各专门学科之间的联系和相互作用，消除了各学科间的孤立和脱节，填补了各门学科之间边缘地带的空白，将条分缕析的学科联结了起来，使现代科学系统真正成为一个完整的统一体。同时，学科的交叉有利于发挥方法论功能，使从某一学科中得到的规律作为方法运用于其他学科，使对某一学科适用的理论作为方法扩展到其他学科，以利于比较、借鉴。其次，学科的交叉有利于学术思想的交融，通过采取交叉思维的方式，从不同层次、结构、过程、功能等角度开展系统研究，使人类认识自然的过程相互联系，系统化、整体化地揭示自然规律。第三，学科的交叉能开拓出众多交叉科学前沿领域，产生出许多新的"生长点"和"再生核"，推动科学发展。第四，学科的交叉有利于整合，以综合地解决经济社会发展与国家安全建设中的重大问题，促进社会可持续发展，实现科学与人文的融合，正视人类所面临的全球性重大难题。

2. 数学在学科交叉与综合中的作用

数学是研究客观事物的空间形式与数量关系的科学，而客观世界的任何一种物质形态及其运动形式都具有空间形式和数量关系，这就决定了数学可以普遍应用于一切科学。

按照马克思的说法，一切科学只有在成功地运用数学时，才算达到了真正完善的地步。这就预示了数学与一切科学交叉渗透的必然趋势。我国著名数学家华罗庚说："宇宙之大，粒子之微，火箭之速，化工之巧，地球之变，生物之谜，日用之繁，无处不用数学!"。确实，数学不仅来源于实际，同时它在许多领域有广泛应用，不同的学科互相促进、共同发展。学科交叉与综合是当代科学发展的时代特征。数学在与其他学科进行交叉渗透的同时，日益起着统一、综合各种科学知识的作用。长期以来，形成许多交叉学科、研究方法等。

1) 数学与自然科学的交叉渗透

数学与自然科学的交叉极其广泛。例如，物理与数学、化学与数学、天文学与数学、地震学与数学、计算机科学、军事与数学、密码学与数学、生命与数学、数学与医学、植物与数学、动物学与数学、运动中的数学等。

从牛顿的《自然哲学的数学原理》开始，物理学便与数学结下了不解之缘。19 世纪60 年代，麦克斯韦用麦克斯韦方程式表示出了电磁场，建立了系统严密的电磁场理论。到了 20 世纪，爱因斯坦在黎曼几何中找到了广义相对论的基础；海森堡将矩阵方法用于原子结构的研究，创立了矩阵力学；薛定鄂应用微分方程的斯图姆-刘维尔理论创立了原子结构的波动力学。此外，群论用于结晶学和基本粒子，复变函数解析函数理论用于量子理论，以及基本粒子的几率分布的研究都取得了极大成功。最近杨振宁教授又指出规范场理论和纤维丛理论的一一对应。

数学与化学的交叉渗透引起了化学领域的巨大变革，出现了诸如量子化学、结构化学、化学统计学、计算化学等新的化学分支。所有这些都离不开数学方法的运用，微分方程应用于化工过程的描述和控制，又产生了化学反应动力学。特别是电子计算机的出现，使许多复杂的化学计算成为可能，从而更加速了化学从实验科学向理论科学和精确科学的过渡。这方面的工作有很大的发展空间，如多重网格、共轭梯度法这些数学家们早已发现的方法直到最近才被用到计算化学中去。

在生命科学领域，由于生命现象的复杂程度远远超过物理现象和化学现象，数学生物学的交叉渗透更加明显。优尔泰拉在扑杀害虫模型中应用了微分方程；进化论和实验设计发展了数学统计；人口和种群理论依赖于概率论；遗传结构离不开抽象代数；胚胎学、形态发生学、动物行为学可能在突变理论中找到理论基础；哈代绘出了群体遗传学的基本法则等等。数学方法几乎渗透到生物学的每一个角落。

自 1953 年沃森和克里克发现 DNA 的双螺旋结构，人们对生命信息遗传的研究进入了一个崭新的时代，相继发现了"遗传密码字典"、"遗传的中心法则"等，使人们对生命是如何一代一代繁衍的有了初步的了解，但离真正揭开生命信息遗传之谜还差之甚远。1987年，美国开始了人类基因组研究计划，任务有两个：第一个是"读出"，即研究出人类基因组的全部核苷酸的顺序；第二个是"读懂"，即找出全部基因在染色体上的位置，了解它们的功能。整个基因组测序完成后的数据可以构成一本 100 万页的书，其上只有 4 个字母的反复出现，如何处理、存储和分析这些数据，这已不是生物学家本身可以解决的问题，需要其他学科，特别是数学与计算机学科的介入。生命摇篮 DNA 的研究依赖于代数几何学、概率统计方法、拓扑学方法、数理语言学与密码学方法等多种方法的综合应用。

难怪前苏联哲学家凯德洛夫说："数学是个小宇宙，客观世界的一切规律原则都可以在数学中找到它们的表现。"可以预见，随着自然科学所研究的自然现象的更加复杂和深入，数学与自然科学的交叉渗透将更加深化和扩大。

2) 数学与人文社会科学的交叉渗透

数学与人文社会科学的交叉渗透也很广泛。例如，社会学与统计学、绘画与数学、音乐与数学等。

数学与社会科学交叉渗透比较早的是经济学，魁奈的《经济表》、古尔诺的《财富理论的数学原理研究》和瓦尔拉斯的《计量经济学》等都是运用数学手段来研究经济规律的典型事例。马克思也十分重视数学方法对经济学研究的价值，他运用数学中运算变量和常量的定律，建立了剩余价值的数学表达式。冯·诺伊曼和摩根斯顿在《博弈论与经济行为》中提出了竞争的数学模型并应用于经济问题，成为现代数理经济学的开端。到了 20 世纪 50～60 年代，德布洛以数学对一般经济均衡理论做出的贡献而获经济诺贝尔奖，以至数学的公理化方法成为现代经济学研究的基本方法。在数学与经济的结合方面值得称道的还有线性规划的建立，它是由生产的调度组织管理的需要而产生的，现已普遍用于经济活动分析的各个方面。20 世纪 70 年代以后，由于衍生经济的发展，布莱克和舒尔斯应用随机分析的理论，得到著名的期权定价公式，它是数学在金融方面应用的一个突破。其他如保险业务、证券经营等方面，都广泛地应用着数学知识。此外，还形成了一门新的有关经济的数学学科——精算。实际上，从 20 世纪 50 年代以来数学方法在西方经济学中占据了重要地位，以至大部分诺贝尔经济奖都授予了与数理经济学有关的工作。

当前，定量研究已经成为人文社会科学研究的基本趋势，数学不仅可以提供一套科学的知识体系，而且还展示了一种认识与理解世界的哲学观念和科学态度。数学的认识论与方法论，具有极高的哲学价值。

3) 数学在学科交叉与综合中的作用

从数学与其他学科的交叉渗透中我们可以发现，数学作为准确定量描述事物不可或缺的基本方法，对其他学科具有越来越重要的支撑作用。这种支撑作用不仅对解决普遍的定量问题必不可少，而且已经表现在某些定性描述上。此外，通过交叉渗透产生的数学交叉学科为各个学科的发展带来新的生长点的同时，各学科研究对象的复杂性也对数学提出了新的研究方向和挑战，从而形成了数学与其他学科相互作用、相互促进的发展趋势。

事实上，从 20 世纪以来，数学的迅猛发展确立了它在整个科学技术领域中的基础和主导地位。数学对其他学科进行渗透、交叉和综合的发展倾向充分展现了其内在的创新本质和活力，其思想和方法深刻地影响着其他学科的发展，并促进了某些重要的交叉学科的诞生和成长。例如：数学物理、数学化学、生物数学、数理经济学、数理语言学、数学考古……这些都表明数学的应用已突破传统的范围而向人类一切知识领域渗透，而且数学在向其他科学渗透的同时，日益起着统一、综合各种科学知识的作用。从某种意义上说，数学似乎成了科学发展的决定因素。

总之，随着学科交叉与综合的发展，数学的领域将不断扩大，各学科通过数学紧密相联，数学将成为人文社会科学与自然科学的桥梁和纽带。随着人类认知能力的不断提高，各学科内部以及学科之间的划分不断细化，数学将深入到各学科的各个领域，真正实现各学科的相融性。

反过来，自然界的许多现象也引起数学家的观察与思考，进一步推动数学的发展，甚至是革命性变革。例如，花瓣与数学、斑马形态数学、蜘蛛与几何学、大自然的分形几何、美丽的螺旋、蝴蝶效应等。

3. 若干例子

1) 数学与医学

据英国《金融时报》报道，现代医学研究越来越多地在分子水平上展开，科学家们对人体内各种生物化学和物理过程的揭示也日益详细。但随之而来的是，医学研究中的数据量也不断膨胀。为了能有效地在大量数据中找出规律，英国不少科学家正在积极研究如何将数学手段应用于医学数据分析。近几十年来获得长足发展的非线性动态分析方法，正在被很多科学家用作揭示活细胞以及分子之间相互关系的新工具。例如，牛律大学和爱丁堡赫里奥特-瓦特大学的几位数学教授，目前就正在与伦敦穆尔菲尔兹眼科医院的专家合作，研究在眼睛外部的角膜上皮伤口愈合的过程中，究竟是哪些因素起到最关键的作用。

近年来有关角膜上皮的研究已积累了大量数据。角膜部位的新上皮细胞替换旧上皮细胞的过程，由一种被称为上皮生长因子的化学物质控制。当角膜上皮受伤后，上皮生长因子会急剧增多。

数学家在有关医学数据上建立起数学模型，在这一模型中，角膜新上皮细胞替换旧上皮细胞的速度、受伤部位上皮生长因子的多少通过一组方程式相关联。

研究人员指出，利用这些方程，就可以根据受损部位上皮生长因子的聚集量，较为准确地预测受伤区域的愈合速度。这一预测在临床上具有重要意义。

此外，英国郑迪大学和伦敦大学的科学家还在利用数学模型来研究癌症的恶化和扩散过程。科学家们指出。人体内有多达千种以上的蛋白质在癌细胞扩散过程中起到作用。通过建立数学模型，将能更好预测某一蛋白质数量发生变化后究竟会对癌细胞的发展产生何种影响。

2) 社会学与统计学

统计学方法在社会学中的运用已经成功地走过了半个世纪，它对提高社会学这门学科的科学研究水平做出了巨大的贡献。根据研究者所使用的数据类型的不同，统计学方法在社会学中的应用过程分为三个层叠的时期。

第一代统计方法起于 19 世纪 40 年代晚期，研究者主要运用交互表(Cross-Tabulations)的方法，同时对关联测量(Measures of Association)和对数线性模型(Log-linear Models)倾注了许多心血，可以说这是社会学对统计学贡献最大的一个领域。

第二代统计方法始现于 19 世纪 60 年代，这一时期的研究者主要面对的是个体层次的调查数据，同时他们将注意力集中在具有线性结构关系(LISREL)的因果模型和事件史分析(Event History Analysis)上。

第三代统计方法在 19 世纪 80 年代晚期就已经初现端倪，研究者所处理的数据已经不能简单地归入上述任何一个范畴。一方面是因为这些数据都具有与众不同的形式，比如文本和口述，另一方面是因为在与空间的和社会网的数据联系时，依赖性已经成为一个至关重要的方面。尽管有许多新的挑战，但用统计学方法研究这一领域的条件已经成熟，最近，几个主要的研究机构已经开始在统计学和社会科学领域展开新的探索。

2000 年,美国统计学会月刊(Journal of the American Statistical Association)刊登了一个由大约 50 篇短文组成的连载,每篇短文都着力概括统计学中的某一领域在过去一个世纪所取得的进展。这一计划的初衷在于将统计学中一些最优秀的成果做一总结,并且突出未来研究中的具有潜力的领域。这些文章涵盖了列联表、对数线性模型、因果推理在社会科学中的应用、人口学、政治学方法论、计量心理学、经验方法在法律科学中的应用等诸多领域。

今天,许多社会学研究都是以巨大的高质量的调查样本为基础进行再分析的。他们较多地利用在公共基金资助下收集的或者是对研究者公开的数据库,这些数据库通常都有着 5000 到 20000 甚至更大的样本规模。这为复证结果提供了一条简便的道路,同时也有助于社会学建立起可以与自然科学或医药科学相媲美甚至高于这些学科的科学标准。或许受以上因素的影响,社会统计学在最近成为了一个迅速扩展的研究领域,许多重要的研究机构也都在最近几年开始了他们对这一领域的探索。

3.2 物理学科的发展简史

3.2.1 物理学发展史

1. 物理的源起

泰勒斯(625B.C.～547B.C.):古希腊第一个自然科学家和哲学家,希腊最早的哲学学派,也是爱奥尼亚学派的创始人。早年曾到过不少东方国家,学习了古巴比仑观测日食月食和测算海上船只距离等知识,了解到腓尼基人英赫·希敦斯基探讨万物组成的原始思想,知道了埃及土地丈量的方法和规则等。后来在美索不达米亚平原学习数学和天文学知识。以后,他从事政治和工程活动,并研究数学和天文学,

古希腊自然科学家泰勒斯

晚年转向哲学,他几乎涉猎了当时人类的全部思想和活动领域,获得崇高的声誉,被尊为"希腊七贤之首",实际上七贤之中,只有他够得上是一个渊博的学者,其余的都是政治家。

亚里士多德(Aristoteles,384B.C.～322B.C.):古希腊最著名的哲学家、渊博的学者,他总结了泰勒斯以来古希腊哲学发展的结果,首次将哲学和其他科学区别开来,开创了逻辑、伦理学、政治学和生物学等学科的独立研究。他的学术思想对西方文化、科学的发展产生了巨大的影响。从十八岁到三十八岁,在雅典跟柏拉图学习哲学的二十年,对亚里士多德来说是个很重要的阶段,这一时期的

古希腊哲学家亚里士多德

学习和生活对他一生产生了决定性的影响。苏格拉底是柏拉图的老师,亚里士多德又受教于柏拉图,这三代师徒都是哲学史上赫赫有名的人物。亚里士多德虽然是柏拉图的学生,

但却抛弃了他的老师所持的唯心主义观点。亚里士多德集上古知识于一身，在他死后几百年中，没有一个人像他那样对知识有过系统考察和全面掌握，他的著作是古代的百科全书。所以恩格斯称他是"最博学的人"。

古希腊人托勒密

阿基米德(B.C. 287 年)：出生在古希腊西西里岛东南端的叙拉古城，父亲是天文学家和数学家，所以他从小受家庭影响，十分喜爱数学。他九岁时，父亲送他到埃及的亚历山大城念书，亚历山大城是当时西方世界的知识、文化中心，学者云集，举凡文学、数学、天文学、医学的研究都很发达，阿基米德在这里跟随许多著名的数学家学习，包括有名的几何学大师欧几里得，奠定了他日后从事科学研究的基础。阿基米德提出了浮力的原理和杠杆原理，当时的欧洲，在工程和日常生活中，经常使用一些简单机械，如螺丝、滑车、杠杆、齿轮等，阿基米德花了许多时间去研究，发现了"杠杆原理"和"力矩"的观念，对于经常使用工具制作机械的阿基米德而言，将理论运用到实际的生活上是轻而易举的。

托勒密(Claudius Ptolemaeus 约生于公元 100 年)：他的著作《至大论》(Almagest)中记载了一些他本人所作的天文观测，这是确定他生活年代、工作地点的最可靠的资料。托勒密的著作集古希腊天文学之大城，但是对于他个人的师承，迄今几乎一无所知。《至大论》中曾使用了塞翁(Theon)的行星观测资料，有人认为塞翁可能是他的老师。

哥白尼：1473 年 2 月 19 日出生于波兰维斯杜拉河畔的托伦市的一个富裕家庭。18 岁时就读于波兰旧都的克莱考大学，学习医学期间对天文学产生了兴趣。他大约在 40 岁时开始在朋友中散发一份简短的手稿，初步阐述了他自己有关日心说的看法。哥白尼经过长年的观察和计算终于完成了他的伟大著作《天体运行论》。他在《天体运行论》中观测计算所得数值的精确度是惊人的。如，他得到恒星年的时间为 365 天 6 小时 9 分 40 秒，比现在的精确值约多 30 秒，误差只有百万分之一；他得到的月亮到地球的平均距离是地球半径的 60.30 倍，和现在的 60.27 倍相比，误差只有万分之五。哥白尼的学说是人类对宇宙认识的革命，它使人们的整个世界观都发生了重大变化。

2. 经典力学的建立

伽利略·伽利雷(Galileo Galilei, 1564—1642)：意大利著名数学家、物理学家、天文学家和哲学家，近代实验科学的先驱者。1590 年，伽利略在比萨斜塔上做了"两个球同时落地"的著名实验，从此推翻了亚里士多德"物体下落速度和重量成比例"的学说，纠正了这个持续了 1900 年之久的错误结论。

1609 年，伽利略创制了天文望远镜(后被称为伽利略望远镜)，并用来观测天体，他发现了月球表面的凹凸不平，并亲手绘制了第一幅月面图(见图 3-1)。

意大利物理学家伽利略

图 3-1　伽利略手绘月球表面图

1610 年 1 月 7 日，伽利略发现了木星的四颗卫星，为哥白尼学说找到了确凿的证据，标志着哥白尼学说开始走向胜利。借助于望远镜，伽利略还先后发现了土星光环、太阳黑子、太阳的自转、金星和水星的盈亏现象、月球的周日和周月天平动，以及银河是由无数恒星组成等等。这些发现开辟了天文学的新时代。

约翰尼斯·开普勒：1571 年出生在德国的威尔德斯达特镇，恰好是哥白尼发表《天体运行论》后的第二十八年。哥白尼在这部伟大著作中提出了行星绕太阳而不是绕地球运转的学说。在 1609 年发表的伟大著作《新天文学》中提出了三个行星运动定律。开普勒定律对行星绕太阳运动做了一个基本完整、正确的描述，解决了天文学的一个基本问题。这个问题的答案曾使甚至像哥白尼、伽利略这样的天才都感到迷惑不解。17 世纪后期艾萨克·牛顿阐明开普勒对此运动性质的研究，可以看到万有引力定律已见雏形。

艾萨克·牛顿(Isaac Newton，1643 年 1 月 4 日~1727 年 3 月 31 日)：英格兰物理学家、数学家、天文学家、自然哲学家和炼金术士。他在 1687 年发表的论文《自然哲学的数学原理》里，对万有引力和三大运动定律进行了描述。这些描述奠定了此后三个世纪里物理世界的科学观点，并成为了现代工程学的基础。他通过论证开普勒行星运动定律与他的引力理论间的一致性，展示了地面物体与天体的运动都遵循着相同的自然定律；为太阳中心说提供了强有力的理论支持，并推动了科学革命。在 2005 年，英国皇家学会进行了一场 "谁是科学史上最有影响力的人" 的民意调查，在被调查的皇家学会院士和网民投票中，认为牛顿比阿尔伯特·爱因斯坦更具影响。牛顿的主要贡献如下：

英国物理学家艾萨克·牛顿

(1) 创建微积分理论。

微积分的创立是牛顿最卓越的数学成就。牛顿为解决运动问题，才创立这种和物理概念直接联系的数学理论的，牛顿称之为 "流数术"。它所处理的一些具体问题，如切线问题、求积问题、瞬时速度问题以及函数的极大和极小值问题等，在牛顿前已经得到人们的研究了。但牛顿超越了前人，他站在了更高的角度，对以往分散的努力加以综合，将自古希腊以来求解无限小问题的各种技巧统一为两类普通的算法——微分和积分，并确立了这两类运算的互逆关系，从而完成了微积分发明中最关键的一步，为近代科学发展提供了最有效的工具,开辟了数学上的一个新纪元。

牛顿没有及时发表微积分的研究成果,他研究微积分可能比莱布尼茨早一些,但是莱布尼茨所采取的表达形式更加合理,而且关于微积分的著作出版时间也比牛顿早。

(2) 对光学现象研究的贡献。

1666 年,牛顿用三棱镜进行了著名的色散试验。一束太阳光通过三棱镜后,分解成几种颜色的光谱带,牛顿再用一块带狭缝的挡板把其他颜色的光挡住,只让一种颜色的光在通过第二个三棱镜,结果出来的只是同样颜色的光,得到了白光是由各种不同颜色的光组成的结论。

牛顿为了验证这个发现,设法把几种不同的单色光合成白光,并且计算出不同颜色光的折射率,精确地说明了色散现象。揭开了物质的颜色之谜,原来物质的色彩是不同颜色的光在物体上有不同的反射率和折射率造成的。公元 1672 年,牛顿把自己的研究成果发表在《皇家学会哲学杂志》上,这是他第一次公开发表的论文。

同时,牛顿还进行了大量的观察实验和数学计算,比如研究惠更斯发现的冰川石的双折射现象,胡克发现的肥皂泡的色彩现象,"牛顿环"的光学现象等等。

(3) 经典力学的创建。

牛顿是经典力学理论的集大成者。他系统地总结了伽利略、开普勒和惠更斯等人的工作,得到了著名的万有引力定律和牛顿运动三定律。

牛顿解决了胡克等人没有能够解决的数学论证问题。1679 年,胡克曾经写信问牛顿,能不能根据向心力定律和引力同距离的平方成反比的定律,来证明行星沿椭圆轨道运动。牛顿没有回答这个问题。1685 年,哈雷登门拜访牛顿时,牛顿已经发现了万有引力定律:两个物体之间有引力,引力和距离的平方成反比,和两个物体质量的乘积成正比。

当时已经有了地球半径、日地距离等精确的数据可以供计算使用。牛顿向哈雷证明地球的引力是使月亮围绕地球运动的向心力,也证明了在太阳引力作用下,行星运动符合开普勒运动三定律。

在哈雷的敦促下,1686 年底,牛顿完成伟大著作《自然哲学的数学原理》一书。皇家学会经费不足,无法出版这本书,后来靠哈雷的资助,这部科学史上最伟大的著作之一才能够在 1687 年出版。牛顿在这部书中,从力学的基本概念(质量、动量、惯性、力)和基本定律(运动三定律)出发,运用他所发明的微积分这一锐利的数学工具,不但从数学上论证了万有引力定律,而且把经典力学确立为完整而严密的体系,把天体力学和地面上的物体力学统一起来,实现了物理学史上第一次大的综合。

3. 热学发展史

1) 热的本质

热现象是自然现象之一,热究竟是什么?历史上对此有过长期的争论。

古希腊时期产生过两种具有代表性的不同看法:一种是大约公元前 500 年古希腊哲学家赫拉克利特提出的把火、土、气、水当作自然界的四种独立元素的四元素说,认为自然界的一切物质都由这四种元素组成。这种看法同中国古代的五行说相似。五行说认为万事万物的根本是金、木、水、火、土五种气。另一种是柏拉图根据摩擦生热现象提出的,认为火是一种运动的表现形式。

18 世纪初到 19 世纪中叶，蒸汽机的出现和广泛使用促进了工业迅速发展。人们为进一步提高热机效率，对物质的热性质作了深入研究，从而推动了热学实验的发展。18 世纪初建立了系统的测温学和量热学。从此，对热现象的研究走上了实验科学的道路。为了定量地解释实验结果，一些学者根据片面的实验事实，将古希腊火元素学说发展成为热质说，认为热是一种没有质量的流质，叫热质，它不生不灭，可透入一切物质之中，一个物质是冷还是热就看它所含的热质多少。热质说能够解释有关热传导和量热学的一些实验结果，但它把热现象孤立起来，因而不能解释摩擦生热、撞击生热等现象。尽管热质说这一错误学说曾流行一时，但它并没有得到科学界的一致承认。一些科学家认为热不是一种流质，而是物质运动的一种表现。

俄国化学家、哲学家罗蒙诺索夫在《论热与冷的原因》这篇论文中断言：热是分子运动的表现。他还肯定了运动守恒原理在分子运动中的正确性，建立了现代分子运动论的许多基本概念，并指出温度是分子运动强度的量度。由于当时热质说占统治地位，罗蒙诺索夫的工作没有受到重视。

1798 年英国物理学家朗福德把一个炮筒固定在水中，用马拖动钝钻使其与炮筒内壁摩擦，基本上没有钻下铁屑，但能使大量的水沸腾。这个实验说明：热只能是物质的一种运动。1799 年英国化学家戴维又以两块冰摩擦而使之完全熔化的事实支持热是物质运动的学说。但朗福德和戴维没有找出热量同机械功之间的数量关系。他们的实验事实沉重打击了热质说，但未能彻底推翻它。1842 年德国医生 J. R.迈耶的论文提出能量守恒的学说，他认为热是一种能量，能够和机械能互相转换。19 世纪中叶英国物理学家 J. P. 焦耳前后用了几十年的时间做了大量实验，测定热功当量，得到了完全一致的结果，从而给能量守恒和转换定律奠定了坚实基础(焦耳热功当量实验)。在能量守恒定律被科学界公认是自然界的普遍规律之后，热质说才最终被彻底推翻，关于热的本质的争论也宣告结束。

热是物质运动的一种表现，是构成物质系统的大量微观粒子无规则混乱运动的宏观表现。就系统的单个粒子而言，其运动是无规则的，具有极大的偶然性，但系统总体所表现的宏观性质是整个粒子系的集体行为，存在着确定的规律性，这是物质的热运动区别于其他运动形式的基本特征。实践证明，物质的热运动和其他运动形式之间可以相互转换，但在转换过程中各种运动形式在量上必须守恒。反映热运动形式同其他运动形式转换中守恒的量不是"热质"，而是同机械能、电磁能等相应的热运动形式的能量，此能量决定于系统内部分子的特征以及热运动状态，因而称之为内能。如果能量的转换或传递过程通过传热方式实现，传递着的能量则称之为热量。所以热量不是什么"热质"，而是由于系统与外界间或系统各部分间存在温度差而发生传热时被传递的能量。

2) 卡诺热机

蒸汽机的发明使人们找到了将热能转变为机械能的方法，生产力得到快速发展。蒸汽机的效率非常低，一般只能达到 5%左右。如何改进蒸汽机，提高其热效率？法国工程师卡诺认为必须从理论上找出依据，提高热机的效率。

1824 年卡诺设计了一种热机，如图 3-2 所示，工作物质(气体)从高温热源 *B* 吸热，经过等温膨胀对外做功，再经过绝热膨胀对外做功，然后系统等温压缩向低温热源 *R* 放热，最后经过绝热压缩回到初始状态。热机由两条等温线、两条绝热线构成(如图 3-3 所示)，卡诺循环的研究为提高热机的效率指明了方向，并为热力学第二定律的确立奠定了基础。

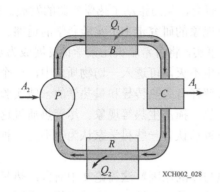

图 3-2　卡诺热机原理

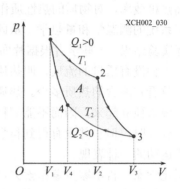

图 3-3　卡诺循环状态图

由图 3-3 可知：

$$1(p_1, V_1, T_1) \xrightarrow{\text{等温膨胀}} 2(p_2, V_2, T_1)$$
$$\xrightarrow{\text{绝热膨胀}} 3(p_3, V_3, T_2)$$
$$\xrightarrow{\text{等温压缩}} 4(p_4, V_4, T_2)$$
$$\xrightarrow{\text{绝热压缩}} 1(p_1, V_1, T_1)$$

吸热：
$$Q_1 = vRT_1 \ln \frac{V_2}{V_1}$$

放热：
$$Q_2 = vRT_2 \ln \frac{V_3}{V_4}$$

卡诺热机的效率 $\eta_C = 1 - \dfrac{Q_2}{Q_1}$，$\eta_C = 1 - \dfrac{T_2}{T_1}$ 只与高温、低温热库的温度有关，与工质无关，提高热机的效率是提高高温热库的温度和降低低温热库的温度。

　　卡诺从理论上论证了热机存在极限和可逆卡诺热机的效率最大，这为改进蒸汽机做出了重大的理论突破，同时为热力学的进一步发展奠定了坚实的基础。

　　卡诺在研究热机效率时，已经触及到一条反映状态转化方向的自然规律。但遗憾的是，卡诺认为，单独提供热不足以给出推动力，只有热从高温传向低温的过程，才可能产生推动力。从高温向低温发生的是"热质降落"，要让它再完成相反的过程，是不可能的。由于"热质说"这个错误理论，阻碍了卡诺完全解决这个问题，使卡诺失去了揭示热力学第二定律的机遇。

　　伦敦的牧师罗巴特·斯特林(Robert Stirling)于 1816 年发明斯特林发动机(如图 3-4 所示)，热机的理论效率值几乎等于理论最大效率——卡诺循环效率。热机通过气体受热膨胀、遇冷压缩而产生动力，是一种外燃发动机，使燃料连续地燃烧，蒸发的膨胀氢气(或氦)作为动力气体使活塞运动，膨胀

图 3-4　斯特林发动机

气体在冷气室冷却，反复地进行这样的循环过程。

3) 热力学第一定律

系统从外界吸收的热量等于系统内能的增加和对外做的功，即 $Q = \Delta E + A$。

德国物理学家迈耶 1840 年 2 月到 1841 年 2 月作为船医远航到印度尼西亚，他从船员静脉血的颜色的不同，发现体力和体热来源于食物中所含的化学能，提出如果动物体能的输入同支出是平衡的，所有这些形式的能在量上就必定守恒。他由此受到启发，去探索热和机械功的关系。他将自己的发现写成《论力的量和质的测定》一文，但他的观点缺少精确的实验论证，论文没能发表(直到 1881 年他逝世后才发表)。迈耶很快觉察到了这篇论文的缺陷，并且发奋进一步学习数学和物理学。1842 年他发表了论文《论无机性质的力》，表述了物理、化学过程中各种力(能)的转化和守恒的思想。迈耶是历史上第一个提出能量守恒定律并计算出热功当量的人。但 1842 年发表的这篇科学杰作当时未受到重视。

德国物理学家迈耶

英国物理学家焦耳于 1843 年 8 月 21 日在英国科学协会数理组会议上宣读了《论磁电的热效应及热的机械值》论文，强调了自然界的能是等量转换、不会消灭的，哪里消耗了机械能或电磁能，总在某些地方能得到相当的热。焦耳用了近 40 年的时间，不懈地钻研和测定了热功当量。他先后用不同的方法做了 400 多次电流热效应和热功当量实验，图 3-5 所示为实验装置，得出结论：热功当量是一个普适常量，与做功方式无关。他自己 1878 年与 1849 年的测验结果相同。后来热功当量的公认值是 427 千克重·米每千卡。这说明了焦耳不愧为真正的实验大师。他的这一实验常数，为能量守恒与转换定律提供了无可置疑的证据。

英国物理学家焦耳

图 3-5　热功当量实验装置

德国物理学家亥姆霍兹于 1847 年发表《论力的守恒》，第一次系统地阐述了能量守恒原理，从理论上把力学中的能量守恒原理推广到热、光、电、磁、化学反应等过程，揭示其运动形式之间的统一性，它们不仅可以相互转化，而且在量上还有一种确定的关系。能量守恒与转化使物理学达到空前的综合与统一。

4) 热力学第二定律

英国物理学家开尔文在研究卡诺和焦耳的工作时，发现了某种不和谐：按照能量守恒定律，热和功应该是等价的，可是按照卡诺的理论，热和功并不是完全相同的，因为功可以完全变成热而不需要任何条件，而热产生功却必须伴随有热向冷的耗散。他在 1849 年的一篇论文中说："热的理论需要进行认真改革，必须寻找新的实验事实。"同时代的德国物理学家克劳修斯也认真研究了这些问题，他敏锐地看到不和谐存在于卡诺理论的内部。他指出卡

英国物理学家开尔文

德国物理学家克劳修斯

诺理论中关于热产生功必须伴随着热向冷的传递的结论是正确的，而热的量(即热质)不发生变化则是不对的。克劳修斯在 1850 年发表的论文中提出，在热的理论中，除了能量守恒定律以外，还必须补充另外一条基本定律："没有某种动力的消耗或其他变化，不可能使热从低温转移到高温。"这条定律后来被称作热力学第二定律。

开尔文 1851 年又对热力学第二定律予以另外一种表述，即不可能从单一热源取热，把它全部变为功而不产生其他任何影响。开尔文的表述更直接指出了第二类永动机的不可能性。所谓第二类永动机，是指某些人提出的例如制造一种从海水吸取热量，利用这些热量做功的机器。这种想法，并不违背能量守恒定律，因为它消耗海水的内能。大海是如此广阔，整个海水的温度只要降低一点点，释放出的热量就是天文数字，对于人类来说，海水是取之不尽、用之不竭的能量源泉，因此这类设想中的机器被称为第二类永动机。而从海水吸收热量做功，就是从单一热源吸取热量使之完全变成有用功并且不产生其他影响，开尔文的说法指出了这是不可能实现的，也就是第二类永动机是不可能实现的。

自然界中任何的过程都不可能自动地复原，要使系统从终态回到初态必须借助外界的作用，由此可见，热力学系统所进行的不可逆过程的初态和终态之间有着重大的差异，这种差异决定了过程的方向，后来人们用态函数熵来描述这个差异。

5) 热力学第三定律

是否存在降低温度的极限？1702 年，法国物理学家阿蒙顿已经提到了"绝对零度"的概念。他从空气受热时体积和压强都随温度的增加而增加设想在某个温度下空气的压力将等于零。根据他的计算，这个温度即后来提出的摄氏温标约为−239℃，后来，兰伯特更精确地重复了阿蒙顿实验，计算出这个温度为−270.3℃。他说，在这个"绝对的冷"的情况下，空气将紧密地挤在一起。他们的这个看法没有得到人们的重视。直到盖-吕萨克定律提

出之后，存在绝对零度的思想才得到物理学界的普遍承认。

1848 年，英国物理学家汤姆逊在确立热力温标时，重新提出了绝对零度是温度的下限。1906 年，德国物理学家能斯特在研究低温条件下物质的变化时，把热力学的原理应用到低温现象和化学反应过程中，发现了一个新的规律，这个规律被表述为："当绝对温度趋于零时，凝聚系(固体和液体)的熵(即热量被温度除的商)在等温过程中的改变趋于零。"德国著名物理学家普朗克把这一定律改述为："当绝对温度趋于零时，固体和液体的熵也趋于零。"这就消除了熵常数取值的任意性。1912年，能斯特又将这一规律表述为绝对零度不可能达到原理，即不可能使一个物体冷却到绝对温度的零度。后来 R.H.否勒和 E.A.

德国物理学家能斯特

古根海姆又将其表述为无论用什么方法，靠有限步骤不可能使系统达到绝对温度零度——热力学第三定律。在统计物理学上，热力学第三定律反映了微观运动的量子化。在实际意义上，第三定律并不像第一、二定律那样明白地告诫人们放弃制造第一种永动机和第二种永动机的意图，而是鼓励人们想方设法尽可能接近绝对零度。

1894 年荷兰莱顿大学实验物理学教授卡麦林·昂内斯建立了著名的低温试验室。1908年昂内斯成功地液化了地球上最后一种"永久气体"——氦气(4.2K)，并且获得了接近绝对零度的低温。为此，朋友们风趣地称他为"绝对零度先生"。这样低的温度为超导现象的发现提供了有力保证。1911 年昂内斯发现：汞的电阻在 4.2 kΩ 左右的低温度时急剧下降，以致完全消失，即零电阻。1913 年他在一篇论文中首次以"超导电性"一词来表达这一现象。由于"对低温下物质性质的研究，并使氦气液化"方面的成就，昂内斯获 1913 年诺贝尔物理学奖。

4. 电磁学发展史

1) 早期的电磁学研究

公元前 6 世纪到公元前 7 世纪发现磁石吸铁、磁石指南以及摩擦生电等现象。公元前 5 世纪的希腊有了静电现象的历史记载。比起磁学来，电学发展较晚，因为磁学有指南针等方面的应用，而电学则不过是宫廷中的娱乐对象。

1600 年英国医生吉尔伯特在《论磁、磁体和地球作为一个巨大的磁体》一书中，总结了前人对磁的研究，周密地讨论了地磁的性质，记载了大量实验，使磁学从经验转变为科学。书中他也记载了电学方面的研究。

英国医生吉尔伯特

1660 年盖里克发明摩擦起电机，才有可能对电现象作详细观察和细致研究。这种摩擦起电机实际上是一个可以绕中心轴旋转的大硫磺球，用人手或布帛摸抚转动的球体表面，球面上就可以产生大量的电荷。图3-6 所示是一种圆盘式磨擦起电机。

1705 年豪克斯用空心玻璃壳代替硫磺球，后来别的实验家又陆续予以改进，直到 18世纪末，摩擦起电机都一直是研究电现象的基本工具。

图 3-6　圆盘式摩擦起电机

1720 年格雷研究电传导现象，发现导体与绝缘体的区别。又发现导体的静电感应现象。1733 年杜菲用实验区分出两种电荷，分别称为松脂电(即负电)和玻璃电(即正电)，总结静电作用的基本特性：同性相斥，异性相吸——静电学基本原理之一。

莱顿瓶是最早的电容器的一种，如图 3-7 所示，瓶里瓶外分别贴有锡箔，瓶里的锡箔通过金属链跟金属棒连接，棒的上端是一个金属球，由于它是在莱顿城发明的，所以叫做莱顿瓶。莱顿瓶很快在欧洲引起了强烈的反响，电学家们不仅利用它们作了大量的实验，而且做了大量的示范表演，有人用它来点燃酒精和火药。其中最壮观的是法国人诺莱特在巴黎一座大教堂前所作的表演，诺莱特邀请了路易十五的皇室成员临场观看莱顿瓶的表演，他让七百名修道士手拉手排成一行，队伍全长达 900 英尺(约 275 米)。然后，诺莱特让排头的修道士用手握住莱顿瓶，让排尾的握瓶的引线(如图 3-8 所示)，一瞬间，七百名修道士，因受电击几乎同时跳起来，在场的人无不为之口瞪目呆，诺莱特以令人信服的证据向人们展示了电的巨大威力。

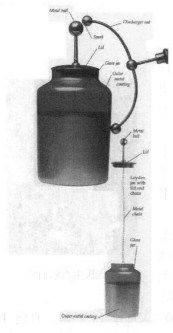

图 3-7　莱顿瓶　　　　　　　　　　图 3-8　莱顿瓶表演示意图

1745 年普鲁士的克莱斯特利用导线将摩擦所起的电引向装有铁钉的玻璃瓶，当用手触及铁钉时，受到猛烈的一击。1746 年莱顿大学的马森布罗克发明收集电荷的"莱顿瓶"。1747 年富兰克林进一步对放电现象研究，发现了尖端放电，发明了避雷针，提出了电荷守恒原理，并用电流体假说阐述了这一思想——静电学基本原理之二。1754 年康顿用电流体假说解释了静电感应现象——静电学基本原理之三。由静电学三条基本原理，人们对电的认识有了初步的成果。

2) 库仑定律的发现和验证

库仑(1736～1806，法国物理学、军事工程师)，1736 年 6 月 14 日生于法国昂古莱姆。1761 年毕业于军事工程学校，并作为军事工程师服役多年。后因健康日坏，被迫回家，因此有闲暇从事科学研究。由于他写的一篇题为《简单机械论》(Theorie des Machines Simples)的报告而获得法国科学院的奖励，并由此于 1781 年当选为法国科学院院士。法国大革命时期，他辞去公职，在布卢瓦附近乡村过隐居生活，拿破仑执政后，他返回巴黎，继续进行研究工作。1806 年 8 月 23 日在巴黎逝世。

法国物理学库仑

库仑的研究兴趣十分广泛，在结构力学、梁的断裂、材料力学、扭力、摩擦理论等方面都取得过成就。1773 年法国科学院悬赏征求改进船用指南针的方案。库仑在研究静磁力中，把磁针的支托改为用头发丝或蚕丝悬挂，以消除摩擦引起的误差，从而获得 1777 年法国科学院的头等奖。他进而研究了金属丝的扭力，于 1784 年提出了金属丝的扭力定律。这二成果具有极为重要的意义，它给出了一种新的测量极小力的方法。同年他设计出一种新型测力仪器扭秤如图 3-9 所示，利用扭秤，他在 1785 年根据实验得出了电学中的基本定律库仑定律。

库仑定律是电磁学的基本定律之一。它的建立既是实验经验的总结，也是理论研究的成果。特别是力学中引力理论的发展，为静电学和静磁学提供了理论武器，使电磁学少走了许多弯路，直接形成了严密的定量规律。从库仑定律的发现可以获得许多启示，对阐明物理学发展中理论和实验的关系，了解物理学的研究方法均会有所裨益。

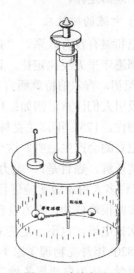

图 3-9 库仑扭秤

3) 稳恒电流的获得与研究

18 世纪末，电学从静电领域发展到电流领域。这一大飞跃，发端于动物电的研究，意大利学者伽伐尼和伏打在这方面起了先锋作用。伽伐尼的著作发表以后，欧洲各国对动物电形成了研究热潮，很多人投入到这项实验之中。

意大利的自然哲学教授伏打，他细心重复了伽伐尼的

意大利物理学家伏打

实验，发现伽伐尼的神经电流说有问题。

1800 年，伏打进一步把锌片和铜片夹在用盐水浸湿的纸片中，重复地叠成一堆，形成了很强的电源，这就是著名的伏打电堆。把锌片和铜片插入盐水或稀酸杯中，也可以形成电源，叫做伏打电池(如图 3-10 所示)。伏打为尊重伽伐尼的先驱性工作，在自己的著作中总是称之为伽伐尼电池。所以，以他们两人名字命名的电池，实际上是一回事。伏打电堆(电池)的发明，提供了产生恒定电流的电源，使人们有可能从各方面研究电流的各种效应。从此，电学进入了一个飞速发展的时期——研究电流和电磁效应的新时期。

图 3-10　伏打电池

4) 欧姆定律的发现

欧姆(G.S.Ohm)原是一名中学数学、物理教师。他是在傅里叶的热传导理论的启发下进行电学研究的。傅里叶假设导热杆中两点之间的热流量与这两点的温度差成正比，然后用数学方法建立了热传导定律。欧姆认为电流现象与此类似，猜想导线中两点之间电流也许正比于这两点的某种推动力之差，欧姆称之为电张力。这实际上是电势概念，其于 1826 年建立了欧姆定律。

5) 电流的磁效应

电和磁有没有联系？"顿牟缀芥，磁石引针"说明电现象和磁现象的相似性。电力和磁力都遵守平方反比定律，说明它们有类似的规律。但是相似性并不等于本质上有联系。17 世纪初，吉尔伯特就断言，它们之间没有因果关系，库仑也持同样观点。然而实际事例不断吸引人们注意。例如：1731 年有一名英国商人诉述，雷闪过后，他的一箱新刀叉竟带上了磁性。1751 年富兰克林发现在莱顿瓶放电后，缝纫针磁化了。电真的会产生磁吗？这个疑问促使 1774 年德国一家研究机构悬奖征解，题目是："电力和磁力是否存在实际和物理的相似性？"许多人纷纷做实验进行研究，但是，在伏打发明电堆以前，这类实验很难成功，因为没有产生稳恒电流的条件。不过，即使有了伏打电堆，也不一定能立即找到电和磁的联系。

1820 年丹麦物理学家奥斯特也做起了这一实验。他信奉康德的哲学，认为自然界各种基本力是可以相互转化的。1820 年 4 月，奥斯特在作有关电和磁的演讲时，尝试将磁针放在导线的侧面，正当他接通电源时，他发现磁针轻微地晃动了一下，他意识到这正是他多年盼望的效应。

丹麦物理学家奥斯特

6) 安培奠定电动力学基础

奥斯特发现电流磁效应的消息传到德国和瑞士后，正在日内瓦的法国科学家阿拉哥(Arago)闻讯赶回巴黎，向法国科学院报告并演示了奥斯特的实验，引起法国科学界的极大兴趣。法国物理学家比奥(J. B.Biot，1774~1862)和沙伐(Felix Savart，1791~1841)更仔细地研究了直线载流导线对磁针的作用，确定这个作用力正比于电流强度，反比于电流与磁极的距离，力的方向垂直于这一距离。法国物理学家安培则从电流与电流之间的相互作用进行探讨,他把磁性归结为电流之间的相互作用,提出了"分子电流假说",认为每个分子形成的圆形电流就相当于一根小磁针。为了定量研究电流之间的相互作用,安培设计了四个极其精巧的实验,并在这些实验的基础上进行数学推导,得到普遍的电动力公式,为电动力学奠定了基础。这四个实验用的都是示零法,得到了精确可靠的结果。

法国物理学家安培

第一个实验证明电流反向,作用力也反向。安培用一无定向秤检验对折的通电导线有无磁力作用。所谓无定向秤,实际上是两个方向相反的通电线圈,悬吊在水银槽下。如果两个线圈受力不均衡,就会发生偏转。实验结果是:当对折导线通电时,无定向秤丝毫不动,证明强度相等、方向相反的两个靠得很近的电流对另一电流产生的吸力和斥力在绝对值上是相等的。

第二个实验证明磁作用的方向性。安培仍用无定向秤,将对折导线中的一根绕成螺旋状,结果也是没有作用,说明弯曲的电流和直线的电流是等效的,因此可以把弯曲电流看成是许多小段电流(即电流元)组成,它的作用就是各小段电流的矢量和。

第三个实验研究作用力的方向。安培把圆弧形导体架在水银槽上,经水银槽通电。改变通电回路或用各种通电线圈对它作用,圆弧导体都不动,说明作用力一定垂直于载流导体。

第四个实验检验作用力与电流及距离的关系。安培用三个相似的线圈,其半径之比分别等于其距离之比。通电后,中间的线圈丝毫不动,说明第一个线圈和第三个线圈对第二个线圈的作用相互抵消。由此得出结论:载流导线的长度与作用距离增加相同倍数时,作用不变。在这些实验的基础上,安培推出了普遍的电动力公式,为安培的电动力学提供了基础。值得注意的是,安培的电动力公式从形式上看,与牛顿的万有引力定律非常相似。安培正是遵循牛顿的路线,仿照力学的理论体系,创建了电动力学。他认定电流元之间的相互作用力是电磁现象的核心,电流元相当于力学中的质点,它们之间存在超距作用,就像万有引力一样。

7) 法拉第发现电磁感应——电磁学的腾飞

英国物理学家法拉第原来是文具店学徒工,从小热爱科学,奋发自学。在化学家戴维的帮助下,进到英国皇家研究所的实验室当了戴维的助手,1821 年受任为皇家研究所实验室主任。

英国物理学家法拉第

从 1824 年到 1828 年,法拉第多次进行电磁学实验。他仔细分析电流的磁效应,认为电流与磁的相互作用除了电流对磁、磁对磁、电流对电流,还应有磁对电流的作用。他想,既然电荷可以感应周围的导体使之带电,磁铁可以感应铁质物体使之磁化,为什么电流不可以在周围导体中感应出电流来呢?于是他做了一系列实验,想寻找导体中的感应电流,其中有:线圈接电池通电,一根导线置于线圈近旁,导线两端接电流计构成回路。结果在电流计中未发现感应电流。令导线穿载流线圈而过，再接于电流计，也未发现感应电流。再将导线绕成线圈置于载流线圈内，仍未发现感应电流。尽管"磁转化为电"的迹象还未找到，法拉第的信念始终没有动摇。他在实验日记里多次记录了不成功的尝试，顽强的意志跃于纸上。

　　经过 10 年探索，历经多次失败后，1831 年 8 月 26 日法拉第终于获得成功，终于实现了"磁生电"的夙愿，宣告了电气时代的到来。法拉第对电磁学的贡献不仅是发现了电磁感应，他还发现了光磁效应(也叫法拉第效应)、电解定律和物质的抗磁性。他在大量实验的基础上创建了力线思想和场的概念，为麦克斯韦电磁场理论奠定了基础。

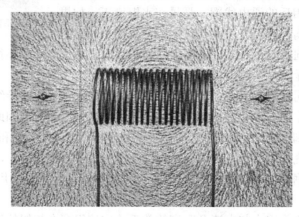

通电线圈周围的磁场线

8) 麦克斯韦电磁场理论的建立

(1) 建立电磁场理论的第一步。

　　英国物理学家麦克斯韦在电磁理论方面的工作可以和牛顿在力学理论方面的工作相媲美。他和牛顿一样，是"站在巨人的肩上"看得更深更远，作出了伟大的历史综合。他也和牛顿一样，其丰硕的成果是一步一步提炼出来的。对于麦克斯韦来说，他是站在法拉第和 W.汤姆生这两位巨人的肩上。他面对众说纷纭的电磁理论，以深邃的洞察力开创了物理学的新领域。然而，他也不是一蹴而就的。他在创建电磁场理论的奋斗中作了三次飞跃，前后历程达十余年。

英国物理学家麦克斯韦

　　1856 年，麦克斯韦发表了第一篇关于电磁理论的论文《论法拉第力线》。在这篇论文中，他发展了 W.汤姆生的类比方法，用不可压缩的流体的流线类比于法拉第的力线，把流线的数学表达式用到静电理论中。流线不会中断，力线也不会中断，只能发源于电荷或磁极，或者形成闭合曲线。麦克斯韦通过类比，明确了两类不同的概念：一类相当于流体中的力，E 和 H 就是；另一类相当于流体的流量，D 和 B 属于这一类。麦克斯韦进一步讨论了这两类量的性质。流量遵从连续性方程，可以沿曲面积分，而力则应线段积分。关于类比方法，麦克斯韦写道："为了采用某种物理理论而获得物理思想，我们应当了解物理相似性的存在。所谓物理相似性，我指的是在一门科学的定律和另一门科学的定律之间的局部类似。利用这种局部类似可以用其中之一说明其中之二。"麦克斯韦还特别注意到数学公式的类比。"精确科学的宗旨就是要把自然界的问题归结为通过数学计算来确定各个量。"

这篇论文的第二部分专门讨论法拉第的"电应力状态",对电磁感应作了理论解释。接着,麦克斯韦推出了 6 个定律。麦克斯韦写道:"在这 6 个定律中,我要表达的思想,我相信是(法拉第的)《电学实验研究》中所提示的思想模式的数学基础。"

(2) 麦克斯韦建立电磁场理论的第二步。

隔了 5 年以后,麦克斯韦又回过来研究电磁理论,写了第二篇论文,题为《论物理力线》,内分四个部分,分别载于 1861 年和 1862 年的《哲学杂志》上。他的目的是研究介质中的应力和运动的某些状态的力学效果,并将它们与观察到的电磁现象加以比较,从而为了解力线的实质作准备。两件事使麦克斯韦重新考虑他的研究方法:一件是根据伯努利的流体力学,流线越密的地方压力越小,流速越快,而根据法拉第的力线思想,力线有纵向收缩、横向扩张的趋势,力线越密,应力越大,两者不宜类比。另一件是电的运动和磁的运动也无法简单类比。从电解质现象中知道电的运动是平移运动,而从偏振光在透明晶体中旋转的现象看,磁的运动好象是介质中分子的旋转运动。

(3) 麦克斯韦建立电磁场理论的第三步。

1865 年麦克斯韦发表了关于电磁场理论的第三篇论文《电磁场的动力学理论》(A Dynamical Theory Of The Electromagneticfield),全面地论述了电磁场理论。这时他已放弃分子涡旋的假设,然而他并没有放弃近距作用,而是把近距作用理论引向深入。在这篇论文的引言中,他再次强调超距作用理论的困难,坚持假设电磁作用是由物体周围介质引起的。他明确地说:"我提出的理论可以称为电磁场理论,因为它必须涉及电体和磁体附近的空间,它也可以称为动力理论,因为它假设在这一空间存在着运动的物质,观测到的电磁现象正是这一运动物质引起的。在这篇论文中,麦克斯韦提出了电磁场的普遍方程组,共 20 个方程,包括 20 个变量。直到 1890 年,赫兹给出简化的对称形式,整个方程组只包括四个矢量方程,一直沿用至今。

对麦克斯韦的功绩,爱因斯坦作了很高的评价,他在纪念麦克斯韦 100 周年的文集中写道:"自从牛顿奠定理论物理学的基础以来,物理学的公理基础的最伟大的变革,是由法拉第和麦克斯韦在电磁现象方面的工作所引起的。""这样一次伟大的变革是同法拉第、麦克斯韦和赫兹的名字永远联在一起的。这次革命的最大部分出自麦克斯韦。"

5. 光学发展史

1) 光学的萌芽时期

光学的起源可以追溯到二三千年以前。在中国古代的《墨经》、西方欧几里得的《反射光学》、阿拉伯学者写的《光学全书》中都有过对光学现象的介绍。但光学真正成为一种学说应该是从 17 世纪几何光学的初步发展开始的。

2) 几何光学时期

几何光学的最初发展就是源于天文学和解剖学的需要。因为光学仪器在天文学和解剖学的研究中有着重要作用,在人们不断研究、制造光学仪器的过程中,几何光学形成了。几何光学的基础是光的反射定律和光的折射定律。

光的全反射现象

17 世纪初，德国天文学家开普勒由于革新天文望远镜的实际需要开始了对几何光学的研究。1604 年他发表了一篇论文，对光的反射现象、光的折射现象及视觉现象作了初步的理论解释。1611 年，他又出版了一部光学著作，书中记载了两个重要实验：比较入射角和出射角的实验，圆柱玻璃实验。他对几何光学作了进一步的理论探讨，并提出了焦点、光轴等几何光学概念，发现了全反射。

继开普勒之后，荷兰物理学家和数学家斯涅尔对几何光学做出了系统的、数学的分析。斯涅尔通过实验与几何分析，最初发现了光的反射定律。另外，当他对光的反射现象进行系统的实验观测和几何分析以后，他又提出了光的折射定律。

德国天文学家开普勒

但斯涅尔在世时并没有发表这一成果。1626 年，他的遗稿被惠更斯读到后才正式发表。不久后笛卡尔也推出了相同的结论，但他是把光的传播想像成球的传播，是用力学规律来解释的，不是十分严密。1661 年，费马把数学家赫里贡提出的数学方法用于折射问题，推出了折射定律，得到了正确的结论。折射定律的确立，促进了几何光学的迅速发展。

在早期光学的研究中，色散是另一个古老的课题，因为彩虹现象已经吸引人类多年。在笛卡尔的《方法论》中，提到了作者早期的色散实验，但他没有观察到全部的色散现象。1648 年布拉格物理学家马尔西成功地完成了光的色散实验，但他做出了错误的解释。牛顿在笛卡尔等人的著作中得到了启示，用三个棱镜重新作了光的色散实验，并在此实验的基础上，对光的颜色总结出了几条规律，结论全面，论据充分。17 世纪，几何光学初步形成便得到了蓬勃的发展。

1655 年，意大利波仑亚大学的数学教授格里马第在观测放在光束中的小棍子的影子时，首先发现了光的衍射现象。据此他推想光可能是与水波类似的一种流体。格里马第设计了一个实验：让一束光穿过一个小孔，让这束光穿过小孔后照到暗室里的一个屏幕上。他发现光线通过小孔后的光影明显变宽了。格里马第进行了进一步的实验，他让一束光穿过两个小孔后照到暗室里的屏幕上，这时得到了有明暗条纹的图像。他认为这种现象与水波十分相像，从而得出结论：光是一种能够作波浪式运动的流体，光的不同颜色是波动频率不同的结果。格里马第第一个提出了"光的衍射"这一概念，是光的波动学说最早的倡导者。格里马第 1663 年逝世，他的重要发现在 1665 年出版的书中进行了描述。

1663 年，英国科学家波义耳提出了物体的颜色不是物体本身的性质，而是光照射在物体上产生的效果。他第一次记载了肥皂泡和玻璃球中的彩色条纹。这一发现与格里马第的说法有不谋而合之处，为后来的研究奠定了基础。不久后，英国物理学家胡克重复了格里马第的实验，并通过对肥皂泡膜的颜色的观察提出了"光是以太的一种纵向波"的假说。根据这一假说，胡克也认为光的颜色是由其频率决定的。

1672 年，牛顿在他的论文《关于光和色的新理论》中谈到了他所作的光的色散实验：让太阳光通过一个小孔后照在暗室里的棱镜上，在对面的墙壁上会得到一个彩色光谱。他认为，光的复合和分解就像不同颜色的微粒混合在一起又被分开一样。在这篇论文里他用微粒说阐述了光的颜色理论。第一次波动说与粒子说的争论由"光的颜色"这根导火索引燃了。从此胡克与牛顿之间展开了漫长而激烈的争论。

1672 年 2 月 6 日，以胡克为主席，由胡克和波义耳等组成的英国皇家学会评议委员会对牛顿提交的论文《关于光和色的新理论》基本上持以否定的态度。牛顿开始并没有完全否定波动说，也不是微粒说偏执的支持者。但在争论展开以后，牛顿在很多论文中对胡克的波动说进行了反驳。1675 年 12 月 9 日，牛顿在《说明在我的几篇论文中所谈到的光的性质的一个假说》一文中，再次反驳了胡克的波动说，重申了他的微粒说。

英国物理学家胡克

由于此时的牛顿和胡克都没有形成完整的理论，因此波动说和微粒说之间的论战并没有全面展开。但科学上的争论就是这样，一旦产生便要寻个水落石出。旧的问题还没有解决，新的争论已在酝酿之中了。波动说的支持者，荷兰著名天文学家、物理学家和数学家惠更斯继承并完善了胡克的观点。惠更斯早年在天文学、物理学和技术科学等领域做出了重要贡献，并系统地对几何光学进行过研究。1666 年，惠更斯应邀来到巴黎科学院以后，开始了对物理光学的研究。在他担任院士期间，惠更斯曾去英国旅行，并在剑桥会见了牛顿。二人彼此十分欣赏，而且交流了对光的本性的看法，但此时惠更斯的观点更倾向于波动说，因此他和牛

顿之间产生了分歧。正是这种分歧激发了惠更斯对物理光学的强烈热情。回到巴黎之后，惠更斯重复了牛顿的光学实验。他仔细研究了牛顿的光学实验和格里马第实验，认为其中有很多现象都是微粒说所无法解释的。因此，他提出了波动学说比较完整的理论。惠更斯认为，光是一种机械波；光波是一种靠物质载体来传播的纵向波，传播它的物质载体是"以太"；波面上的各点本身就是引起媒质振动的波源。根据这一理论，惠更斯证明了光的反射定律和折射定律，也比较好地解释了光的衍射、双折射现象和著名的"牛顿环"实验。

荷兰物理学家惠更斯

随后，惠更斯又举出了一个生活中的例子来反驳微粒说。如果光是由粒子组成的，那么在光的传播过程中各粒子必然互相碰撞，这样一定会导致光的传播方向的改变。而事实并非如此。1678 年，惠更斯向巴黎科学院提交了他的光学论著《光论》。在《光论》一书中，他系统地阐述了光的波动理论。同年，惠更斯发表了反对微粒说的演说。1690 年，《光论》出版发行。

　　就在惠更斯积极地宣传波动学说的同时，牛顿的微粒学说也逐步建立起来了。牛顿修改和完善了他的光学著作《光学》。基于各类实验，在《光学》一书中，牛顿一方面提出了两点反驳惠更斯的理由：第一，光如果是一种波，它应该同声波一样可以绕过障碍物、不会产生影子；第二，冰洲石的双折射现象说明光在不同的边上有不同的性质，波动说无法解释其原因。另一方面，牛顿把他的物质微粒观推广到了整个自然界，并与他的质点力学体系融为一体，为微粒说找到了坚强的后盾。为不与胡克再次发生争执，胡克去世后的第二年(1704 年)《光学》才正式公开发行。但此时的惠更斯与胡克已相继去世，波动说一方无人应战。而牛顿由于其对科学界所做出的巨大贡献，成为了当时无人能及一代科学巨匠。随着牛顿声望的提高，人们对他的理论顶礼膜拜，重复他的实验，并坚信与他相同的结论。整个 18 世纪，几乎无人向微粒说挑战，也很少再有人对光的本性作进一步的研究。

　　3) 波动光学时期

　　18 世纪末，在德国自然哲学思潮的影响下，人们的思想逐渐解放。英国著名物理学家托马斯·杨开始对牛顿的光学理论产生了怀疑。根据一些实验事实，杨氏于 1800 年写成了论文《关于光和声的实验和问题》。在这篇论文中，杨氏把光和声进行类比，因为二者在重叠后都有加强或减弱的现象，他认为光是在以太流中传播的弹性振动，并指出光是以纵波形式传播的。他同时指出光的不同颜色和声的不同频率是相似的。在经过百年的沉默之后，波动学说终于重新发出了它的呐喊，光学界沉闷的空气再度活跃起来。1801 年，杨氏进行了著名的杨氏双缝干涉实验，如图 3-11 所示。实验所使用的白屏上明暗相间的黑白条纹证明了光的干涉现象，从而证明了光是一种波。同年，杨氏在英国皇家学会的《哲学会刊》上发表论文，分别对"牛顿环"实验和自己的实验进行解释，首次提出了光的干涉的概念和光的干涉定律。1803 年，杨氏写成了论文《物理光学的实验和计算》。他根据光的干涉定律对光的衍射现象作了进一步的解释，认为衍射是由直射光束与反射光束干涉形成的。虽然这种解释不完全正确，但它在波动学说的发展史上有着重要意义。1804 年，这篇论文在《哲学会刊》上发表。1807 年，杨氏把他的这些实验和理论综合编入了《自然哲学讲义》。但由于他认为光是一种纵波，所以在理论上遇到了很多麻烦。他的理论受到了英国政治家布鲁厄姆的尖刻的批评，被称做是"不合逻辑的"、"荒谬的"、"毫无价值的"。虽然杨氏的理论以及后来的辩驳都没有得到足够的重视甚至遭人毁谤，但他的理论激起了牛顿学派对光学研究的兴趣。

英国物理学家托马斯·杨

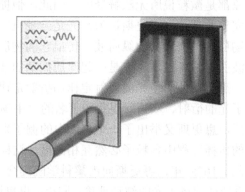

图 3-11　光的双缝干涉

　　1808 年，拉普拉斯用微粒说分析了光的双折射线现象，批驳了杨氏的波动说。1809 年，马吕斯在实验中发现了光的偏振现象。在进一步研究光的简单折射中的偏振时，他发现光在折射时是部分偏振的。因为惠更斯曾提出过光是一种纵波，而纵波不可能发生偏振，这一发现成为了反对波动说的有利证据。1811 年，布儒斯特在研究光的偏振现象时发现了光的偏振现象的经验定律。光的偏振现象和偏振定律的发现，使当时的波动说陷入了困境，使物理光学的研究更朝向有利于微粒说的方向发展。面对这种情况，杨氏对光学再次进行了深入的研究，1817 年，他放弃了惠更斯的光是一种纵波的说法，提出了光是一种横波的假说，比较成功地解释了光的偏振现象。吸收了一些牛顿派的看法之后，他又建立了新的波动说理论。杨氏把他的新看法写信告诉了牛顿派的阿拉果。

法国土木工程师菲涅尔

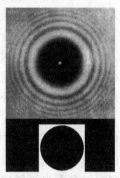

泊松亮斑

　　法国的一位土木工程师菲涅尔以此为基础，在 1818 年提交了一篇应征巴黎科学院悬赏征求阐述光折射现象的论文。在这篇文章中，他提出了一整套高度完善的波动说理论，这个理论是那样的简洁和有力，无论当时那么多复杂漂亮的实验，以及所有已知的光学现象，没有一个它解释不通的。著名数学家泊松根据菲涅尔的理论推算出光射到一个不透明的圆板上，在这个圆板的中心应当有一个亮斑——泊松斑。显然谁也没有看到过这种十分荒谬的现象。所以，泊松兴高采烈地宣称他驳倒了菲涅尔的波动理论。然而他高兴的似乎早了点。波动说的支持者用实验的方法证明了圆板的阴影中心确实有这样一个亮斑。这不过是光的一种衍射现象。当时还不知道杨氏关于衍射的论文，他在自己的论文中提出是各种波的互相干涉使合成波具有显著的强度。事实上他的理论与杨氏的理论正好相反。后来阿拉戈告诉了他杨氏新提出的关于光是一种横波的理论，从此菲涅尔以杨氏理论为基础开始了他的研究。1819 年，菲涅尔成功地完成了对由两个平面镜所产生的相干光源进行的光的干涉实验，继杨氏干涉实验之后再次证明了光的波动说。阿拉戈与菲涅耳共同研究一段时间之后，转向了波动说。1819 年底，在菲涅尔对光的传播方向进行定性实验之后，他与阿拉果戈一道建立了光波的横向传播理论。1882 年，德国天文学家夫琅和费首次用光栅研究了光的衍射现象。在他之后，德国另一位物理学家施维尔德根据新的光波学说，对光通过光栅后的衍射现象进行了成功的解释。至此，新的波动学说牢固地建立起来了。微粒说开始转向劣势。

　　随着光的波动学说的建立，人们开始为光波寻找载体，以太说又重新活跃起来。一些著名的科学家成为了以太说的代表人物。但人们在寻找以太的过程中遇到了许多困难，于是各种假说纷纷提出，以太成为了 19 世纪的众焦点之一。菲涅尔在研究以太时发现的问题是，横向波的介质应该是一种类固体，而以太如果是一种固体，它又怎么能不干扰天体的自由运转呢。不久以后泊松也发现了一个问题：如果以太是一种类固体，在光的横向振动中必然要有纵向振动，这与新的光波学说相矛盾。为了解决各种问题，1839 年柯西提出了第三种以太说，认为以太是一种消极的可压缩性的介质。他试图以此解决泊松提出的困难。1845 年，斯托克斯以石蜡、沥青和胶质进行类比，试图说明有些物质既硬得可以传播横向振动又可以压缩和延展，因此不会影响天体运动。1887 年，英国物理学家迈克尔逊与化学家莫雷以"以太漂流"实验否定了以太的存在。但此后仍不乏科学家坚持对以太的研究。甚至在法拉第的光的电磁说、麦克斯韦的光的电磁说提出以后，还有许多科学家潜心致力于对以太的研究。19 世纪中后期，在光的波动说与微粒说的论战中，波动说已经取得了决定性胜利。但人们在为光波寻找载体时所遇到的困难，却预示了波动说所面临的危机。在光的波粒之争中，光速的测定曾给他们提供重要的依据。1607 年，伽利略进行了最早的测量光速的实验。1676 年，丹麦天文学家罗麦第一次提出了有效的光速测量方法。1725 年，英国天文学家布莱德雷发现了恒星的"光行差"现象，他用地球公转的速度与光速的比例估算出了太阳光到达地球需要 8 分 13 秒。这个数值较罗麦法测定的要精确一些。1849 年，法国人菲索第一次在地面上设计实验装置来测定光速。1850 年，法国物理学家傅科改进了菲索的方法，1928 年，卡娄拉斯和米太斯塔德首先提出利用克尔盒法来测定光速。1972 年，埃文森测得了目前真空中光速的最佳数值：299792457.4 ± 0.1 m/s。除在波粒之争中的作用之外，光速的测定本身在光学的研究历程中也有着重要的意义。

4) 量子光学时期

早在 1887 年，德国科学家赫兹发现光电效应，光的粒子性再一次被证明。20 世纪初，普朗克和爱因斯坦提出了光的量子学说。1921 年，康普顿在实验中证明了 X 射线的粒子性。1927 年，杰默尔和后来的乔治·汤姆森在实验中证明了电子束具有波的性质。同时人们也证明了氢原子射线、氦原子和氢分子射线具有波的性质。在新的事实与理论面前，光的波动说与微粒说之争以"光具有波粒二象性"而落下了帷幕。

光的波动说与微粒说之争从 17 世纪初笛卡尔提出的两点假说开始，至 20 世纪初以光的波粒二象性告终，前后共经历了三百多年的时间。牛顿、惠更斯、托马斯·杨、菲涅耳等多位著名的科学家成为这一论战双方的主辩手。正是他们的努力揭开了遮盖在"光的本质"外面那层扑朔迷离的面纱。经过三个世纪的研究，人们得出了光具有波粒二象性的结论，然而随着科学的不断向前发展，在光的本性问题上是否还会有新的观点、新的论据出现呢？波粒二象性真的是最后结果吗？群星璀璨的科学史上，不断有新星划破长空，不断有陈星殒坠尘埃，到底哪一颗是恒星，哪一颗是流星呢？

5) 现代光学时期

1960 年美国科学家梅曼发明了世界上第一台红宝石激光器，如图 3-12 所示，为现代光学的发展奠定了基础。激光问世以来，光学与其他各学科之间互相渗透结合，光学又成为当前科学发展的前沿，同时又派生了许多崭新的分支，诸如激光物理、激光化学、激光同位素分离、激光光谱、激光动力学、激光通信、激光聚变、激光全息、激光信息处理、光计算机、激光加工等各个学科及在工农科研医学农业等应用技术获得迅速发展。随着现代光学的发展，人们对光的本性的认识也上升到一个更高的层次。

美国科学家梅曼

图 3-12　红宝石激光

6. 近代物理发展史

量子论和相对论是现代物理学的两大基础理论。它们是在 20 世纪头 30 年发生的物理学革命的过程中产生和形成的，并且也是这场革命的主要标志和直接的成果，量子论的诞生成了物理学革命的第一声号角。经过许多物理学家不分民族和国籍的国际合作，在 1927 年它形成了一个严密的理论体系。它不仅是人类洞察自然所取得的富有革命精神和极有成效的科学成果，而且在人类思想史上也占有极其重要的地位。如果说相对论作为时空的物理理论从根本上改变人们以往的时空观念，那么量子论则很大程度改变了人们的实践，使人类对自然界的认识又一次深化。它对人与自然之间的关系的重要修正，影响到人类对掌握自己命运的能力的看法。量子论的创立经历了从旧量子论到量子力学的近 30 年的历程。量子力学产生以前的量子论通常称旧量子论。它的主要内容是相继出现的普朗克量子假说、爱因斯坦的光量子论和玻尔的原子理论。

1) 普朗克量子假说

19 世纪中叶，冶金工业的向前发展所要求的高温测量技术推动了热辐射的研究。已经成为欧洲工业强国的德国有许多物理学家致力于这一课题的研究。1859 年，柏林大学教授基尔霍夫根据实验的启发，提出用黑体作为理想模型来研究热辐射。所谓黑体是指一种能够完全吸收投射在它上面的辐射而全无反射和透射的，看上去全黑的理想物体。1895 年，德国物理学家维恩从理论分析得出，一个带有小孔的空腔的热辐射性能可以看做一个黑体。实验表明这样的黑体所发射的辐射的能量密度只与它的温度和频率有关，而与它的形状及其组成的物质无关。黑体在任何给定的温度发射出特征频率的光谱。这光谱包括一切频率，但和频率相联系的强度却不同。怎样从理论上解释黑体能谱曲线是当时热辐射理论研究的根本问题。1896 年，维恩根据热力学的普遍原理和一些特殊的假设提出一个黑体辐射能量按频率分布的公式，后来人们称它为维恩辐射定律。普朗克就在这时加入了热辐射研究者的行动。

普朗克出身于一个书香门第之家，曾祖父和祖父曾在哥廷根大学任神学教授，伯父和父亲分别是哥廷根大学和基尔大学的法学教授。普朗克 1900 年 12 月提出一个大胆的、革命性的

德国物理学家普朗克

假设：每个带电线性谐振子发射和吸收能量是不连续的，这些能量值只能是某个最小能量元的整数倍——能量子。1900 年 12 月 24 日，普朗克在德国物理学会的会议上以《论正常光谱能量分布定律的理论》为题报告了自己的结果。

2) 爱因斯坦的光量子论和光的波粒二象性

爱因斯坦把普朗克的能量子的概念从辐射发射和吸收过程推广到在空间传播的过程，认为辐射本身就是由不连续的、不可分割的能量子组成的。他从热力学的观点出发，把黑体辐射和气体类比，发现在一定的条件下，可以把辐射看做是由粒子组成的，他把这种辐射粒子叫做"光量子"。

1926 年美国化学家刘易斯赋名光量子为"光子"。爱因斯坦的光子理论成功解释了光电效应。

3) 量子力学的矩阵力学的建立和演化

量子力学的矩阵形式的理论体系是由海森伯(1901～1976)开创的。海森伯出生于德国维尔次堡城的一个中学教师的家庭。他的父亲后来成了慕尼黑大学教授。海森伯抛弃了玻尔理论中的电子轨道这个不可观察量而代之以可观察的辐射频率和强度这些光学量，把丹麦物理学家玻尔的对应原理加以扩充，猜测出一套新量子论的数学方案。德国物理学家玻恩经过一个星期的钻研发现海森伯的数学方案是 70 多年前就已创造出来的矩阵乘法。由于玻恩不熟悉矩阵数学，于是到处请教，最后遇到熟悉矩阵数学而又愿意合作的德国数学家约丹。9 月份他们两人联合发表了题为《论量子力学》的论文，用数学矩阵的方法发展了海森伯的思想。他们同时和在哥本哈根的海森伯通信讨

德国物理学家海森伯

论，三人合作的论文《论量子力学 II》于 12 月发表，把量子力学发展成系统的理论。在这个理论中，牛顿力学的运动方程被矩阵之间的类似方程所代替，后来人们把这个理论称为矩阵力学，以区别量子力学的另一种形式——波动力学。

4) 量子力学的波动力学的诞生

贵族出身的法国人德布罗意推广了爱因斯坦的光量子论，提出物质波概念，导致量子力学的另一种形式——波动力学的诞生。物质波的理论传到哥廷根也引起玻恩的注意。瑞士苏黎世大学的薛定谔把德布罗意波推广到束缚粒子上建立了波动力学。

法国物理学家德布罗意　　　　　　奥地利物理学家薛定谔

5) 矩阵力学和波动力学的殊途同归

对于同一对象竟然出现两种形式完全不同的理论，在开始的时候，创立者双方各对对方的理论反感并进行挑剔。1926 年 3 月，薛定谔在发表了他的第二篇论文以后发现，矩阵力学和他的波动力学在数学上是等价的，原来两个理论殊途同归。他发表了题为《论海森伯-玻恩-约丹的量子力学和我的量子力学的关系》的论文。同时奥地利物理学家泡利也独立地发现了这种等价性。后来，经过变换理论和希尔伯特空间的引用，这种等价性得到了更加明确的表述和证明。

6) 量子论的影响

量子论成功地揭示了微观物质世界的基本规律，但是不等于说它只是关于微观世界的特殊规律而与宏观世界毫无关系。实际上整个物理学都是量子物理学，我们今天所了解的量子物理学的一些定律都是自然界最普遍的定律。支配微观世界的规律原则上也可以预言由大量基本粒子构成的宏观物理体系的行为。这意味着经典物理学定律来自微观物理学定律。从这个意义上讲，量子力学在宏观世界中也一样适用。事实上量子论极大地加速了原子物理学和凝聚态物理学的发展，为核物理学和粒子物理学开辟了道路。量子论在天体物理学领域的应用发展出量子天体物理学。量子论运用于化学产生的量子化学成为化学理论的前沿。量子论对分子生物学的产生也起了重要的启迪作用，使生物学发生了革命。可以说量子论是多产的科学理论。量子论作为理论基础对技术发展的作用惊人得广泛，现代技术标志的原子能技术、激光技术、电子计算技术和电信技术无一能够离开量子论这个基础理论。量子论的产生和发展不仅是科学上的一场深刻的革命，而且在哲学上提出了许多值得研究的问题，无论在认识论方面还是在方法论方面，都促进着哲学的变革。

7) 相对论的建立

阿尔伯特·爱因斯坦(Albert Einstein)1879 年 3 月 14 日出生于德国西南的乌耳姆城。1955 年 4 月 18 日，人类历史上最伟大的科学家，阿尔伯特·爱因斯坦因主动脉瘤破裂逝世于美国普林斯顿。

爱因斯坦

相对论是现代物理学的理论基础之一，论述物质运动与空间时间关系的理论，20 世纪初由爱因斯坦创立并和其他物理学家一起发展和完善，由狭义相对论和广义相对论两部分组成。狭义相对论于 1905 年创立，广义相对论于 1916 年完成。

狭义相对论是限于讨论惯性系情况的相对论。牛顿时空观认为空间是平直的、各向同性的和各点同性的三维空间，时间是独立于空间的单独一维变量，狭义相对论认为空间和时间是一个统一的四维时空整体，不存在绝对的空间和时间。狭义相对论中，整个时空仍然是平直的、各向同性的和各点同性的，这是一种对应于"全局惯性系"的理想状况。狭义相对论的理论基于两个原理：

① 爱因斯坦相对性原理，即描述物理学定律的所有惯性参考系都是等价的。

② 光速不变原理，即所有惯性参考系中，真空中的光速为恒量，与光源和观察者运动状态无关。

1905 年 6 月，爱因斯坦完成了开创物理学新纪元的长论文《论动体的电动力学》，完整地提出了狭义相对论。这是爱因斯坦 10 年酝酿和探索的结果，它在很大程度上解决了 19 世纪末出现的古典物理学的危机，改变了牛顿力学的时空观念，揭露了物质和能量的相当性，创立了一个全新的物理学世界，是近代物理学领域最伟大的革命。

1905 年 9 月，爱因斯坦写了一篇短文《物体的惯性同它所含的能量有关吗？》，作为相对论的一个推论。质能相当性是原子核物理学和粒子物理学的理论基础，也为 20 世纪 40 年代实现的核能的释放和利用开辟了道路。在这短短的半年时间，爱因斯坦在科学上的突破性成就，可以说是"石破天惊，前无古人"。即使他就此放弃物理学研究，只完成了上述三方面成就的任何一方面，爱因斯坦都会在物理学发展史上留下极其重要的一笔。爱因斯坦拨散了笼罩在"物理学晴空上的乌云"，迎来了物理学更加光辉灿烂的新纪元。

广义相对论的理论基于四个原理：

① 等效原理，即在一个小体积范围内万有引力和某一加速系中的惯性力互相等效。

② 广义相对性原理，即物理学的基本规律乃至自然规律对于任何参考系都相同，具有相同的数学形式。

③ 马赫原理，即惯性及惯性力起源于宇宙间物质的相互作用。

④ 光速不变原理。

长期以来，人们对空间的认识是建立在欧几里得几何之上的。在人们的传统观念中，空间就像一个由无数坚实的直线构成的网格，其中两点间的最短距离就是连接它们的直线。而时间与空间是无关的，就像河中的水一样流逝。但是，爱因斯坦打破了传统的时空观。按照广义相对论的观点，时间与空间是紧密联系在一起的整体，时空结构是弹性的，好像一种四维的橡皮地毯。所有的物体都躺在这块地毯上，并使地毯发生变形，称为时空畸变。时空畸变的大小与物体质量有关，质量越大

空间弯曲

变形越大。物质集中的地方是引力场"浓密"的地方，也是时空弯曲最大的地方，这种时空弯曲产生质量的吸引效应——万有引力。由于时空弯曲，两点间的最短程线不再是直线，而是一条沿着引力场走向的曲线。物体的运动方程即该参考系中的测地线方程。测地线方程与物体自身的固有性质无关，只取决于时空局域几何性质，而引力正是时空局域几何性质的表现。物质质量的存在会造成时空的弯曲，在弯曲的时空中，物体仍然顺着最短距离进行运动(即沿着测地线运动，在欧氏空间中即是直线运动)，如地球在太阳造成的弯曲时空中的测地线运动，实际是绕着太阳转，造成引力作用效应。正如在弯曲的地球表面上，如果以直线运动，实际是绕着地球表面的大圆走。

狭义相对论建立后，爱因斯坦并不感到满足，力图把相对性原理的适用范围推广到非惯性系。他从伽利略发现的引力场中一切物体都具有同一加速度这一古老实验事实找到了突破口，于 1907 年提出了等效原理。这一年，他的大学数学老师、俄国数学家闵可夫斯基为相对论进一步发展提供了有用的数学工具，可惜爱因斯坦当时并没有认识到它的价值。

等效原理的发现，爱因斯坦认为是他一生最愉快的思索，但以后的工作却十分艰苦，并且走了很大的弯路。1911 年，他分析了刚性转动圆盘，意识到引力场中欧氏几何并不严格有效。同时还发现洛伦茨变化不是普适的，等效原理只对无限小区域有效……这时的爱因斯坦已经有了广义相对论的思想，但他还缺乏建立它所必需的数学基础。

1912 年，爱因斯坦回到苏黎世母校工作。在他的同班同学、在母校任数学教授的格罗斯曼帮助下，他在黎曼几何和张量分析中找到了建立广义相对论的数学工具。经过一年的奋力合作，他们于 1913 年发表了重要论文《广义相对论纲要和引力理论》，提出了引力的度规场理论。这是首次把引力和度规结合起来，使黎曼几何获得实在的物理意义。

在 1915 年到 1917 年的 3 年中，是爱因斯坦科学成就的第二个高峰，类似于 1905 年，他也在三个不同领域中分别取得了历史性的成就。除了 1915 年最后建成了被公认为人类思想史中最伟大的成就之一的广义相对论以外，1916 年在辐射量子方面提出引力波理论，1917 年又开创了现代宇宙学。

1917 年，爱因斯坦用广义相对论的结果来研究宇宙的时空结构，发表了开创性的论文《根据广义相对论对宇宙所做的考察》。论文分析了"宇宙在空间上是无限的"这一传统观念，指出它同牛顿引力理论和广义相对论都是不协调的。他认为，可能的出路是把宇宙看做是一个具有有限空间体积的自身闭合的连续区，以科学论据推论宇宙在空间上是有限无边的，这在人类历史上是一个大胆的创举，使宇宙学摆脱了纯粹猜想的思辨，进入现代科学领域。

8）广义相对论的实验验证

爱因斯坦在建立广义相对论时，就提出了三个实验，并很快就得到了验证，即光线的弯曲、引力红移、水星近日点进动。直到最近，广义相对论才增加了第四个验证：雷达回波的时间延迟。

（1）引力场中光线的弯曲。

根据广义相对论，引力场中光线会发生弯曲的现象。不过这种偏转很小，在地球上不容易观测到。通过光线弯曲现象的测量，有可能验证广义相对论。1911 年，爱因斯坦就在理论上预言了这一现象。他认为，利用日全食的特殊时机，测量日全食时通过太阳表面附近引力场的某一星球的一束星光，再与平时这些星球的位置相比较，就可以测出偏转的程度。当时爱因斯坦算出的偏转角为 0.83″（这个数据是正确数据 1.7″ 的一半），柏林的天文学家弗劳因德利希决定验证爱因斯坦的预言。

1914 年 8 月，在俄国克里米亚半岛可以观察到日全食，在日全食时通过照相能观察到恒星发出的光线在太阳近旁掠过时稍有弯曲的情况。不巧，弗劳因德利希率领的观测队刚到俄国，第一次世界大战就爆发了。他们被抓了起来，直到交换战俘时才被遣送回德国。这样一段观测空缺的时间，正好让爱因斯坦修正了他计算的错误。1916 年，爱因斯坦重新计算得到结果为 1.7″。1919 年又一次日全食，英国皇家学会派出天文学家爱丁顿等人赴非洲和拉美观测。两处观测结果分别为 1.61″ 和 1.98″，与理论值基本相符。此后，还有一些人在日全食时进行了类似的观测，得到的结论也都支持了广义相对论的结论。

20 世纪 60 年代发展起来的射电天文学，使人们在平时就可以验证这一理论，利用射电天文望远镜对被太阳遮掩的射电源进行观测，就可以得到测量数据，而且精确度有较大的提高。

(2) 星系光谱线的引力红移。

广义相对论证明，引力势低的地方固有时间的流逝速度慢。也就是说离天体越近，时间越慢。这样，天体表面原子发出的光周期变长，由于光速不变，相应的频率变小，在光谱中向红光方向移动，称为引力红移。宇宙中有很多致密的天体，可以测量它们发出的光的频率，并与地球的相应原子发出的光作比较，发现红移量与相对论预言一致。

当光线从引力场强的地方(例如太阳附近)传播到引力场弱的地方(例如地球附近)时，一般会发生引力红移。反之，当光线从引力场弱的地方传播到引力场强的地方时，会发生引力蓝移。1911 年，爱因斯坦计算出从太阳射到地球的光线的相对引力红移变化是 2×10^{-6}。这个数值很小，当时条件下测量起来很困难，直到 20 世纪 60 年代以后才观测到相当准确的数据。

1925 年亚当斯观测到一颗白矮星(天狼 A)发出光的引力红移效应，测得的引力红移与广义相对论的理论基本相符。白矮星质量大，半径小，发出的光引力红移效应显著，因此比较好测量。

1958 年穆斯堡尔效应的发现提供了在地面上精确测量引力红移的可能性。1960 年以后，庞德等人在一个 22.6 米的高塔底部放一个 57Co 的 γ 光源，在塔顶放一个接收器，运用穆斯堡尔效应测量塔顶接收频率的改变量。当 57Co 所发出的 γ 达到顶部时，发生了微小红移，测量结果与理论预言非常一致。

(3) 水星近日点的进动。

水星是距太阳最近的一颗行星，按牛顿的理论，它的运行轨道应当是一个封闭的椭圆。实际上水星的轨道，每转一圈它的长轴也略有转动。长轴的转动，称为进动。经过观察得到水星进动的速率为每百年 1°33′20″，而天体力学家根据牛顿引力理论计算，水星进动的速率为每百年 1°32′37″。两者之差为每百年 43″，这已在观测精度不容许忽视的范围了。

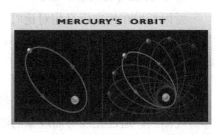

水星进动

为了给这个差异一个合理的解释，曾经成功地预言过海王星存在的天文学家勒维耶预言在太阳附近还有一颗未被发现的小行星。由于这颗小行星的作用，导致了水星"多余"进动。经过多年仔细的搜索，无人发现这颗小行星。

原因在哪里?原来在牛顿力学里，行星自转是不参与引力相互作用的。在牛顿的万有引力公式中只有物体的质量因子，而没有自转量，即太阳对行星的引力大小只与太阳和行星的质量有关，而与它们的自转快慢无关。

但是，在广义相对论里，引力不仅与物体的质量因子有关，而且也与物体的自转快慢有关。两个没有自转的物体之间的引力与它们自转起来之后的引力是不同的，这一效应会引起自转轴的进动。行星在运动过程中，它的自转轴会慢慢变化。对于太阳系的行星来说这个效应太小了，不易被察觉，更何况还有其他的因素也会造成行星自转轴的变化。

根据爱因斯坦引力场方程计算得到的水星轨道近日点进动的理论值与观测值相当符合。此外，后来观测到的地球、金星等行星近日点的进动值也与广义相对论的计算值吻合得相当好。

　　天文观测记录了水星近日点每百年移动 5600 秒,人们考虑了各种因素,根据牛顿理论只能解释其中的 5557 秒,只剩 43 秒无法解释。广义相对论的计算结果与万有引力定律(平方反比定律)有所偏差,这一偏差刚好使水星的近日点每百年移动 43 秒。

　　(4) 雷达回波延迟。

　　1964 年夏皮罗等人提出了利用雷达回波实验检验广义相对论的方案。夏皮罗从地球上利用雷达发送一束电磁波脉冲,电磁波达到某个星球后,会发生反射,折回地球,被雷达接收。这样就可以测出来回一次的时间。将电磁波经过太阳附近传播来回的时间与电磁波远离太阳传播来回的时间相比较,就可以得到雷达回波延迟的时间。

　　夏皮罗领导的小组对水星、火星、金星进行了雷达回波实验,得到了相当满意的结果。地球与水星之间雷达回波最大延迟时间可达 240 微秒。为了避免行星表面各种因素的干扰,也可以用人造天体作为电磁波的反射体进行实验。

雷达回波延迟

　　9) 引力波与引力透镜

　　(1) 引力波存在预言。

　　1918 年爱因斯坦根据引力场理论预言有引力波存在。他认为高速运动着(加速运动)的物质会辐射引力,引力波就是这种引力的载体,就像光波是电磁力的载体一样。引力波的速度与真空中的光速相同。例如,在太阳和地球之间就是靠引力波传递引力子而实现相互作用的。因此,引力波存在与否,是广义相对论的又一个关键性验证。引力波非常微弱。据计算,用一根长 20 米、直径 1.6 米、重 500 吨的圆棒,以 28 转/秒的转速绕中心转动,所产生的引力波功率只有 2.2×10^{-29} W;一次 17000 吨级核爆炸,在距中心 10 米处的引力波充其量也只有 10^{-16} W/cm·m^2。因此,引力波在目前还无法直接测量。

　　按照爱因斯坦的理论,自然界也应存在引力波,正如电荷的运动会产生电磁波一样,物体的运动也会产生引力波,引力波的传播速度为光速。这是电力与引力间又一个重要的相似特性。但只有宇宙中具有巨大质量(几倍于太阳质量)的运动天体才可能产生强烈的引力波。

　　(2) 引力透镜。

　　美国天文学家成功查明,爱因斯坦预言的引力透镜确实存在。在利用斯隆数字太空观测计划(SDSS)目录的拍摄资料之后,天文学家研究了近 20 万颗类星体,它们分布在较小的天空区域。"引力透镜"的原理(如图 3-13 所示),就像光线穿过玻璃做的光学透镜会产生像一样,光线经过天体附近时因受引力作用而偏离原来的直线轨道,也会产生像,因此天体的引力场就是一个透镜。引力透镜和光学透镜还是有区别的,前者不存在色散效应,而后者有。原因是光子在引力场中偏转的轨迹不依赖于光子的能量(即不依赖于光子的频率或波长),这是弱等效原理(即被吸引对象的惯性质量和引力质量相等)的结果,这个原理在牛顿引力理论和广义相对论里都正确。

Gravitational Lens G2237+0305

图 3-13　引力透镜原理　　　　　　　　　　　　引力透镜效应观测

　　类星体是能观察到的最遥远的单独天体，由巨大数量被加热物质组成，加热物质能辐射并正在落入中央黑洞之中。其中大多数类星体距地球 100 亿光年，它们发出的光在抵达地球之前会遇上许多巨大天体，根据广义相对论，光线遇到巨大天体会发生弯曲，从而起到巨大"放大透镜"的作用。

3.2.2　物理学与其他学科交叉发展

　　物理学是人类不断认识自然界的重要科学基础，物理学的研究及其应用一直是并将继续是科学和技术发展的一个重要基础。为应对 21 世纪各种挑战(如能源短缺、环境保护及大众健康等)，物理学将发挥重要的作用。众所周知，20 世纪初叶发生了以相对论与量子力学为标志的物理学革命，前者使人类对宇宙存在的历史、时间和空间有了革命性的认识，产生了核能的利用；而后者使物理学、化学、生物学、地学发生了革命性的变化。20 世纪后半叶，正是由于一批物理学家、化学家进入生物学研究领域，发现了 DNA 双螺旋结构，才导致了分子生物学的诞生，为人类从分子水平认识生命过程提供了坚实的物理基础，也为农业、林业、医学、环保等领域提供了新的发展途径。21 世纪新涌现的科学技术领域，如纳米科学技术、信息技术、能源开发以及生物技术等都是由物理学基础研究及其应用所驱动的。

1. 物理学与天文学

　　天体物理学包括太阳物理学、太阳系物理学、恒星物理学、恒星天文学、行星物理学、星系天文学、宇宙学、宇宙化学、天体演化学等分支学科。另外，射电天文学、空间天文学、高能天体物理学也是它的分支。

　　天体物理学是研究宇宙的物理学，这包括星体的物理性质(光度、密度、温度、化学成分等)和星体与星体彼此之间的相互作用。应用物理理论与方法，天体物理学探讨恒星结构、恒星演化、太阳系的起源和许多跟宇宙学相关的问题。由于天体物理学是一门很广泛的学问，天文物理学家通常应用很多不同的学术领域知识，包括力学、电磁学、统计力学、量子力学、相对论、粒子物理学等。由于近代跨学科的发展，与化学、生物、历史、计算机、工程、古生物学、考古学、气象学等学科的混合，天体物理学大约有 300～500 个主要专业分支，成为物理学当中最前沿的庞大领导学科，是引领近代科学及科技重大发展的前导科学，同时也是历史最悠久的古老传统科学。

天体物理学从研究方法来说,可分为实测天体物理学和理论天体物理学。前者研究天体物理学 中基本观测技术、各种仪器设备的原理和结构,以及观测资料的分析处理,从而为理论研究提供资料或者检验理论模型。光学天文学是实测天体物理学的重要组成部分。后者则是对观测资料进行理论分析,建立理论模型,以解释各种天象,同时,还可预言尚未观测到的天体和天象。 天体物理学按照研究对象,可分为以下分支。

(1) 太阳物理学:研究太阳表面的各种现象、太阳内部结构、能量来源、化学组成等。太阳同地球有着密切的关系,研究太阳对地球的影响也是太阳物理学的一个重要方面。

(2) 太阳系物理学:研究太阳系内除太阳以外的各种天体,如行星、卫星、小行星、流星、陨星、彗星以及行星际物质等的性质、结构、化学组成等。

(3) 恒星物理学:研究各种恒星的性质、结构、物理状况、化学组成、起源和演化等。银河系的恒星有一两千亿颗,其物理状况千差万别。有些恒星上具有非常特殊的条件,如超高温、超高压、超高密、超强磁场等,这些条件地球上并不具备。利用恒星上的特殊物理条件探索物理规律是恒星物理学的重要任务。

(4) 恒星天文学:研究银河系内的恒星、星团、星云、星际物质等的空间分布和运动特性,从而深入探讨银河系的结构和本质。

(5) 星系天文学:又称河外天文学,研究星系(包括银河系)、星系团、星系际空间等的形态、结构、运动、组成、物理性质等。

(6) 宇宙学:从整体的角度来研究宇宙的结构和演化。包括侧重于发现宇宙大尺度观测特征的观测宇宙学和侧重于研究宇宙的运动学和动力学以及建立宇宙模型的理论宇宙学。

(7) 天体演化学:研究天体的起源和演化。对太阳系的起源和演化的研究起步最早,虽然已取得许多重要成果,但还没有一个学说被认为是完善的而被普遍接受。恒星的样品丰富多彩,对恒星的起源和演化的研究取得了重大进展,恒星演化理论已被普遍接受。对星系的起源和演化的研究还处于摸索阶段。

2. 物理学与计算机科学与技术

计算机技术是人类最杰出的科学成就,计算机的诞生是物理学理论发展的必然结果,计算机技术的高速发展又为物理学提供了强有力的支持,计算机技术与物理学相辅相成,相互促进。计算机发展的每一个阶段都是以物理学的发展变革作为前提的,再看近代物理学的历史,计算机扮演着不可替代的角色。

比如:硬盘是微机系统中最常用、最重要的存储设备之一,由一个或者多个铝制或者玻璃制的碟片组成,这些碟片外覆盖有铁磁性材料——这就是凝聚态物理研究领域。

3. 强激光核物理

最近 10 年,激光技术有了显著的进展,激光功率密度已超过 $10^{21}\,\text{W/cm}^2$,电场强度达到 $1.2 \times 10^{12}\,\text{V/cm}$,比氢原子中电子波尔轨道上的库仑场大 240 倍。在未来 10 年中,功率密度可能会提高到 $10^{26} \sim 10^{28}\,\text{W/cm}^2$,这样高强度的激光将产生极高的加速电场($2 \times 10^{14} \sim 2 \times 10^{15}\,\text{V/cm}$),可以将粒子加速到很高的能量。高功率超短脉冲激光技术的发展,在实验室中创造了前所未有的极端物态条件,如高电场、强磁场、高能量密度、高光压、高的电子抖动能量和高的电子加速度。这种极端的物理条件,目前只有在核爆中心、恒星内部、黑洞边缘才能存在。在超强激光和物质的相互作用中，产生了高度的非线性和相对论效应。在小型太瓦(10^{12} W)级强激光的强电场作用下，所有的原子都会在极短的时间内被电离，产生从几 MeV 到几十 MeV 的电子、质子、中子以及韧致辐射，这些粒子可以产生核反应。超强激光脉冲开辟了崭新的物理学领域，也为多个交叉学科前沿研究领域带来了历史性的机遇和拓展的空间，并将成为研究核物理、粒子物理、引力物理、非线性场论、超高压物理和天体物理等的一个有力工具。

目前具有超短超强激光装置的研究单位并不少，但将它们运行好，做出好的物理工作的成果还不多。同时还存在着一个问题，即研究强激光技术的专家，一般光学的基础和造诣比较好，但对等离子体物理尤其是核物理、高能物理了解的就少一些；而核物理、粒子物理的专家对超强超短激光的最新进展缺乏了解，这就需要发展强激光核物理这一交叉学科。

4. 核科学技术与生命科学

核科学技术是一门基于核性质、核反应、核效应、核辐射、核谱学和核装置的学科。当今核科学技术和非核科学技术相互渗透，相互促进，已形成了众多的交叉学科，如核医学、核药物学、放射生态学、辐射生物学、核农学、环境放射化学等。重点是与生命科学的交叉，当前重大研究方向包括：新型核方法的建立，尤其是可用于超微量、微区、实时和化学种态的核检测方法；分子核医学，用于脑功能、癌症和心血管疾病的诊断和治疗；用同位素示踪技术研究癌细胞的生长、繁殖、转移和凋亡；离子束生物效应的机制研究及其与生命起源的关系；辐射生物和环境毒理学的研究；用同步辐射 X 射线衍射和中子散射等方法测定蛋白质的结构，以满足蛋白质组学发展的需求；用新型自由电子激光研究生命科学中的许多重要课题等。民用核技术还具有巨大的经济效益。中国 2005 年民用核技术的产值约 300 亿元，其中核电约 200 亿元。而美国在 1995 年的民用核技术产值就高达 3310 亿美元，并提供了 400 万个工作岗位，其中核电为 900 亿美元和 40 万个岗位。

自 20 世纪 80 年代以来，我国的核科学技术基本上是走下坡路。主要标志是：

(1) 设置核科学技术专业的高等院校数目下降。

(2) 就读核科学技术专业的学生数量急骤减少。

(3) 核科学技术专业人才大量流失。近年来，核技术专业的大学本科生和研究生的数量和质量都无法满足社会的需求，更不能适应我国未来发展核电、国家安全、核技术应用的需要。

(4) 放射性和辐射防护科普宣传和教育薄弱。社会公众对核科学技术缺乏正确了解，对核辐射产生不必要的恐惧。加强核科学技术发展的关键是人才，而人才的基础是教育。

5. 量子纳米科学

量子纳米科学是纳米科学的重要部分。纳米材料分为两类，第一类是基于量子效应的纳米材料和结构，称为量子纳米材料，它主要由半导体组成。第二类纳米材料主要是利用它的表面和界面效应，称为工业纳米材料。工业纳米材料在化工、陶瓷、建材和医药等领域中已有许多应用，产生或正在产生巨大的经济效益。量子纳米结构的电子、光子和微机械将成为下一代量子微电子和光电子器件的核心。它与电子学、光电子学以及通信技术、计算机技术密切相关，将在 21 世纪引起一场新的技术革命。2000 年美国发布的《国家纳米技术发展计划》中提到："纳米结构将孕育一场信息技术硬件的革命，类似于 30 年前那一场微电子革命，半导体电子学取代了真空管电子学。"未来的纳米器件将几百万倍地提高计算机的速度和效率；极大地增加存储量(达 10^{12} 比特)；通信系统的带宽将增加 100 倍；平面显示器将比现在的显示器亮度提高 100 倍；生物和非生物器件集成到一个相互作用系统将产生新一代的传感器、处理器和纳米器件。

目前存在的问题是：对发展纳米科学的认识具有片面性，对量子纳米科学的重视和投入不足，存在重短期行为，轻长期性的基础研究；重材料制备，轻物理、化学、生物等物性的深入研究和纳米器件的设计、制造和应用；重单个器件的研究，轻器件的集成；以及重视单学科的研究，忽视综合性的、多学科的交叉研究等倾向。实际上量子纳米科学目前虽然还没有进入大量应用阶段，但是从长远来说，它对未来的信息高技术产业将产生重大影响。

6. 量子信息

量子信息是利用量子态作为信息载体进行信息存储、处理、计算和传送的一门学科，它能完成经典信息系统难以胜任的高速计算、大容量信息传输通信和安全保密等的信息处理任务。它是量子物理与信息科学、计算机科学所形成的交叉领域，主要包括量子计算、量子通信和量子密码学。量子信息的研究、特别是量子计算的研究将可能为突破传统计算机芯片的尺度极限提供新的启示和革命性的解决方案，从而导致未来计算机构架体系根本性的变革。量子信息的研究不只是两个不同学科的简单交叉，它涉及到怎样从物理学的角度，在物质科学层面上深入理解什么是信息、什么是物质、能量和信息关系等基础性问题。反过来，这些问题的解决也有助于推动量子物理的发展。近年由于量子信息的深入研究在新的实验技术平台上许多量子力学原理上的一些争论得以检验和进一步澄清。

7. 理论生物物理及生物信息学

生物信息学是一门新兴的交叉学科，它以核酸、蛋白质等生物大分子为主要研究对象，以数理化等自然科学和信息科学、计算机科学等工程科学为主要手段，以计算机硬件、软件和计算机网络为主要工具，对生物大分子数据进行存储、管理、注释、加工，使之成为具有明确意义的生物信息，并通过对序列和结构数据及其相关文献的查询、搜索、比较、分析，从中获取基因编码、基因调控、代谢途径、核酸和蛋白质结构功能及其相互关系等理性知识。在大量信息和知识的基础上，探索生命起源、生物进化以及细胞、器官和个体的发生、发育、病变、衰亡等生命科学中重大问题，搞清它们的基本规律和时空联系。

传统生物物理学发展面临许多新的问题，现有的观念和方法难以解决这些新问题，因此理论生物物理学应运而生。基因研究的最新成果向物理学提出了与生命过程联系更为深刻的课题，如 DNA 和染色质的力学性质在基因转录调控中的作用，如何理解细胞中 DNA超螺旋、分子马达运转、核仁形成和染色体包装等多种非平衡过程的物理机制及其生物学效应等。理论上研究大分子在生物体内的结构有可能带来重大突破。理论生物物理的另一个重要研究方向是与非线性物理、复杂性科学的交叉。随着分子生物学向定量研究的深入开展，已积累了大量的蛋白质相互作用与基因调控机制的信息，这使得从整体的角度定量研究生物动力学系统成为可能。从蛋白质相互作用与基因调控网络出发，研究生物网络的拓扑性质、动力学性质、生物功能及它们之间的相互关系，是理论生物物理的一个重要研究内容。生物信息学的方法正在渗透到分子结构预测以及生物网络拓扑结构的分析中，有望在细胞生物学和生物物理学中发挥作用。

8. 软物质物理

软物质是指处于固体和理想流体之间的物质。它一般由大分子或基团组成，如液晶、聚合物、胶体、膜、双亲体系、泡沫、颗粒物质、生命体系物质等。软物质中的复杂相互作用和流体热涨落导致了它的特殊性质，其基本特性是对外界微小作用的敏感和非线性响应、自组织行为等。软物质在自然界、日常生活和工业生产中广泛存在。另一方面，生物体基本上均由软物质组成，如 DNA、蛋白、细胞、体液等。对软物质的深入研究将对生命科学、化学化工、医药、食品、材料、环境、工程等领域及人们日常生活产生广泛影响。

第 4 章　数理学科专业介绍

4.1　信息与计算科学专业介绍

杭州电子科技大学信息与计算科学专业设置于 1998 年，并于 1999 年招生，已连续招生 17 年(截止 2015 年 10 月)，积累了较为丰富的办学经验，2007 年入选浙江省重点建设专业，2012 年入选浙江省"十二五"优势建设专业。

4.1.1　人才培养目标

信息与计算科学专业培养具有良好的科学素养，具有宽广的视野和优良的综合素质，具有较强的知识更新能力和较广泛的科学适应能力，掌握信息科学和计算科学的基本理论与方法，受到科学研究的初步训练，具有运用所学知识和熟练的计算机技能解决理论和实际问题的能力，具有团队合作精神的高级专门人才。

本专业毕业生应获得以下几方面的知识和能力：

(1) 科学素养、社会责任感和职业道德：具有严谨治学、艰苦奋斗、求新务实的精神和热爱劳动、遵纪守法、自律谦让、团结合作的品质，具备一定的科学素养，有较好的文化、道德修养和社会责任感，有健康的心理素质和良好的行为习惯。

(2) 了解专业相关政策、法规：了解本专业及相关专业，如信息技术，计算机科学与技术，软件工程等专业的发展前景，政策趋势及法规。

(3) 文献检索和信息获取能力：掌握资料查询、信息检索及运用现代信息技术获取最新参考文献的基本方法；具有一定的软件设计能力，具有初步的分析整理各种数据、撰写论文、参与学术交流的能力。

(4) 国际交流与合作能力：具有较好的外语实际应用能力，初步的国际视野和跨文化的交流、竞争与合作能力。

(5) 掌握科学锻炼身体的能力，受到必要的军事训练：达到国家规定的大学生体育和军事训练合格标准，身体健康。

(6) 数理基础知识、论证及计算能力：具备扎实的数学物理基础知识，掌握基本的数学论证及计算能力，掌握信息和计算科学的基本理论和应用知识能力。

(7) 抽象思维、逻辑推理能力：对事物进行观察、比较、分析、综合、抽象、概括、判断、推理的能力，采用科学的逻辑方法，准确而有条理地表达自己思维过程的能力。

(8) 数学建模能力：能用数学语言、数学符号描述实际现象，用数学知识解决实际问题的能力。

(9) 算法分析与设计能力：掌握算法分析与设计的基本理论和方法，能结合实际问题设计合适的算法来解决问题及算法分析的能力。

(10) 计算机应用能力：能熟练使用计算机，包括常用编程语言、工具、专用软件，具有基本的算法分析、设计能力和较强的软件开发能力。

(11) 综合与创新能力：对信息、计算科学的理论、技术及应用的新发展有所了解，具有一定的创新意识和创新能力。

4.1.2　培养模式

根据专业培养目标和培养要求，广泛征求同行专家、用人单位、学生的意见和建议，对本科人才培养方案进行多次修订，以期使其更能符合社会和经济发展对信息与计算科学专业人才的特定需求。其具体表现在：

(1) 培养方案的制定充分体现学校"鼓励创新、发展个性、讲究综合"的教育思想及"加强基础、重视实践、强化能力"的教学原则。加强数学和信息类、计算机类主干课程教学，在确保数学基础的同时，注重信息类和计算机类课程的基本知识及其应用能力；

(2) 专业方向的设置坚持复合型、创新型应用人才的培养目标。目前本专业设置了两个方向：信息处理和计算机软件。其中计算机软件方向课程主要由学校计算机科学与技术专业教师授课；

(3) 在课程设置上更加注重学生思想道德素质以及人文素质教育，增加了人文社科类、经济管理类、艺术类通识课，突出学生人文素质的培养；

(4) 强化实践教学环节，致力创建"多层次、立体化、个性化"实践教学体系，充分注重理论和实践相结合，注重课内课外相结合，培养学生综合应用知识的能力、分析问题和解决问题的能力以及创新能力。

4.1.3　特色与优势

信息与计算科学专业具有以下特色和优势：

(1) 复合应用型专业方向设置特色鲜明，设置信息处理和计算机软件两个专业方向。

(2) 扎实的理论基础教学和个性化的实践能力培养。

① 重视理论基础教学，更注重学生数学应用和实践动手能力培养。

② 扎实的数学建模教学和训练，培养了数学应用的能力。

③ 丰富多样的实践教学项目设计以及创新实践基地个性化的课外实践训练指导，培养学生较强的创新实践能力。

(3) 专业建设成果丰富、学生培养成果累累。

① 拥有包括省教学名师、省教坛新秀的省教学团队，承担了一大批省级教学建设和改革项目。

② 近几年，本专业有数十位学生获得省级以上学科竞赛奖励。

③ 一批省新苗计划项目以及专利、论文等创新成果。

4.1.4　课程设计思路及原则

信息与计算科学专业课程体系设计充分体现"鼓励创新、发展个性、讲究综合"的教育思想及"加强基础、重视实践、强化能力"的教学原则，主要包括公共基础课、学科基础课、专业课(包括专业核心课、专业模块课、专业选修课)、任意性选修课、通识课和实践教学等部分。课程体系既注重理论知识，又加强应用，有利于学生形成合理的知识结构；充分体现培养目标、学科性质和专业特点，适应经济建设与社会发展需要；专业课的设置充分考虑了学生的就业和考研需求；任意性选修课为学生根据个人的偏好选择自己喜欢的课程创造了有利条件，有利于学生开阔视野和了解某些学科发展的最新动态。实践教学致力创建"多层次、立体化、个性化"实践教学体系，充分注重理论和实践相结合，注重课内课外相结合，培养学生综合应用知识的能力、分析问题和解决问题的能力以及创新能力。

4.1.5　课程模块及逻辑关系

信息与计算科学专业课程体系的逻辑关系如图 4-1 所示。

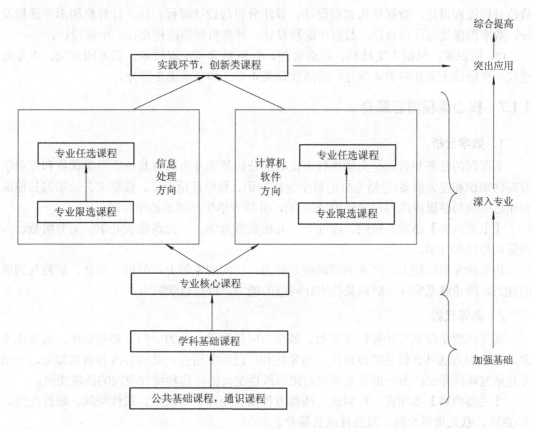

图 4-1　课程及逻辑关系

4.1.6　主干课程及地位

(1) 学科基础课(47 学分)：高等代数、数学分析、解析几何、大学物理、大学物理实验(乙)、概率统计、常微分方程、复变函数、运筹与优化。

(2) 专业核心课(15 学分)：C++面向对象程序设计(甲)、数值分析、离散数学、数据结构、信息科学基础、算法分析与设计。

根据国家教学指导委员会对本专业的指导意见，体现"强基础、宽口径、重实际、有侧重、创特色"的办学指导思想和学校复合型人才培养计划，本专业设置了信息处理方向和计算机软件方向，其中计算机软件方向课程主要由计算机科学与技术专业教师授课。

(3) 信息处理模块必修课(12学分)：数字图像处理、计算几何初步、计算机图形学、计算机视觉基础。

(4) 信息处理模块建议选修课：三维动画设计、游戏程序设计、模式识别。

(5) 计算机软件模块必修课(12学分)：数据库系统原理(甲)、操作系统、软件工程(甲)、计算机网络(乙)。

(6) 计算机软件模块建议选修课：网络编程(甲)、软件测试与质量保证、项目管理与案例分析。

(7) 实践环节(20学分)：C语言课程设计1、2，数学实验1、2，数学建模课程设计，数值分析课程设计，数据结构课程设计，算法分析与设计课程设计，计算机图形学课程设计，数字图像处理课程设计，数据库课程设计，计算机网络课程设计，毕业设计。

(8) 通识课：包括人文社科，经济管理，自然科学与工程技术，艺术四大类，本专业建议至少修读人文社科类4学分、经济管理类4学分和艺术类2学分。

4.1.7　核心课程内容简介

1. 数学分析

本课程的任务和目的是为学生打下良好的分析基础并为后继其他数学类课程和专业学习提供知识和能力准备(包括充分的数学分析知识、数学理论论证、数学工具及学习其他课程相适应的科学思维能力和理论论证能力)，并培养学生严谨的治学作风。

【主要内容】函数、极限、连续、一元函数微分学、一元函数积分学、无穷级数、多变量函数微积分学。

培养抽象思维能力，严密的逻辑推理能力；空间想象能力，分析、综合、猜测与判断的能力，理论联系实际，解决某些实际问题的能力，以及自学能力。

2. 高等代数

高等代数是信息与计算科学专业、数学与应用数学专业的一门主要基础课。其基本概念、理论和方法具有较强的逻辑性、抽象性和广泛的实用性。其核心内容有两部分，一部分是研究矩阵理论；另一部分是研究有限维线性空间的结构和线性空间的线性变换。

【主要内容】多项式、行列式、线性方程组、矩阵、二次型、线性空间、线性变换、λ-矩阵、欧几里得空间、双线性函数简介。

3. 解析几何

解析几何是大学数学各个专业的主干基础课程。它是数学在其他学科应用的必需基础课程，又是数学必修的核心课程。它是通过坐标法运用代数工具研究几何问题的一门学科，它把数学的两个基本对象——形与数有机地联系起来，重点是传授坐标的基本思想，因此通过本课程的学习，要求学生基本了解解析几何的基础理论，掌握解析几何的基本方法、技巧，以代数为工具，分析解决几何问题，为学习后继课程和进一步获得数学知识奠定必要的数学基础。

【主要内容】空间坐标系；向量代数，引入向量坐标，并在其下讨论几何问题，讨论平面与直线，特殊的曲面；介绍二次曲面并分类；介绍二次型理论；正交变换与放射变换。

4．常微分方程

本课程为信息与计算科学专业的主干课程之一。微分方程作为一门学科，它是应用数学中最古老，又是最富活力的学科之一，可分为常微分方程和偏微分方程两个分支学科。本课程主要介绍常微分方程的一些常用解法和基本定理，它们对于数学联系实际和各种数学方法的灵活运用是不可缺少的基本训练。

【主要内容】一阶微分方程的初等解法，一阶微分方程的解的存在定理，高阶微分方程，线性微分方程组，非线性微分方程，一阶线性偏微分方程

通过本课程的学习，使学生掌握常微分方程的基本知识和基本理论，熟练运用常见的常微分方程的解题方法和技巧。同时，培养学生的分析问题、解决问题、具体问题具体分析等能力。另一方面，通过学习还可以加深学生对其他一些相关课程的理解和运用，比如数学分析、高等代数、普通物理等课程的知识在常微分方程中得到广泛运用，使得学习得到巩固和深化。

5．大学物理

本课程是高等学校工科各专业学生的一门重要的必修基础课。物理学是研究物质的基本结构、相互作用、物质的最基本最普遍的运动形式极其相互转化规律的科学。物理学的研究对象具有极大的普遍性。它的基本理论渗透到自然科学的一切领域，应用于生产技术的各个部门，它是自然科学的许多领域和工程技术的基础。

【主要内容】力学，振动与波，波动光学，狭义相对论力学基础，电磁学，量子物理学基础。

本课程的任务是使学生对物理学的基本概念、基本原理、基本方法能够有比较全面、系统的认识和正确理解，系统地掌握必要的物理知识，并具有应用所学的原理解决一些物理问题的初步能力；另外也使学生初步学会科学的思想方法和研究问题的方法，提高独立获取知识的能力。这对于开阔学生思路、激发他们的探索和创新精神、增强适应能力、提高人才素质将起到重要作用。

6．大学物理实验

本课程是学生进行科学实验基本训练的一门独立的、必修的基础课程，是学生进入大学后受到系统实验方法和实验技能训练的开端，是对学生进行科学实验训练的重要手段。

【主要内容】基础性实验：主要为基本物理量的测量，基本实验仪器的使用，基本实验技能的训练，内容以力学、热学、电磁学、光学为主，作为大学物理实验入门的实验。

综合性实验：力学、热学、电磁学、光学及近代物理的综合应用，培养学生综合思维、综合应用知识技术的能力。

设计性实验：学生在教师指导下自己设计实验方案来完成实验任务。从而培养学生的综合思维与创新能力。

开放性实验：学生可根据自己的设想选做有兴趣的物理实验。

通过该课程教学，使大学生系统掌握物理实验的基本知识，基本方法和技能，培养与提高学生科学实验能力，并为后继的专业实验课程打下良好的基础。

7．概率统计

本课程是高等理工科院校的数学基础课程之一，是研究随机现象统计规律性的数学学科，课程由概率论与数理统计两部分组成。通过本课程的学习，在概率论部分，要求学生掌握处理随机现象的基本理论与方法，要能应用随机变量的概率分布、特别是常见的几种概率分布的数学模型来解决生产中提出的问题。在数理统计部分要求掌握参数估计、假设检验、方差分析与线性回归的基本理论与方法。为学生今后能参与产品的质量控制与管理奠定基础。

【主要内容】概率论基本概念，古典概型、条件概率、乘法定理、全概公式以及贝叶斯公式，随机变量及分布函数概念，离散型随机变量及其分布律，连续性随机变量及其概率密度，多维随机变量，随机变量函数的分布，数学期望和方差的计算，协方差与相关系数，大数定律与中心极限定理，随机样本与统计量概念，常用统计量的分布，参数的点估计及估计量评价标准，区间估计，假设检验概念及其方法。

通过本课程学习可为后继课程可靠性工程理论以及新兴学科信息论、管理工程、统计学、控制论、人工智能的学习打下一定的基础。

8．复变函数

复变函数在高等理工学校的教学中占有非常重要的地位，也是信息与计算科学专业的重要数学基础课之一。随着它的研究领域的不断扩大，对于自然科学其他部分(如空气动力学、流体力学、电学、热学、理论物理等)以及数学中其他分支(如微分方程、积分方程、概率论、数论等)都有重要的应用。因此，本专业学生必须具备本课程的一些基本理论和基本知识，较好地掌握之，并会应用其基本理论与方法于实际问题的求解中，为后续课程学习和进一步的数学知识应用打下必备的理论基础。

【主要内容】复数及平面点集，复变函数，复变函数的积分，级数，留数，保形映照，解析开拓，调和函数，理解函数对平面场的应用

通过本课程的学习，在数学分析学习的基础上，进一步培养学生的逻辑思维能力和论证能力；使学生掌握复变函数的基本内容、基本概念和基本技能；初步具有应用复变函数解决某些实际问题的能力。

9．运筹学

运筹学是运用数学方法研究各种系统最优化问题的一门学科，它广泛应用于生产管理、工程建设、军事作战、科学实验、财政经济以及社会系统等各个领域。在实践中，人们为了充分发挥现有各种条件的潜在能力，总要进行一番筹划，找出最有利的工作方案，以期达到高产、高效、优质、低耗的目的。运筹学应用数学模型求得合理运用人力、物力、财力的最优方案，为决策者提供最优决策的科学依据。

【主要内容】运筹学起源与实际应用背景、线性规划问题数学模型、线性规划问题解的基本性质、单纯形法、线性规划对偶理论、对偶问题的经济解释、灵敏度分析、优化软件应用、运输问题数学模型、表上作业法、目标规划数学模型及其求解方法、整数线性规划模型、分枝定界法、割平面法、分配问题与匈牙利法、多阶段决策问题、动态规划基本方程以及求解方法。

本课程的任务和目的是培养学生综合分析能力和应用数学知识解决实际问题的能力。

10．C++面向对象程序设计

本课程属计算机、软件工程、网络工程专业的重要程序设计课程。本课程以 C++语言为依托，讲述面向对象程序设计理论和方法。通过本课程学习，使学生掌握 C++语言的各种语法、语义及使用方法。在传统的结构化程序设计基础上，正确理解面向对象程序设计理论，将面向对象程序设计方法运用到程序设计实践中，为程序设计打下扎实基础。

【主要内容】C++参数传递、内置函数、函数重载、默认参数，类与对象概念，数据和函数成员的封装和访问控制，对象的构造、拷贝构造和析构，各种运算符重载，派生类和虚函数，流、模板和异常处理， C++标准程序库。

通过本课程的学习，学生应基本掌握面向对象程序设计方法，熟练运用 C++进行面向对象程序设计。

11．数值分析

本课程研究在电子计算机上近似地求解各类数学问题的方法和理论，是科学和工程计算的基础。

【主要内容】绪论、误差和有效数字，插值法，函数逼近与曲线拟合，数值积分与数值微分，解线性代数方程组的直接法，解线性代数方程组的迭代法，非线性方程求根，常微分方程初值问题数值解法。

通过本课程的学习，要求学生熟悉数值分析的基本方法和理论，包括求解非线性方程和线性代数方程组的数值方程、插值、最小二乘法、数值积分和常微分方程数值解。掌握应用数值分析的基本方法，并能将数值分析的方法用于各个实际领域。

12．离散数学

本课程是信息计算科学专业的重要理论基础课，为学生提供必要的计算机科学理论基础，并使学生通过该课程的学习得到必要的思维方式与能力方面的训练。

【主要内容】集合论与关系、数理逻辑、代数系统、图论等几方面基本概念与基础知识。

通过本课程学习，使学生掌握一些常用的处理离散对象的方法，培养起一定的抽象思维能力和逻辑推理能力，为后续计算机相关课程打下理论基础，也为今后从事计算机相关工作打下数学基础。

13．数据结构

本课程是计算机程序设计的重要理论技术基础，是信息与计算科学专业的一门专业基础课，主要介绍基本数据结构及其应用。

【主要内容】线性表、栈、队列、字符串、树和二叉树、森林以及图等基本类型的数据结构及其应用，介绍查找和排序的各种实现方法。

通过本课程的学习，使学生了解并掌握数据的逻辑结构和物理结构要领以及有关算法；熟悉他们在计算机科学中最基本的应用；培养学生具有良好的程序设计技能；为学习后续计算类课程以及研制应用软件打下一个理论基础。

14．信息科学基础

随着科学技术的迅速发展、知识体系的更新，信息的概念已在自然科学、人文与社会科学中被广泛地采用，信息理论越来越受到人们的重视。实际上，我们目前所处的正是信息时代。Shannon 信息理论，是一个业已成熟的科学体系，是研究现代信息科学的基础。本课程主要讲授经典的 Shannon 信息理论的基本理论和方法，同时对 20 世纪 60 年代以来发展起来的率失真理论以及多用户信息论也给以一定的重视。

【主要内容】信息的统计度量、离散信源和连续信源、信道与信道容量、信源与信宿之间的平均失真度心脏信息率失真函数、信源编码与信道编码、网络信息论基础、信息论方法在信号处理中的应用。

通过该课程的学习，使学生具备从事信息科学研究和应用的基本知识，为今后的工作和学习打下坚实的基础。

15. 算法分析与设计

本课程是计算机类专业中处于核心地位的一门专业基础课，主要介绍一些常用的、经典的算法设计技术，并给出详细的复杂性分析。

【主要内容】递归技术、分治策略、动态规划、贪心算法、回溯法等，近似算法、随机算法，NP 完全问题。

通过本课程的学习，使学生掌握算法分析的初步能力，能分析算法的时间复杂性与空间复杂性，特别是时间复杂性，比较熟练地掌握整序、匹配等算法的分析与设计，掌握分治法、动态规划等几种常用算法设计技术，对 NP 完全问题有一个比较完整的概念。

16. 数字图像处理

本课程为理工科本科专业的专业课。数字图像处理是模式识别、计算机视觉、图像通讯、多媒体技术等学科的基础，是一门涉及多领域的交叉学科。

【主要内容】数字图像处理的基本概念和基本操作，包括数字图像处理的概念、图像处理系统组成、数字图像格式、数字图像显示、点运算、代数运算和几何运算等。图像变换的基本原理与方法。图像增强、图像恢复、图像压缩和编码等。数字图像视觉特征的描述、提取方法，包括颜色模型、纹理分析、图像分割、形状描述方法等。数字图像的自动分类和模式识别等。

通过对本课程的学习，要求较深入地理解数字图像处理的基本概念、基础理论以及解决问题的基本思想方法，掌握基本的处理技术，了解与各种处理技术相关的应用领域。

17. 计算几何初步

计算几何是信息与计算科学专业学生的专业限修课程。

【主要内容】Bézier 曲线曲面与 B 样条曲线曲面的性质与特点、升阶、合成、反推顶点、有理形式及齐次坐标表示，拟和，插值与样条概念，参数样条曲线，de Boor 算法和子分划算法，de Rham 算法与速端曲线、矩形域上的乘积型 Bézier 曲面。

通过学习该课程，对计算几何的基本概念、应用有一基本了解，初步掌握计算几何中的一些研究方法和基本理论，为接触学科前沿打下必要基础。

18. 计算机图形学

计算机图形学是研究利用计算机来处理图形的原理、方法和技术的学科，它的出现是计算机应用史上的一次变革。计算机图形学是目前应用最广泛、发展最迅速的计算机学科之一，是图像处理、模式识别、CAD、CAM、CAI、GIS、计算机视觉、多媒体技术、虚拟现实等各个学科的技术基础。

【主要内容】图像生成算法、二维光栅图形的混淆与反混淆、二维裁剪、图形变换、投影、三维实体的表示、曲线与曲面的生成简介、颜色、消隐、光照明模型和真实感图形的绘制。

通过本课程的学习，使学生了解用计算机和图形设备进行图形输入、输出的原理、方法和技术。要求学生掌握图形元素的生成算法、多边形填充、几何变换和观察变换、二维图形裁剪技术、真实感图形绘制等。为以后从事相关学科的软件开发打下基础。计算机图形学是一门实践性很强的学科，在本课程中将教学生学会用 VC++进行算法实现的实习。

19. 计算机视觉基础

视觉是人类智能最重要的组成部分，而计算机视觉是研究如何通过计算机实现视觉感知的重要手段。计算机视觉基础是一门培养学生了解和掌握计算机视觉基本原理的课程。

【主要内容】Marr 计算视觉框架、边缘检测、射影几何、摄像机定标、立体视觉、运动与不确定表达、图像特征跟踪、二维特征运动分析等。

20. 数据库系统原理(甲)

本课程主要介绍数据库系统的基本概念及其构成，模式、子模式的描述方法与内容，使学生掌握基本的关系数据库理论和典型关系数据语言的编程，并结合具体的数据库系统介绍数据库保护的有关概念及其实现手段，为学生进行数据库设计及使用大型数据库管理系统打下较扎实的理论基础。

【主要内容】数据库基本概念、几种数据模型的特点、关系数据库基本概念、SQL 语言、关系数据理论、数据库的设计理论、数据库保护、数据库技术新进展。

21. 操作系统

操作系统是计算机系统中配置的最基本、也是最重要的系统软件，它是其他系统软件和应用软件运行时所必需的基础，因此本课程是计算机类专业重要的专业课。本课程的主要任务和目的是使学生通过学习后能较深入地理解和掌握操作系统的基本概念、基本方法、主要功能及其实现技术；对典型操作系统的性能和组成有一定的了解；为学生分析和设计操作系统和有关系统软件打下较坚实的基础。

【主要内容】进程的描述与控制、进程的同步与通信、调度与死锁、存储器管理、虚拟存储器、设备管理、文件系统、硬盘存储器的实现、操作系统接口。

22. 软件工程(甲)

本课程系统地介绍了软件工程的概念、原理和典型的方法，并介绍了软件项目管理的管理技术，注重贯穿软件开发整个过程的系统性认识和实践性应用，以当前比较经典的结构化分析和设计体系作为核心，密切结合软件开发的先进技术、最佳实践和企业案例，力求从"可实践"软件工程的角度描述需求分析、软件设计、软件测试以及软件开发管理，使学生在理解和实践的基础上掌握当前软件工程的方法、技术和工具。

【主要内容】软件工程概述、可行性研究、软件需求分析、软件概要设计、软件详细设计、软件编码、软件实现、软件维护、面向对象方法、软件项目管理。

通过本课程的学习，要求学生能掌握软件工程的基本概念、基本原理、开发软件项目的工程化的方法和技术及在开发过程中应遵循的流程、准则、标准和规范等；学生应能了解开发高质量软件的方法，以及有效地策划和管理软件开发活动，为学生参加大型软件开发项目打下坚实的理论基础。

23. 计算机网络(乙)

计算机网络是构成信息社会基础设施的重要技术，也是一门综合技术，涉及到计算机技术、通信技术、微电子技术和光通信技术等领域，并与人们的工作、学习和生活密切相关。该课程立足基本理论和技术基础，结合身边的网络环境，讲深讲透计算机网络体系结构和网络协议的基础知识，告诉网络编程、组网的方法，通过联系网络实际的途径讲解计算机网络的知识，力求说明计算机网络是什么、为什么、怎样用，以及将来的网络会是什么。

【主要内容】计算机网络基础知识，计算机网络体系结构和网络协议，数据通信基础知识，应用层协议的原理，传输层服务和工作原理，网络层和路由，数据链路层和局域网、无线局域网，物理层协议和网络接入方法，计算机网络管理与网络安全。

通过本课程的学习，要求学生系统地学习和掌握计算机网络的主要基础知识；掌握计算机网络的体系结构及在 Internet 中各层协议的工作原理和功能。

4.2　数学与应用数学专业介绍

4.2.1　数学与应用数学专业的培养目标

本专业培养掌握数学科学的基本理论与基本方法，具有一定的经济学基础，具备运用数学知识、经济学知识使用计算机解决实际问题的能力，受到数学模型、计算机和数学软件方面的基本训练，具有较好的数学素养，受到科学研究的初步训练，能在教育、科技、经济、金融和保险等部门从事研究、教学工作，或在生产企业及管理部门从事开发研究和管理工作的高级专门人才，或继续攻读硕士、博士学位，成为研究型人才。

具体地说，本专业的目标是培养学生成为如下人才：一是具有扎实数学基础，同时具备较强应用数学的能力的应用型人才；二是培养有较高的数学素养，有志从事数学或相近学科研究的更高层次的人才；三是具备一定金融学与统计专业知识，可从事实际应用、管理工作等的人才。

4.2.2　对本专业学生能力的要求

在实现上述培养目标的过程中，对学生有如下能力的要求：要求学生主要学习数学的基本理论、基本知识和基本方法，受到数学建模、计算机和数学软件方面的基本训练，具有较好的科学素养，初步具备科学研究、教学、解决实际问题及开发软件等方面的基本能力。同时，适应高新技术发展的需要，具有较强的知识更新能力和较广泛的科学适应能力。其中，基本理论：主要指我们的数学中最重要的基础理论知识。基本技能：应用数学知识灵活处理问题的能力。基本方法：数学中的处理问题的常用技巧与手段。

通过四年的培养，毕业生应具备以下几方面的知识和能力：科学素养、社会责任感和职业道德，了解专业相关政策、法规，文献检索和信息获取能力，国际交流与合作能力，数学基础知识及抽象思维、逻辑推理能力，数学建模能力，计算机应用能力，经济学和管理学知识，综合与创新能力。

特别要强调的是，本专业重视对数学素养的培养。那么，什么是数学素养？数学素养属于认识论和方法论的综合性思维形式，它具有概念化、抽象化、模式化的认识特征。有人说："数学素养就是把所学的数学知识都忘掉后剩下的东西。"它是学数学的人通过多年认真刻苦的数学学习进入其骨子里的东西，能使其受益终生。具有"数学素养"的人一般具有如下特点：

(1) 在讨论问题时，习惯于强调定义(界定概念)，强调问题存在的条件，绝不会偷换或混淆概念，而导致错误。

(2) 在观察问题时，建立事物的内在(函数)关系，在微观(局部)认识基础上，进一步做出多因素的全局性(全空间)考虑，思维严谨，具备全局观。

(3) 在认识问题时，习惯于将已有的严格的数学概念如对偶、相关、随机、泛涵、非线性、周期性、混沌等等概念广义化，用于认识现实中的问题。例如，一个有好的数学素养的人在桥牌比赛中会潜意识的根据概率计算牌的分布，使自己在比赛中获得更高的胜算。再如，欧拉解决七桥问题时，就是通过观察实际问题，提出了"一笔画"的数学问题。那么，如何培养数学素养？

(1) 建立信心　热爱数学。有些同学会说，我一见到数学就头痛。那么，这个时候需要建立对自己学好数学的信心，只有消除了对数学的畏惧感，才能培养对数学的兴趣，才能增加学好数学的信心，掌握更多的现代数学的理论和思想。

(2) 尽快适应　勤学多思。中学到大学会有明显的适应期，由于生活环境的多样化，知识构成的复杂化，有部分学生不能很快适应大学的学习，从而影响的自己的学业，甚至掉队。因此，尽快适应大学生活、适应大学数学学习是非常重要的。数学课程都需要多思考、多练习、有问题多请教。把问题积累太多，不读书只做题，考前临时抱佛脚等都不利于数学的学习。多思考、勤练习，没有投入就没有产出，要真正学好数学是需要付出时间与精力的。

(3) 锻炼思维　优化习惯。养成好的思维习惯。任何数学形式再复杂，总有它简单的思想实质，因而掌握数学思想总是相对容易的，这一点在大家学习数学时一定要明确。数学思维方法很重要，数学能力的培养不是表现在死记硬背的能力，或简单的计算能力，要学会数学的思维方法。思想比公式更重要，建模比计算更重要。良好的学习习惯也是培养数学素养的必备条件，要善于独立思考，善于举一反三，善于归纳总结，逐步形成适合自己的学习习惯。

如果在你毕业以后，当你讨论问题、观察问题、认识问题时，习惯用数学的方法去思考，那你已经具备了良好的数学素养，当然这个数学素养的高低，与你的投入、悟性、习惯等多种因素有关。

4.2.3　课程设计思路及原则

1. 背景介绍

恢复高考以来数学专业课程设置大致分为三个阶段：

(1) 恢复高考初期，数学专业大致分为基础数学专业、计算数学专业及数理统计专业。由于当时师资缺乏，从师资培养的角度出发，非常重视基础理论，数学专业为国家培养了一批优秀的教学科研人才。基础数学专业毕业的多数学生分配到科研机构、或大中学充实师资，后来这批毕业生有很多成长为各单位的骨干力量。其中基础数学专业为数学与应用数学专业的前身。其课程设置包括以下课程。

基础数学专业：数学分析、高等代数、空间解析几何、实变函数、复变函数、常微分方程、概率统计、高等几何、微分几何、近世代数、逻辑代数、泛函分析、点集拓扑、初等数论、数学物理方程、运筹学、偏微分方程、代数拓扑等。

(2) 20 世纪 90 年代专业调整。调整的原因是国家正处在经济发展的快速发展阶段，需要大量应用型人才，为了更好地满足社会需求，让数学为社会服务，在课程设置方面增加了部分应用性比较强的课程，如计算机基础、C 语言等。相应地，基础数学专业调整为数学与应用数学专业，而计算数学专业调整为信息与计算科学专业，数理统计专业调整为统计专业(部分改为部分管理)。

(3) 近几年来，数学与应用数学专业又有了一定调整。原因是数学与应用数学专业原有的几个就业渠道多以饱和，培养的学生面临较大的就业压力，因此需要对的培养目标进行重新定位，同时改变课程设置，增加了许多新的课程，补充了适应社会需求的知识，希望学生不仅具有好的数学基础，同时具备一技之长，能胜任某一方面的工作。

2. 课程总体设计思路与原则

本专业课程设计的思路与原则是：搭建数学基础平台，设计核心课程体系，明确分类模块重点，鼓励自主兴趣发展、形成专业方向特色。

这个课程体系主要以培养学生的综合素质为主旨，重视数学基础理论学习，注重个性发展，强化应用数学能力的培养，尽可能使学生适应社会需求。对于毕业后就进入社会的学生，需要在某些对数学要求比较高的行业寻求就业位置(例如：金融、统计、保险、计算机软件等)，以自己较好的数学基础，加上一定的相关专业的知识与技能，得到相关行业的认可。而对于立志报考研究生的学生，数学的基础就显得尤为重要，因此课程设置也强调专业基础课程的学习。我们的课程体系的设计是围绕我们的培养目标来设置的，强调数学专业基础知识积累，注重应用能力培养，为适应社会发展的需求，使毕业生具备一技之长，同时也强调更高层次人才的培养，鼓励报考各类型的研究生。

4.2.4 课程设置总体介绍

1. 数学专业基础课程

数学专业基础课程包括数学分析、高等代数、解析几何、概率统计、常微分方程、复变函数、近世代数等课程作为基本理论的基础平台。这些课程是数学最基础的课程，现代的许多新的数学知识都可以理解为上述课程的发展、延伸或应用，这些课程学习的好坏直接影响高年级的学习，务必引起足够的重视。

2. 专业核心课程(15 学分)

除了专业基础课程外，专业核心课程是后续课程必备的前期课程，这些知识对于许多工科的专业也是必备基础，只是他们对课程的要求稍低一些。比如： 数值分析、 数学物理方程、运筹与优化、应用随机过程、金融学等。这类课程是进一步学习各种模块课程的前期课程。在学习过程中可以寻找自己的兴趣点，对某些课程加深学习，为模块的选择作准备。

3．分类模块课程(12 学分)

模块课程是为适应社会经济发展需求而设计的课程群，根据社会需求模块中的课程也在不断地调整。目前模块有两个：

(1) 统计数学，"统计软件与应用"、"多元统计分析"、"时间序列分析"等。

(2) 金融数学，"投资学"、"精算数学"、"证券投资分析"等。

建议：同学们在选择专业模块课程时应多与专业教师沟通了解模块课程学习的内容、应用背景、发展前景等，看是否与自己的发展规划相匹配。

4．自主任选课程(14 学分)

任选课可以根据自己的兴趣爱好自由选择，但也应考虑自己今后发展方向的需要。比如：选金融数学模块的学生，在选修课程中可选"数理经济"、"计量经济学"等课程；选统计数学模块的学生，在选修课程中可选"非参数统计"、"多元统计"等课程。如果想报考数学类研究生，则可选"分析选讲"与"代数选讲"等课程，同时可考虑选择 "实变函数"与"泛函分析"等研究生复试可能会涉及的数学类课程。

4.2.5　核心课程介绍

数学与应用数学专业的核心课程有数学分析、高等代数、解析几何、概率统计、常微分方程等。各课程的介绍及主要内容参见 4.1.7 节，此处不再赘述。

4.3　应用统计学专业介绍

4.3.1　专业培养目标

1．人才培养目标

本专业培养具有良好职业道德，具备系统的统计学知识、了解统计学理论、掌握统计学的基本思想和方法，具有利用计算机软件分析数据的能力，能在经济、管理、生物、医药、金融、保险、工业、农业、林业、商业、信息技术、教育、卫生、医药、气象、水利、环境和减灾等相关领域工作的高素质、复合型的统计应用人才。

本专业学生主要学习应用统计学的基本理论、基本知识和基本技能，打好统计学课基础，受到较扎实的逻辑思维训练，初步具备在统计学相关领域从事科学研究，进行统计建模，解决实际问题的能力。同时，具有良好的科学素养，适应高新技术发展的需要，具有较强的知识更新能力和较广泛的科学适应能力。

毕业生应获得以下几方面的知识和能力：

(1) 具有良好的政治、思想、文化、道德、身体和心理素质，具有社会责任感。

(2) 具备扎实的统计学基础知识，统计学基本理论和系统的统计思想；具有较强的外语实际应用能力。

(3) 掌握数据搜集、整理、分析的方法。

(4) 能够应用统计软件分析数据并正确解释计算结果。

(5) 熟悉某一领域(如经济、管理、生物、医药、金融、保险、工业、农业、林业、商业、信息技术、教育、卫生、气象、水利、环境和减灾等领域)的专门知识，能够综合运用所学的理论知识 解决实际统计问题。

(6) 具有较高的外语水平，掌握中外文资料查询、文献检索及运用现代信息技术获取相关信息的基本方法。

(7) 具有较强的自学能力、创新意识和较强的团队合作能力；了解某个应用领域，能运用所学的理论、方法和技能解决某些科研或生产中的实际课题。

2. 培养模式

根据专业培养目标和培养要求，广泛征求同行专家、用人单位、学生的意见和建议，对本科人才培养方案进行多次修订，以期使之更能符合社会和经济发展对学专业人才的特定需求。其具体体现在：

(1) 培养方案的制订充分体现学校"鼓励创新、发展个性、讲究综合"的教育思想及"加强基础、重视实践、强化能力"的教学原则。

(2) 专业方向的设置坚持创新型应用人才的培养目标。在课程设置上更加注重学生思想道德素质以及人文素质教育，增加了人文社科类、经济管理类、艺术类通识课，突出学生人文素质的培养。

(3) 强化了实践教学环节，致力创建"多层次、立体化、个性化"实践教学体系，充分注重理论和实践相结合，注重课内课外相结合，培养学生综合应用知识的能力、分析问题和解决问题的能力以及创新能力。

3. 特色与优势

(1) 扎实的理论基础教学和个性化的实践能力培养。重视理论基础教学，注重学生的统计学知识的应用和实践动手能力培养，丰富多样的实践教学项目设计，能够较好地培养学生的创新实践能力。

(2) 专业建设成果丰富，拥有省教学名师、省教坛新秀的省教学团队，承担了教学建设和改革项目。

4.3.2　课程设计思路及原则

应用统计学专业课程体系设计充分体现"鼓励创新、发展个性、讲究综合"的教育思想及"加强基础、重视实践、强化能力"的教学原则，主要包括公共基础课、学科基础课、专业课(包括专业核心课、专业选修课)、任意性选修课，通识课和实践教学等部分。课程体系既注重理论知识，又加强应用，有利于学生形成合理的知识结构；充分体现培养目标、学科性质和专业特点，适应经济建设与社会发展需要；专业课的设置充分考虑了学生的就业和考研需要；任意性选修课为学生根据个人的偏好选择自己喜欢的课程创造了有利条件，有利于学生开阔眼界和了解某些学科发展的最新动态。实践教学致力创建"多层次、立体化、个性化"实践教学体系，充分注重理论和实践相结合，注重课内课外相结合，培养学生综合应用知识的能力、分析问题和解决问题的能力以及创新能力。

4.3.3　主干课程及地位

(1) 学科基础课(29 学分)：理学类学科导论课，高等代数，大学物理，大学物理实验(乙)，概率论基础，数理统计，常微分方程，金融数学。

(2) 专业核心课(28 学分)：应用随机过程，数值分析，抽样调查，实变函数，数据挖掘，应用回归分析，统计软件与应用，利息理论，时间序列分析，多元统计分析，试验设计。

(3) 实践环节(20 学分)：C 语言课程设计 1，数学实验 1、2，数学建模课程设计，数值分析课程设计，金融数据处理，统计软件选讲，统计案例分析，应用统计分析课程设计，毕业设计。

(4) 通识课：包括人文社科，经济管理，自然科学与工程技术，艺术四大类，本专业建议至少修读人文社科类 4 学分，经济管理类 4 学分和艺术类 2 学分。

4.3.4　核心课程内容简介

该专业的核心课程包括数学分析、高等代数、解析几何、常微分方程、大学物理、大学物理实验，以上课程的相关介绍及主要内容参见 4.1.7 节。此外，还包括以下课程：

1．概率论基础

概率论基础课程是高等学校数学类与统计学本科专业中培养学生抽象思维、逻辑思维能力和随机分析能力的一门主干基础课，是学习专业课程和从事统计分析工作的必备基础。要求学生掌握处理随机现象的基本理论与方法，要能应用随机变量的概率分布、特别是常见的几种概率分布的数学模型来解决生产中提出的问题。

【主要内容】概率论基本概念，古典概型、条件概率、乘法定理、全概公式以及贝叶斯公式，随机变量及分布函数概念，离散型随机变量及其分布律，连续性随机变量及其概率密度，多维随机变量，随机变量函数的分布，数学期望和方差的计算，协方差与相关系数，大数定律与中心极限定理。

通过本课程学习，使学生树立正确的概率论思想，培养基本计算能力，开发创造性思维和创新能力。掌握处理随机现象的基本理论与方法，要能应用随机变量的概率分布、特别是常见的几种概率分布的数学模型来解决生产中提出的问题。

2．数理统计

数理统计课程是高等学校数学类与统计学本科专业中培养学生抽象思维与逻辑思维能力、统计推断能力、数学建模能力的一门主干基础课，是学习专业课程和从事统计分析的必备基础。本课程在概率论的基础上，通过进一步地学习，使学生树立正确的统计思想，培养基本的统计分析能力，开发创造性思维和创新能力，了解现代统计技术，应对经济全球化和知识经济的挑战。使学生掌握数理统计的基础知识，初步具备一般统计分析和统计建模的能力。

【主要内容】随机样本与统计量的概念、常用统计量的分布、参数的点估计及估计量评价标准、区间估计、假设检验基本思想及其方法等。

通过本课程学习，使学生树立正确的统计思想，培养基本的统计分析能力，开发创造性思维和创新能力，掌握数理统计的基础知识，初步具备一般统计分析和统计建模的能力。

3．金融数学

金融数学课程是统计学、数学与应用数学、信息与计算科学的专业课之一，主要运用现代数学理论和方法(如:随机分析、随机最优控制、组合分析、非线性分析、多元统计分析、数学规划、现代计算方法等)对金融(除银行功能之外，还包括投资、债券、基金、股票、期货、期权等金融工具和市场)的理论和实践进行数量的分析研究。

【主要内容】单时段模型、二叉树与离散参数鞅、布朗运动、随机分析、Black-Scholes模型。

通过本课程的学习，使学生了解金融数学研究的主要对象和经济背景，理解金融数学中的主要概念和理论；掌握主要的建模工具以及重要的数学模型应用方法；掌握金融数学中的主要结论、公式；培养学生的计算能力，能熟练地运用金融衍生产品的定价公式及其他一些重要公式进行计算。

4．应用随机过程

随机过程的理论是随着概率论的发展而发展起来的，是以无限个随机变量形成的随机变量族为研究对象的一门数学，在其他学科和领域有广泛的应用，本课程主要是介绍随机过程的一些基本理论及其一些简单应用，培养学生解决实际问题的能力。

【主要内容】概率论基本概念、随机过程概论、Markov过程、平稳过程、时间序列分析。

通过对本课程的学习，使学生掌握随机过程的基本方法，了解和应用随机过程的有关内容解决科学技术和实际问题的能力。

5．时间序列分析

时间序列分析是统计学研究中重要的应用分析工具，通过本课程的学习让学生掌握时间序列分析的基本原理、方法、模型，重点培养学生运用相关软件包进行统计学定量实证分析的能力，为以后的理论应用研究打下坚实的基础。

【主要内容】时间序列、自回归模型、滑动平均模型与自回归滑动平均模型、均值和自协方差函数的估计、时间序列的预报、ARMA模型的参数估计、潜周期模型的参数估计、时间序列的谱估计、多维平稳序列介绍。

通过本课程的学习，培养学生的理解能力、分析能力、逻辑思维能力；掌握时间序列分析的基本概念和模型，具备一般的时间序列分析的能力；运用SPSS等统计分析软件进行时间序列数据的分析。

6．多元统计分析

多元统计分析简称多元分析，本课程是在先修完数学分析、高等代数、概率论与数理统计等课程后为统计学专业开设的一门专业限选课。多元分析，是统计学的一个重要分支，也是近三、四十年迅速发展的一个分支。随着电子计算机的普及和软件的发展，信息储存手段以及数据信息的成倍增长，多元分析的方法已广泛应用于自然科学和社会科学的各个领域。国内国外实际应用中卓有成效的成果，已证明了多元分析方法是处理多维数据不可缺少的重要工具，并日益显示出无比的魅力。

【主要内容】绪论与矩阵代数、多元正态分布及其导出的分布、多元正态总体均值向量和协差阵的假设检验、聚类分析、判别分析、主成分分析、因子分析、对应分析、典型相关分析、多重多元回归分析。

通过本课程的学习，让学生会应用多元统计分析中的诸多方法进行数据分析；让学生掌握各种判别分析、聚类分析、主成分分析、相关分析和因子分析、对应分析、典型相关分析、多重多元回归分析、定性材料统计分析等各种多元分析方法的思想及统计分析方法；学会使用 SPSS、SAS 等相关的统计软件，并会对得到的结果进行统计分析。

7. 数据挖掘

数据挖掘是一门培养学生分析海量数据的能和提取信息能力的课程，是信息与计算科学专业信息处理方向的一门主干课程。

【主要内容】数据挖掘绪论，数据组织简介，探索性数据分析，数据挖掘的常用方法，线性回归与标准线性模型，Logistic 回归与对数线性模型，广义线性模型与非参数模型，决策树模型，神经网络与多层感知器，关联规则，遗传算法。

通过本课程学习，使学生了解最新的数据分析和处理的研究成果；掌握数据分析与数据挖掘的技术；应用常见的数据仓库和数据挖掘技术，进行深入的数据分析，获取有用信息。

8. 统计决策

本课程教学目标在于向学生系统阐述有关统计预测与决策方面的基本知识和一般原理，使学生对统计预测和决策的基本概念、基本方法及其应用有系统地理解和掌握。同时，更为重要的是，通过阐述国内外统计预测和决策方法在经济、金融和管理等领域的综合应用，加深学生对本课程内容的理解和认识，提高学生综合运用统计预测和决策方法以解决现实问题的能力。

【主要内容】统计预测概述，定性预测法，回归预测法，时间序列的分解法和趋势外推法，时间序列平滑预测法，自适应过滤法，平稳时间序列预测法，干预分析模型预测法。

通过本课程的学习，使学生掌握应用统计预测与决策基本方法的能力；了解和应用统计预测与决策的有关内容解决科学技术和实际问题的能力；以及对一些实际问题建立数学模型的初步能力。

9. 博弈论

通过对博弈论基本内容和基本方法的学习，学习用博弈论方法研究和分析问题的基本思维方式。学习各经济主体在矛盾冲突和竞争环境下，如何寻求均衡，进行谈判，进行合作，合理分配，进而分析和揭示复杂经济和管理问题中参与人的决策行为特征。为企业制定竞争战略，进行生产经营决策，实施科学的企业管理奠定理论基础。

【主要内容】完全信息静态博弈，完全且完美信息动态博弈，重复博弈，有限理性和进化博弈，完全但不完美信息动态博弈，不完全信息动态博弈。

通过该课程的学习，使学生了解博弈论理论及经典的经济学应用。具体应用的例子有助于对纯理论的学习和理解，本课程也涉及对抽象博弈论模型的正式讨论，但相比之下较为次要；在介绍应用的同时也说明了构建模型的程序——即把非正式的对多人决策问题的描述转化为可分析的正式博弈论问题的程序；使学生了解不同的例子也显示出在经济学的不同领域中遇到的问题有很多在本质上是相似的，并可以使用相同的博弈论分析工具去分析不同类型的问题。

10. 保险精算

保险精算是依据经济学的基本原理和知识，利用现代数学方法，对各种保险经济活动未来的财务风险进行分性、估价和管理的一门综合性的应用科学。通过研究保险事故的出险规律、保险事故损失额的分布规律、保险人承担风险的平均损失及其分布规律、保险费和责任准备金等保险具体问题，使得学生掌握分析处理现实经济问题的不确定性原理和方法。

【主要内容】利息的基本概念，年金，生命表基础，人寿保险的精算现值，年金的精算现值，期缴纯保费与营业保费，准备金，保单现金价值与红利，现代寿险的负债评估。

通过本课程的学习，使学生掌握保险精算的基本理论，基本方法；培养基本精算能力，开发创造性思维和创新能力；能对实际问题进行统计建模，培养分析问题、解决问题的能力。

11. 抽样调查

通过本课程的教学，要求学生系统掌握抽样技术的基本理论、基本方法和基本技能。基础理论方面，掌握抽样技术的基本概念、基本原理，特别是估计量的分布及其特征；基本方法方面，掌握各种分析方法的应用场合、条件、程序、要点，熟知获得各种抽样估计结果的步骤和结果的含义；基本技能方面，要求具有对一般实际场合和具体情况选择合适抽样方法、制定抽样方案的能力。

【主要内容】简单随机抽样，不等概抽样，分层抽样，多阶抽样，整群抽样与系统抽样。

通过对本课程的学习，使学生掌握抽样调查的基本理论、基本方法；培养逻辑思维能力，以及对实际问题的统计推断能力；培养自学能力，创新能力。

12. 非参数统计

通过非参数统计的学习，能够理解非参数统计中各统计量的基本概念和性质，掌握非参数统计的基本思想，了解非参数统计的估计和检验方法及其在应用中的一般处理技术和原则。能够灵活应用非参数基本理论对现实中的各种实际问题进行探索性数据分析。

【主要内容】次序统计量，U 统计量，线性秩统计量，功效函数，检验的渐近相对效率，由经验分布产生的非参数统计，稳健估计概念，影响曲线与稳健估计。

通过学习该课程，掌握非参数统计的基本理论、基本方法；培养随机分析能力，以及对实际问题的统计推断能力。

13. 生物统计

该课程是运用数理统计的原理和方法来分析和解释生物界各种现象和试验调查资料的一门科学，是现代生物学研究不可缺少的工具，而且在新兴的分子生物学研究中也发挥着重要作用。它是生物技术专业本科学生的必修专业课，要求学生在掌握有关生物统计学的基本概念及理论的基础上，熟悉生物技术研究方法中信息的正确收集、数据的整理和分析、常用分析模型的选择，为学习其他专业课程打下一定的基础。

【主要内容】试验资料的整理与特征数的计算，概率与概率分布，统计推断，卡方检验，方差分析，抽样原理与方法，试验设计及其统计分析，直线回归与相关分析。

通过本课程的学习，使学生了解统计学方法在现代生物科学中的重要作用；系统掌握数理统计的基本原理、基本概念、具体实验资料分析方法以及试验设计方法等的应用；通过对生物统计学的学习，培养学生严谨的科学态度与分析问题、解决问题的能力，为以后的进一步深造和从事科学研究打下基础。

14．统计软件

统计软件选讲课程是高等学校统计学和数学本科专业中培养学生使用统计分析方法解决实际问题的能力和创新能力的一门主干技术基础课。

【主要内容】统计分析软件 SPSS 概述，SPSS for Windows 数据文件的建立与管理，SPSS 数据的基本加工处理，SPSS 的基本统计方法，SPSS 参数检验，SPSS 的方差分析，SPSS 的相关分析和回归分析，SPSS 的非参数检验，SPSS 的高级统计分析。

本课程的主要任务是让学生掌握社会科学相关的统计分析背景，统计分析方法的基本原理和核心思想；掌握相关统计方法的适用范围，能够根据实际问题选择合适的统计分析方法；熟练运用 SPSS 软件进行问卷调查数据的整理，统计数据的基本组织、加工和处理；熟练运用 SPSS 进行统计分析的实际操作。

15．风险管理

本课程是应用统计专业选修课程。本课程系统地介绍了风险管理的基础知识，基本技能和基本方法。其主要内容包括：风险和风险管理，风险估算，风险管理方法。通过本课程学习使学生具备必需的风险管理知识。要求学生了解不确定性和风险，了解风险管理的基本职能和风险管理的目标与组织。掌握风险管理的基本程序，风险管理的目标，不确定性和风险，风险的分类，风险管理的基本职能，风险识别与衡量的原理，各种风险的识别与衡量方法，风险分析技术。风险管理技术，风险管理方法，实际运用风险管理方法解决实际问题的能力。

【主要内容】风险和风险管理，风险识别与衡量，风险分析，风险管理技术，风险管理方法。

本课程的主要任务是培养学生初步掌握风险管理的基本思想，基础理论，基本方法，全面掌握风险与风险管理过程；全面了解各类风险管理的模型与方法；培养学生运用风险管理的理论和技术解决经济管理与工程技术中的实际问题。

16．利息理论

利息理论课程是学习证券投资学、金融数学、财务管理、保险精算等各学科分支课程的基础。本课程教学的主要任务是介绍利息理论的基本知识，包括：利息的基本概念、年金、收益率、债务偿还、债券与其他证券、利息理论的应用与金融分析，以及金融中的一些数学的思想。

【主要内容】利息的基本概念，年金，收益率，债务偿还，债券与其他证券，利息理论的应用于金融分析，利息的随机处理。

通过本课程的学习，使学生了解利息理论以及金融相关的基本的概念、思想；学习如何通过数学模型刻画许多金融领域中遇到的有关利息的计算以及与利息有关的金融产品的定量分析方法；掌握金融数学中以货币时间价值为基础的金融定量分析方法。

17. 试验设计

试验设计课程是针对数学、统计学本科专业在学习学科基础课之后开设的，是一门必修的专业课程。目的是让学生在学习专业课程时，对所学的专业课程中的试验部分，以及在毕业环节，学生在做毕业论文期间所进行的试验项目，做出优化设计，并对试验数据进行分析处理。

【主要内容】方差分析和回归分析，正交试验设计，稳健设计，可靠性设计。

通过本课程的学习，要求学生能掌握在试验过程中如何实现误差的最小化和无偏估计；掌握试验设计中常用的分析方法，具备一般的试验设计的分析能力；掌握生产试验中主要的试验设计方法，初步具备一般的试验设计的能力，特别是常用的工农业生产和经济管理的设计能力。

18. 投资组合

了解和把握市场经济中的投资行为，系统介绍投资组合管理决策流程及相关技术方法，使课程学习者了解并掌握投资组合理论的核心内容和分析方法，培养科学进行投资组合分析与决策、投资组合管理与调控的能力，以利于提高投资效益。

【主要内容】资产组合理论，资本市场均衡，债券价值与投资管理，股票价值分析，期货市场，期权与期权市场，市场有效性，投资组合业绩评价。

通过本课程的学习，要求学生理解并掌握投资组合管理的基本概念、原理；了解投资组合管理过程的各项内容及特点，掌握投资组合分析各流程的评价方法；了解收益与风险、投资组合决策、马柯威茨资产组合理论、跨期资产组合投资、组合中决策者行为等各个部分的基本内容；掌握并运用投资组合分析方法进行最优风险资产组合的决策。

4.4　应用物理学专业介绍

4.4.1　专业培养目标

应用物理学专业培养适应社会主义经济建设和社会发展需要，德、智、体、美全面发展，掌握物理学的基本理论与方法，以能源智能化为核心，具备较强的物理实验能力、电子技术应用能力与新能源技术应用能力，具有宽阔的国际视野和优良的综合素质，能在能源科学技术领域从事科研、科技开发和教学的高级专门人才。

应用物理学专业期待毕业生几年之内达到以下目标：

(1) 掌握系统的数学、物理、新能源等方面的基本原理、基本知识，具有较强的外语实际应用能力。

(2) 掌握较坚实的物理学基础理论、较广泛的应用物理知识、基本实验方法和技能；具备运用物理学中某一专门方向的知识和技能进行技术开发、应用研究、教学和相应管理工作的能力。

(3) 掌握本专业领域内一个专业方向所必需的专业知识，了解应用物理的理论前沿、应用前景和最新发展动态以及相关高新技术产业的发展状况，具有初步的科学研究和实际工作能力以及创新意识。

(4) 掌握资料查询、信息检索及运用现代信息技术获取最新参考文献的基本方法；具有一定的实验设计，创造实验条件，归纳、整理、分析实验结果，撰写论文，参与学术交流的能力。

4.4.2 课程设计思路及原则

应用物理学专业课程体系设计充分体现"鼓励创新、发展个性、讲究综合"的教育思想及"加强基础、重视实践、强化能力"的教学原则，主要包括公共基础课、学科基础课、专业课(包括专业核心课、专业模块课、专业选修课)、任意性选修课，通识课和实践教学等部分。

课程体系既注重理论知识，又加强实践应用，有利于学生形成合理的知识结构；充分体现培养目标、学科性质和专业特点，适应经济建设与社会发展需要；专业课的设置充分考虑了学生的就业和考研需要；任意性选修课为学生根据个人的偏好选择自己喜欢的课程创造了有利条件，有利于学生开阔眼界和了解某些学科发展的最新动态。实践教学致力创建"多层次、立体化、个性化"实践教学体系，充分注重理论和实践相结合，注重课内课外相结合，培养学生综合应用知识的能力、分析问题和解决问题的能力以及创新能力。

在知识结构设置上注重基础理论和电子、能源、控制及测试、计算与数值模拟等知识的学习，培养基础理论扎实、专业知识面宽厚、创新意识和实践能力强、综合素质高的复合型专门人才。

4.4.3 课程模块及逻辑关系

主要专业课程有电路与电子学，数字逻辑电路，微机原理及应用、光电检测技术、光电传感技术、光电系统设计以及工程热力学、工程流体力学、传热学、能源与环境系统工程概论、新能源技术等。

课程模块及逻辑关系如图4-2所示。

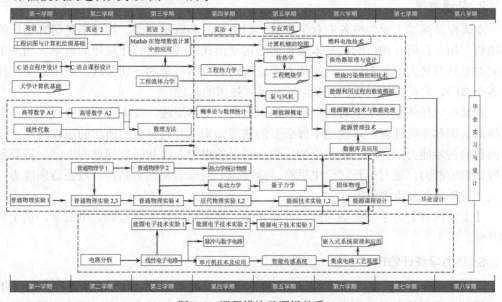

图4-2 课程模块及逻辑关系

4.4.4　主干课程及地位

(1) 公共基础课(约 48 学分)：高等代数、英语、马克思主义基本原理、C 语言程序设计等。

(2) 学科基础课(约 28 学分)：普通物理、电路分析、数理方法、电动力学、量子力学、线性电子电路等。

(3) 专业核心课(约 18 学分)：工程流体力学、热力学统计物理、脉冲与数字电路、工程热力学、传热学、新能源概论等。

(4) 专业模块课(约 22 学分)：单片机技术及应用、智能传感系统、集成电路工艺原理、泵与风机、能源测试技术与数据处理、专业英语、工程燃烧学、计算机辅助绘图、换热器原理与设计、能源利用过程的数值模拟、燃烧污染物控制技术、燃料电池技术等。

(5) 实践环节(约 24 学分)：C 语言课程设计、普通物理实验、近代物理实验、能源电子技术实验、能源技术实验、毕业设计等。

(6) 通识课(约 10 学分)：包括人文社科、经济管理、自然科学与工程技术、艺术四大类，本专业建议至少修读人文社科类 4 学分，经济管理类 4 学分和艺术类 2 学分。

4.4.5　核心课程内容简介

1. 高等代数

高等代数是信息与计算科学专业、数学与应用数学专业的一门主要基础课。其基本概念、理论和方法具有较强的逻辑性、抽象性和广泛的实用性。其核心内容有两部分，一部分是研究矩阵理论；另一部分是研究有限维线性空间的结构和线性空间的线性变换。

【主要内容】多项式、行列式、线性方程组、矩阵、二次型、线性空间、线性变换、λ-矩阵、欧几里得空间、双线性函数简介。

2. 普通物理

本课程是高等工业学校各专业学生的一门重要的必修基础课。物理学是研究物质的基本结构、相互作用、物质的最基本最普遍的运动形式极其相互转化规律的科学。物理学的研究对象具有极大的普遍性。它的基本理论渗透到自然科学的一切领域，应用于生产技术的各个部门，它是自然科学的许多领域和工程技术的基础。

本课程的任务是使学生对物理学的基本概念、基本原理、基本方法能够有比较全面、系统的认识和正确理解，系统地掌握必要的物理知识，并具有应用所学的原理解决一些物理问题的初步能力；另外也使学生初步学会科学的思想方法和研究问题的方法，提高独立获取知识的能力。这对于开阔学生思路、激发他们的探索和创新精神、增强适应能力、提高人才素质将起到重要作用。

【主要内容】力学、振动与波、波动光学、狭义相对论力学基础、电磁学、量子物理学基础。

3. 热力学统计物理

本课程是应用物理学专业本科生必选的一门专业核心课程，是许多现代科学技术的基础。通过本课程的学习，使学生掌握热力学与统计物理学的基本概念、基本原理和处理具体问题的重要方法，进一步提升对热现象、热运动规律的认识，并为进一步学习能源类课程打下基础。通过大量的应用实例，培养学生运用有关理论解决实际物理问题的能力。

【主要内容】热力学部分包括：热力学基本规律、均匀物质的热力学性质、单元系的相变、多相系的相变、不可逆过程热力学简介等；统计物理部分包括：近独立粒子系统的最可几分布、玻耳兹曼统计、玻色统计与费米统计、系综理论、非平衡统计理论简介等。

4. 电动力学

通过本课程学习，牢固掌握麦克斯韦方程组以及由此推演出的一系列重要关系式，深化对电磁理论基本物理量、物理规律的认识，正确运用矢势和标势研究电磁场问题。本课程对于学习其他相关专业如通信技术、电力系统、电子技术、激光技术、光学工程等课程有重要作用。

【主要内容】麦克斯韦方程组，介质及边值关系，电磁场的能量和能流，静电场和标势及其微分方程，电多极矩，磁场矢势及其微分方程，磁标势，电磁波及其传播，电磁场的矢势、标势、推迟势，电磁场的相对论不变性。

5. 量子力学

量子力学为物理学专业必修的专业基础课，是物理学教育的关键课程，同时也是其他理工科甚至是文科专业重要的选修课程。近代量子物理学的发展，使其成为公认的现代文明发展的基石。掌握它的基本知识和手段，是进入自然科学前沿问题研究的不可或缺的基础。在对物理学以及其他理工科专业本科生人才培养上起着至关重要的作用。学习本课程，可为进一步的研究和应用奠定基础。

【主要内容】波函数、态叠加原理、薛定谔方程、本征值方程、算符及其本征函数、算符的对易关系、共同本征态函数、测不准关系、氢原子、算符的矩阵表示、狄拉克符号简介、微扰理论、电子自旋、全同粒子。

6. 数理方法

数学物理方法是理工科有关专业的一门重要的基础课。主要的研究对象是数学物理方程，主要是指从物理学及其他各门自然科学、技术科学中所产生的偏微分方程，它们反映了有关的未知量关于时间的导数和关于空间变量之间的制约关系。通过课程的学习，使学生初步掌握复变函数与数理方程的基本理论、方法及应用，初步具有应用复变函数于其专业学习的能力，为学习有关后续课程和进一步扩大数学知识而奠定必要的数学基础。数学物理方法包括复变函数和数理方程两个部分。

【主要内容】复变函数、复变函数积分、无穷级数，留数理论、定解问题、行波法、分离变数法、积分变换法、格林函数法、保角变换法、复变函数法、变分法、勒让德多项式、贝塞耳函数、斯特姆—刘维本征值问题、非线性方程和积分方程。

7. 工程流体力学

本课程以工程中流体机械、动力机械、容器、管道等部件中流体流动以及与部件间相互作用为研究对象，学习流体流动基本性质、描述方程、求解方法。针对流动基本方程，对理想流体势流和有旋流动、粘性流体层流、紊流流动、紊流模型、边界层理论进行介绍。目的是使学生通过分析流体运动规律，学会解决流体流动的各种问题。

【主要内容】流体静力学、流体动力学基础、相似原理和量纲分析、黏性流体的一维流动、气体的一维定常流动、理想不可压缩流体的有旋和无旋流动、黏性流体绕物体的流动、膨胀波和激波。

8. 传热学

通过本课程的学习，学生将对传热学涵盖的内容有一个初步的认识，并基本掌握本课程的基本概念、基本方法，了解学科的新发展；得比较宽广和巩固的热量传递规律的基础知识，具备分析工程传热问题的基本能力，掌握计算工程传热问题的基本方法，并具有相应的计算能力及实验技能；同时能培养学生的知识迁移能力、实践动手能力，激发学生学习专业课的热情与积极性，为以后的研究和工作打好基础。

【主要内容】热量传递的基本方式，导热基本定律，平板、圆筒壁及肋壁的稳态导热，非稳态导热的基本概念及集总参数法，对流换热的基本概念、相似原理，凝结及沸腾换热计算、影响因素及强化换热的方法，辐射基本定律及物体辐射特性、辐射换热计算，传热过程分析计算及换热器的设计计算。

9. 工程热力学

针对本课程技术基础课和学生已有知识的特点，正确理解基本概念和基本规律，并能正确运用这些规律，理论联系实际地进行热力过程、热力循环的分析和热力计算；并结合国际上能源领域中的节能和控制环境污染的形势，让学生不仅在能量的数量上而且在质量上树立起节能的新概念；掌握和了解热力过程中各种能量的相互转化和有效利用，并能正确运用热力学原理分析和解决能源生产中有关能量转换、相变等实际问题的能力。为学生后继专业课程的学习，提供必要的工程热力学基础理论知识和热力计算基本方法。

【主要内容】热力学第一定律、理想气体性质、理想气体热力过程、热力学第二定律、水蒸气、气体和蒸气的流动、湿空气、热力循环与热工设备简介。

10. 新能源概论

本课程的主要内容，介绍新能源的概念，各种新能源技术的应用原理、应用现状以及研究进展，课程涉及的新能源技术包括太阳能、风能、生物质能、核能、燃料电池以及新能源汽车等新能源技术。本课程的目的是拓宽应用物理专业学生的知识面，了解应用物理的前沿领域，是物理理论和应用结合的课程，为学生的工程实践和进一步科研训练奠定基础。

【主要内容】能源利用综述、太阳能利用技术、风能利用技术、生物质能利用技术、海洋能与地热能、氢能与燃料电池技术、核能发电技术、可燃冰、温差能和盐差能等利用技术。

11. 燃烧污染物控制技术

通过本课程的学习，系统地掌握燃烧污染物控制的基本原理、基本技术及研究现状，侧重对各燃烧污染物控制技术的研究进展方面进行一些学习和探讨，旨在提高学生对节能减排的认识和理解。

【主要内容】能源供给、消耗的主要形式，火力发电对大气环境质量的影响，大气结构与污染物扩散，大气污染物排放标准，NO_x、SO_x 生成机理，污染物控制与防治，CO_2 的捕集与封存技术，小颗粒的脱除技术。

12. 普通物理实验

本课程是学生进行科学实验基本训练的一门独立的、必修的基础课程，是学生进入大学后受到系统实验方法和实验技能训练的开端，是对学生进行科学实验训练的重要手段。

【主要内容】基础性实验：主要为基本物理量的测量，基本实验仪器的使用，基本实验技能的训练，内容以力学、热学、电磁学、光学为主，作为大学物理实验入门的实验。

综合性实验：力学、热学、电磁学、光学及近代物理的综合应用，培养学生综合思维、综合应用知识技术的能力。

设计性实验：学生在教师指导下自己设计实验方案来完成实验任务。从而培养学生的综合思维与创新能力。

开放性实验：学生可根据自己的设想选做有兴趣的物理实验。

通过该课程教学，使大学生系统掌握物理实验的基本知识，基本方法和技能，培养与提高学生科学实验能力，并为后继的专业实验课程打下良好的基础。

13. 近代物理实验

近代物理实验是继普通物理实验后的一门重要的基础实验课程，主要由在近代物理学发展中起过重要作用的著名实验，以及体现科学研究中不可缺少的现代实验技术的实验组成。它所涉及的物理知识面广，是理论课程学习与实践相结合的一门课程。

通过该课程的学习，能使学生受到著名物理学家的物理思想和探索精神的熏陶，激发学生的探索、创新精神。通过这些实验的训练，学生可进一步了解近代物理的基本原理，学习科学实验的方法、科学仪器的使用和典型的现代实验技术，进一步培养学生严谨的科学作风、从事科学研究的基本能力和综合素质。

【主要内容】光电效应测普朗克常数、弗兰克-赫兹实验、氢原子光谱的同位素移位、半导体变温霍尔效应、巨磁阻材料的磁阻效应、光速测量仪的研究与内容拓展、超声光栅仪的研究与内容拓展。

14. 能源电子技术实验

掌握电工仪表的使用与测量误差的计算；掌握电路元件伏安特性的测量；了解直流电路中电位、电压的关系；理解基尔霍夫定律、叠加定理；研究掌握戴维南定理和诺顿定理、电压源与电流源的等效变换；研究分析受控源；掌握 RC 一阶电路的动态过程、二阶动态电路响应、RLC 元件在正弦电路中的特性、RLC 串联谐振电路、双口网络、RC 选频网络特性测试。了解 Proteus 电路仿真软件使用、电路仿真；学习掌握电路焊接。

【主要内容】场效应管放大器、两级放大电路、负反馈放大电路、差动放大电路、比例求和运算电路、积分与微分电路、波形发生电路、有源滤波器、电压比较器、集成电路 RC 正弦波振荡、模电电路设计与制作、模电电路仿真实验、门电路电参数的测试、集成计数器及寄存器等。

15. 能源技术实验

本课程是新能源方向的选修实验课。本课程的目的是通过实验教学，加深学生对能源和动力理论知识的理解和掌握，培养学生的实际动手能力和分析解决问题的能力，掌握基本的能源利用中的实验测试方法和手段，扩大学生知识面，培养节能意识，掌握节能技术，重视节能环保问题，提高科学素质。

【主要内容】流体动力系列实验：雷诺实验，不可压缩流体恒定流动总流伯努利方程实验，沿程阻力系数测定实验，阀门局部阻力系数的测定，文丘里流量计的测定实验，毕托管测定速实验，突然扩大和突然压缩阻力测定，弯头阻力实验。

雾化与换热系列实验：流体阻力实验装置搭建，空气流动状态演示实验，空气流动阻力性能测试实验，液体雾化输送系统安装与调试，液体雾化动态演示分析实验，液体雾化测试与分析实验，燃气灶温度测试分析实验，燃气灶烟气成分分析测试实验。

太阳能发电系列实验：太阳能光伏方阵的安装，光伏供电装置组装，光伏供电系统接线，光线传感器，光源跟踪系统设计，太阳能日照特性测试，光伏电池的输出特性，蓄电池的充放电特性，风力发电机组装，侧风偏航装置组装，模拟风场测试，逆变器的参数测试，逆变器的负载安装与调试，风力机输出特性测试，发电系统控制程序设计，监控系统的通信。

燃料电池系列实验：燃料电池负载演示实验，燃料电池阻性负载实验，燃料电池感性负载演示实验，燃料电池与电子负载定电压模式实验，燃料电池与电子负载定电流模式实验，燃料电池与电子负载定功率模式实验，燃料电池与电子负载定电阻模式实验，手动控制燃料电池实验，燃料电池恒温模式实验。

4.4.6 本专业师资状况

本专业依托杭州电子科技大学能源研究所，通过引进与培养相结合，近年来形成了一支教学理念先进、结构优化、梯队合理、素质优良的教师队伍。该学科现有专职教师 18 人，其中教授 3 人，副教授 8 人，获得博士学位教师 10 人。教师中具有博士、硕士学位的占 70%以上；有高级职称的教师 11 名，占 74%；平均年龄 39 岁。学科背景有流体机械、热能工程、流体力学、材料工程等，充分体现了学科的交叉与整合。中青年教师中有 4 名教师曾在国外著名院校做访问学者，1 人正在国外进行博士后研究；教师队伍中有 1 人入选浙江省"151 人才工程"二层次，浙江省高校中青年学科带头人 1 人。目前在热流理论与热流机械 CFD、新型能源与污染物控制和能量利用系统与自动化等方向开展学生培养工作。

近 3 年该学科教师共发表学术论文 100 多篇， SCI、EI 收录论文近 50 篇，出版专著 2 本。在研国家自然科学基金 5 项，主持省部级科研项目 16 项。 获省部、厅级奖励多项。

4.5 光电信息科学与工程专业介绍

4.5.1 专业培养目标

1. 人才培养目标

本专业的基本理念是培养适应社会主义经济建设和社会发展需要，德、智、体、美全面发展，掌握光电子学及光学的学习方法，具备宽厚的理论基础，有较强实验能力和计算机应用能力，能在光电子、光电检测与显示、光学镜头设计、光通信及信息处理技术领域从事科研、科技开发和教学以及管理工作的高级专门人才。

光电信息科学与工程专业期待毕业生几年之内达到以下目标：

(1) 能设计高效的工程技术解决方案并有效地运用工程技术。

(2) 能在跨职能团队工作、进行交流并担任主要角色。

(3) 具有高尚的职业道德。

(4) 在与光学、光电子学或相关领域里成功就业或学习研究生课程。

(5) 通过继续教育或其他终身学习渠道增加知识和提升能力。

(6) 为当地的、本国的、全球的社区服务。

毕业生应获得以下几方面的能力：

(1) 具有人文社会科学素养、社会责任感和工程职业道德。

(2) 具有从事工程工作所需的相关数学、自然科学以及经济和管理知识。

(3) 掌握工程基础知识和本专业的基本理论知识，具有系统的工程实践学习经历；了解本专业的前沿发展现状和趋势。

(4) 具备设计和实施工程实验的能力，并能够对实验结果进行分析。

(5) 掌握基本的创新方法，具有追求创新的态度和意识；具有综合运用理论和技术手段设计系统和过程的能力，设计过程中能够综合考虑经济、环境、法律、安全、健康、伦理等制约因素。

(6) 掌握文献检索、资料查询及运用现代信息技术获取相关信息的基本方法。

(7) 了解与本专业相关的职业和行业的生产、设计、研究与开发、环境保护和可持续发展等方面的方针、政策和法律、法规，能正确认识工程对于客观世界和社会的影响。

(8) 具有一定的组织管理能力、表达能力和人际交往能力以及在团队中发挥作用的能力。

(9) 对终身学习有正确认识，具有不断学习和适应发展的能力。

(10) 具有国际视野和跨文化的交流、竞争与合作能力。

2. 培养模式

根据专业培养目标和培养要求，广泛征求同行专家、用人单位、学生的意见和建议，对本科人才培养方案进行多次修订，以期使之更能符合社会和经济发展对光电信息科学与工程专业人才的特定需求。其具体表现在：

(1) 培养方案的制订充分体现学校"鼓励创新、发展个性、讲究综合"的教育思想及"加强基础、重视实践、强化能力"的教学原则。加强光学、电学及计算机类主干课程教学，在确保物理基础的同时，注重光电和计算机类课程的基本知识及其应用能力。

(2) 专业方向的设置坚持复合型、创新型应用人才的培养目标。目前本专业设置了两个方向：光电信息技术模块和光通信技术模块。

(3) 在课程设置上更加注重学生思想道德素质以及人文素质教育，增加了人文社科类、经济管理类、艺术类通识课，突出学生人文素质的培养。

(4) 强化了实践教学环节，致力创建"多层次、立体化、个性化"实践教学体系，充分注重理论和实践相结合，注重课内课外相结合，培养学生综合应用知识的能力、分析问题和解决问题的能力以及创新能力。

4.5.2　课程设计思路及原则

光电信息科学与工程专业课程体系设计充分体现"鼓励创新、发展个性、讲究综合"

的教育思想及"加强基础、重视实践、强化能力"的教学原则，主要包括公共基础课、学科基础课、专业课(包括专业核心课、专业模块课、专业选修课)、任意性选修课，通识课和实践教学等部分。课程体系既注重理论知识，又加强应用，有利于学生形成合理的知识结构；充分体现培养目标、学科性质和专业特点，适应经济建设与社会发展需要；专业课的设置充分考虑了学生的就业和考研需；任意性选修课为学生根据个人的偏好选择自己喜欢的课程创造了有利条件，有利于学生开阔眼界和了解某些学科发展的最新动态。实践教学致力创建"多层次、立体化、个性化"实践教学体系，充分注重理论和实践相结合，注重课内课外相结合，培养学生综合应用知识的能力、分析问题和解决问题的能力以及创新能力。

4.5.3　主干课程及地位

(1) 学科基础课(27 学分)：普通物理 1、普通物理 2、工程识图与计算机绘图基础、数理方法、电路分析、线性电子电路、电动力学、量子力学。

(2) 专业核心课(17 学分)：激光技术、信息光学基础、脉冲与数字电路、信号与系统、应用光学、单片机技术及应用。

根据国家教学指导委员会对本专业的指导意见，体现"强基础、宽口径、重实际、有侧重、创特色"的办学指导思想和学校复合型人才培养计划，本专业设置了光电信息技术模块方向和光通信技术模块。

(3) 光电信息技术模块必修课(17 学分)：光电检测与处理、Matlab 在物理数值计算中的应用、光电系统设计及电子线路 CAD、现代光学镜头设计、半导体物理与光电器件，光电显示技术。

(4) 光电信息技术模块建议选修课：数学建模、专业英语、光信息存储原理、现代光学制造技术。

(5) 光通信技术模块必修课(17 学分)：数字图像处理、现代通信原理、Matlab 在物理数值计算中的应用、光电系统设计及电子线路 CAD、光纤光学、光通信原理及技术、光通信系统设计。

(6) 光通信技术建议选修课：数学建模、专业英语、光通信工程。

(7) 实践环节(25 学分)：金工实习、C 语言课程设计、普通物理实验(1、2、3、4)、近代物理实验(1、2)、光电技术实验(1、2、3)、光电信息技术实验(1、2)、光电课程设计、毕业设计。

(8) 通识课：包括人文社科，经济管理，自然科学与工程技术，艺术四大类，本专业建议至少修读人文社科类 4 学分，经济管理类 4 学分和艺术类 2 学分。

4.5.4　核心课程内容简介

1. 信息光学

本课程是我校光电信息工程专业本科生的专业核心课程，也是较早纳入我校课堂教学模式改革计划的专业课程之一。平均每届教学班人数在 30 左右，属于小班化教学。课程针对"知识、能力和素养并重"的培养目标，引入研讨、实践等教学方法，确立动机激发和协助学习的教学策略。根据课堂教学模式改革计划的需要，凡是教学中涉及实践及课堂讨论学习环节均以分组形式进行，每小组人数为 3 人左右。同时，教学中所涉及的 MATLAB 编程以学生二年级的专业基础课"Matlab 在物理数值计算中的应用"为基础。课程所涉及的实验室教学项目以光电综合实验平台为依托，为教学活动的顺利开展提供了依据和保障。

本课程的主要任务是：使学生通过对本课程的学习，对该课程知识框架及其涵盖领域有一个初步的了解和认识；掌握本学科的基本概念、基本方法；了解学科的新发展；同时能培养学生的知识迁移能力、实践动手能力，激发学生学习专业课的热情与积极性，为以后的研究和工作打好基础。

【主要内容】线性系统分析、标量衍射理论、光学成像系统、光学全息、计算全息、莫尔现象及应用、光学信息处理(空间滤波)、波前调制、相干光学处理和信息光学研究新进展等基本内容。

2. 应用光学

光学系统广泛应用于多种传统和现代光机电系统中，计算机软件的发展为光学系统的设计提供了良好的平台，能够熟练地掌握光学系统的基本原理以及相关的设计理论，本课程也是针对本专业的本科学生进行这方面能力培养的课程。

本课程的主要任务是培养学生树立正确的物理思想，培养分析问题、解决问题的能力以及实践动手能力，为进一步深入学习和研究应用光学和其他相关课程的内容打下坚实的基础。掌握应用光学的基本概念和基础知识。掌握理想光学系统的基本知识，初步具备一般光学系统的计算能力。初步会使用软件进行数值模拟。培养学生运用标准、规范、手册、图册及网络信息等技术资料的能力。

[主要内容]　几何光学的基本定理、理想光学系统的基本特性、几种典型光学系统(放大镜、显微镜、望远镜)的基本特性、光学设计的基本概念。

3. 激光技术

本课程是我校光电信息科学与工程专业学生的一门专业核心课程。激光作为 20 世纪下半世纪一项重大发明而被世界各国列为几项重点发展先进技术之一。这期间不但发展了多种多样的激光器，形成了激光物理及技术等专门的新兴学科，而且激光技术在国民经济和科学技术研究中取得了广泛应用。

本课程的任务是使学生对激光物理与技术的基本概念、基本原理、基本方法能够有比较全面、系统的认识和正确理解，系统地掌握必要的激光物理与技术的知识，并具有应用所学的原理解决一些实际问题的初步能力。

【主要内容】激光基本原理，辐射场与物质的相互作用，介质对光的增益，增益饱和，激光阈值条件，固体激光器、气体激光器、液体激光器和半导体激光器的工作原理，光学谐振腔的基本理论，各种腔的解法以及模式特征，高斯光束的基本性质和特征参数，高斯光束传输规律，高斯光束的变换，调 Q 技术，电光调制技术，声光调制技术，锁模技术，选频、选模和稳频技术等。激光应用部分反映了激光在现代测量、加工、医学、信息等领域的应用以及激光在科技前沿问题中的应用等。

4. 单片机技术及应用

以目前国际流行的具有哈佛结构和片上系统(SOC)特点的中档 PICmicro 单片机为教学对象，讲授 PIC microchip 单片机的结构、工作原理和编程语言。另外单片机原理实验是单片机应用的重要实践，是了解单片机的组织结构，掌握单片机的工作原理和单片机接口的重要途径，也是对单片机应用进行充分开发的关键要结合所学的理论知识并通过实践，培养学生的研究能力、动手能力和分析解决问题的能力。

本课程的主要任务是：使学生了解认识单片机的基本概念与系统结构；使学生掌握中断概念，具有汇编语言的编程能力。培养分析问题、解决问题的能力以及实践动手能力，为进一步掌握仪器设计能力打下基础。具有查阅相关文献资料的能力。

【主要内容】 通过课程要学生达到的基本要求是了解哈佛结构单片机的特点及其优势；掌握 PICmicro 单片机汇编语言；掌握其片上外设的结构、功能和使用方法；通过实验介绍 PIC 单片机的开发工具和开发方法，掌握 MPLAB 和 ICD2 的使用，在试验中能够使用汇编语言合理控制片上系统的各个部件合理工作。并通过实验学会独立使用 PICmicro 单片机进行简单项目系统的设计开发。

5. 光电检测与处理

光电检测与处理是光电信息科学与工程专业学生专业课程模块中的一门核心课程，通过本课程的学习，学生理解光电转换与信号检测的物理机理，逐步掌握光电信号检测的基本规律、基础理论和一般技术，进而了解光电信号检测与处理的典型系统和关键技术。培养科学的物理学思想与研究方法。

本课程的主要任务是培养学生熟悉光电转换器件的物理机理、光电检测技术的基本原理和信号处理的基本方法；掌握光电信号检测系统的基本组成、原理、功能与技术参数，掌握匹配、放大、滤波与相关处理等基本技术；了解典型光电信号检测系统的基本原理与使用方法；具有查阅相关文献资料的能力；了解国内外在光电信号检测与处理等领域的发展动态和国家相关的技术经济政策。

【主要内容】介绍光电信号检测与处理技术，阐述光电检测基本原理、方法和系统结构，掌握光电检测系统中的常用光源和光电探测器件、光电检测系统的组成、特种光电器件及其应用和光导纤维传感器。熟悉或者掌握光电检测输入电路，弱光检测电路与运算放大器、锁相放大器、取样积分器，光电检测电路带宽和频率特性，光电检测系统噪声、抑制，前置放大。相位和时间测量法，光电测距，光纤传感在机械量测量和过程控制中的应用等。

6. 光电系统设计及电子电路 CAD

光电系统设计及电子电路 CAD 是光信息科学与技术工程专业的一门核心专业技术课。设置本课程的目的是让学员了解光电系统设计的规范和思路并进行 CAD 设计，学习和掌握利用 PROTEL 99 SE 设计电路原理图、生成网络表、设计单面与多层印制电路板的方法、实践步骤及操作技巧等，以及了解 EDA 发展现状和新趋势。

本课程的主要任务是培养学生学会必要的光电系统的构成，以及设计的规范和思路；了解 Protel 绘图环境、文件管理及环境变量的设置；熟练掌握 Protel 原理图设计基本步骤，学会电路原理图设计及绘制，了解网络表等各种原理图相关报表生成方法，学会使用元器件库编辑器制作元器件；针对实际问题，能设计绘制出一张完成电路原理图；掌握层次原理图的设计方法；了解 Protel 全新的文件管理方式和网络设计机制，结合原理图层次化设计思想，学会实现电路的高效设计方法，理解印制电路板的基本概念和设计基本原则；掌

握 Protel 印制电路板设计方法，学会电路原理图设计及绘制，了解印制电路板相关报表生
成方法，学会使用元器件库封装编辑器制作元器件封装；针对实际问题，能设计绘制出一
张完成印制电路图。具有查阅相关文献资料的能力。

7. 现代光学镜头设计

本课程是一门理论与实践相结合的专业课，主要讲授现代光学设计的基本方法、基本
步骤，并结合实例讲解典型光学系统的设计思路，最后利用 ZEMAX 进行上机实践。通过
本课程的学习，学生一方面要了解典型光学系统的各种结构型式及其应用领域，另一方面
还要完整掌握现代光学系统设计从初始结构选型、缩放焦距、更换玻璃到优化、评价、靠
模以及公差分析、输出图纸等全部过程。学完本课程，学生将具备初步的光学系统设计
能力。

【课程主要】介绍光学设计发展史、光学设计相关的几何光学知识。分析各类像差产
生的原因。介绍几何像差的曲线表示和像质评价。典型光学零件和系统外形尺寸计算。望
远镜、显微镜、目镜与照相物镜光学系统结构及其光学特性。

8. 光纤光学

本课程是光电信息科学与工程专业学生的专业课。光纤通信在现代信息科学技术中的
举足轻重地位已是有口皆碑，它的出现与迅速发展大大地改观了信息技术的面貌。当今世
界上光纤通信得到了广泛的应用，不仅陆地上使用，而且还铺设了许多跨越大洋大海的海
底光缆，可以毫不夸张地说，光缆现在已经包裹了整个地球。光纤通信已成为现代通信的
支柱、世界通信的骨干。用光缆代替传统使用的电缆，电信网的光缆化已是大势所趋。

本课程的主要任务是：通过对本课程的学习，对该课程知识框架及其涵盖领域有一个
初步的了解和认识；掌握本学科的基本概念、基本方法；了解学科的新发展；对其理论核
心基础的掌握和运用，在此基础上了解新技术的理论依据，掌握一些光纤通讯技术和光纤
传感器的原理和测试应用系统的思路、方法和手段，以使学生可以自己去扩展自己的知识
领域。

【主要内容】本课程以经典电磁场理论和近代光学为基础，系统论述了光纤光学的基
本原理、传输特性、设计方法、实现技术以及主要应用。具体内容包括：光纤光学的基本
概念、重要参数、光学及物化特性；光波在均匀光纤和渐变光纤中传输的光线理论和波动
理论；单模光纤的性质及分析方法；典型的光纤无源和有源器件分析与设计；光纤技术在
通信和传感领域的应用；典型的特种光纤及其应用；光纤光栅基础知识、基本理论以及典
型应用；光纤特征参数测量方法及应用；光纤非线性效应理论及其典型应用等。

9. 光通信原理及技术

光通信原理与技术是光电信息科学与工程专业学生专业课程模块中的一门核心课程，
通过本课程的学习，学生将掌握光纤通信的基本原理和光纤数字通信系统的组成，了解光
纤通信的未来与发展，为进一步学习现代光纤通信技术打下基础。本课程对培养学生综合
应用以前所掌握的光学和通信系统基本知识、模拟和数字通信基本知识等有良好的促进
作用。

本课程的主要任务是使学生了解认识光通信的基本概念与系统结构；使学生掌握光纤
通信的基本理论和基本知识，熟悉光纤通信系统的基本构成及功能特点，了解光纤通信在

现代信息网络中的应用，培养分析问题、解决问题的能力以及实践动手能力，为进一步深入学习和研究光纤通信和其他相关课程的内容打下坚实的基础。具有查阅相关文献资料的能力。

【主要内容】讲解了光纤通信技术方面的基本概念、原理及实用系统。基本内容包括光纤通信的基本概念及其特点、光纤的导光原理及其特性分析、常用的光纤通信器件介绍、光纤通信系统概述、光同步网和波分复用技术介绍等，最后对各种实用的光网络技术进行了详细的介绍。

10. 光通信系统设计

光通信系统设计课程是我校光电信息科学与工程专业中培养学生掌握光纤通信理论分析能力和软件模拟能力的一门专业限选课程，是学习光纤通信实验技术的必要补充。

本课程的主要任务是培养学生具有从事工程工作所需的相关数学、自然科学以及经济和管理知识；掌握工程基础知识和本专业的基本理论知识，具有系统的工程实践学习经历；了解本专业的前沿发展现状和趋势；具备设计和实施模拟实验的能力，并能够对实验结果进行分析。

【课程内容】分两个部分，第一部分教授 OptiSystem 软件编程方法，第二部分教授光通信系统模拟方法，包括：光源调制仿真、光接收机仿真、模拟光纤通信系统仿真、数值光纤通信系统仿真、光纤放大器仿真、光纤通信无源器件仿真、光通信网络仿真。学习该课程的先修课程包括：通信原理、信号与系统、光纤光学、Matlab 在物理数值计算中的应用。

11. Matlab 在物理数值计算中的应用

Matlab 在物理数值计算中的应用课程是我校光电信息科学与工程专业课程体系中培养学生基础数值计算能力和 Matlab 编程能力的课程，是学习光电信息类课程中数值分析的重要手段和毕业设计的必备基础。

本课程的主要任务是使学生掌握 Matlab 软件的基本编程能力和编程技巧，学会使用 Matlab 作为后续理工类课程的工具。使学生掌握基本的数值计算方法，掌握有关的矩阵分析、数据分析、数值微积分和常微分方程数值解法 Matlab 命令及其使用方法。使学生了解数值分析方法在物理数值计算中的应用，初步获得使用 Matlab 解决简单物理数值问题的能力。

【课程内容】第一部分教授 Matlab 语言，包括：Matlab 的矩阵数据结构、输入输出语句、分支语句、数据可视化方法。第二部分教授基本的数值计算方法及相关的 Matlab 函数，包括：数值微积分、实验数据插值和拟合、线性方程组求解、常微分方程数值求解。第三部分教授 Matlab 处理物理数值计算问题方法，包括：力学问题、振动与波动问题、波动光学问题、热力学与统计力学问题、近代物理问题、物理实验的仿真模拟。

12. 光电显示技术

本课程是光信息科学与技术专业光电子方向的一门专业限选课，是一门新兴的综合性交叉学科，它已经成为现代信息科学的一个极为重要的组成部分。

本课程的主要任务是使学生了解光电显示在信息科学领域的意义；使学生掌握各种光电显示技术的工作原理、技术特点及主要性能，培养学生跟踪和掌握国内外光电显示领域的新理论、新技术的能力，拓展学生在光电显示领域的视野，为今后在光电显示技术领域从事研究和开发工作打下一定的基础。

【课程内容】了解现代光电显示技术的技术现状、技术特点和发展趋势，掌握阴极射线管显示技术、液晶显示技术、等离子体显示技术、发光二极管显示技术、激光显示技术等各种显示技术的工作原理及在不同领域的典型应用。

13. 光信息存储原理

本课程是光信息科学与技术专业光电子方向的一门专业限选课，是一门新兴的综合性交叉学科，它已经成为现代信息科学的一个极为重要的组成部分。

本课程的主要任务是使学生了解光信息存储技术在信息科学领域的意义；使学生掌握不同类型的光信息存储技术的工作原理、技术特点及主要性能，培养学生跟踪和掌握国内外光信息存储领域的新理论、新技术的能力，拓展学生在光信息存储领域的视野，为今后在光信息存储领域从事研究和开发工作打下一定的基础。

【主要内容】本课程分为概论篇、光盘存储篇、全息存储篇和进展篇，主要介绍光信息存储的两种技术：数字光盘存储技术和全息存储技术的基本原理，技术特点和发展前景及光信息存储的一些新进展。

14. 专业英语

专业英语是一种用英语阐述相关专业中的理论、技术、实验和现象等的英语体系，它在词汇、语法和文体诸方面都有自己的特点，从而形成一门专门学科。本课程以专业物理英语为主要研究对象，是在学习了大学英语的基础上，进一步学习与专业有关的科技英语阅读、翻译及简单写作方面的课程，研究专业英语的构词特点、语法特点、逻辑特点和文体特点。

本课程的主要任务是培养学生对专业语言的理解能力和应用能力；让学生承担专业阅读必需的基本技能和知识，使学生能够以英语为工具获取专业科技知识及其他与专业有关的信息；帮助学生掌握科技英语翻译习惯和科技英语写作一般规律；训练缜密而简洁的文字表达能力，培养严密的逻辑性。

【主要内容】常用专业词汇、专业英语语法、专业英语阅读、专业英语翻译和专业英语写作。

15. 量子力学

量子力学是近代物理学的两大支柱之一，是描述微观世界运动规律的基本理论。凡是实际涉及微观粒子(比如原子、分子、电子等)的各门学科及新兴技术，都必须掌握量子力学。量子力学作为电子科学与技术专业的专业基础课，不仅可以培养学生扎实的物理基本功，同时又能够为固体物理和半导体物理等后继课程的学习做好准备。

本课程的主要任务是使学生熟悉量子理论的物理图像，掌握基本概念。使学生能运用相应的数学方法求解简单的量子体系问题(如一维问题、中心力场、电磁场中粒子的运动、量子跃迁等)。使学生为后继的专业课程学习打下坚实的量子物理基础。具有查阅相关文献资料的能力。

【课程内容】量子力学的基本原理和方法，包括量子力学的实验基础、基本原理、方法以及一些基本的量子力学例子。基本内容包括波函数和 Schrodinger 方程，一维势场中的粒子，力学量用算符表达，力学量随时间的演化与对称性，中心力场，电磁场中粒子的运动，自旋，微扰论等。

另外还有普通物理学、电动力学、数理方法、电路分析、线性电子电路、脉冲与数字电路、信号与系统也是本专业的核心课程，课程内容不再一一介绍。

4.5.5　本专业师资状况

本专业有一支治学严谨、学术造诣深、职称、年龄、学历结构合理、教学水平高的师资队伍。现有任课教师 27 人，其中教授 5 人，副教授 9 人，高级实验师 2 人，具有博士学位 18 人。他(她)们分别毕业于浙江大学，中国科技大学，西安科技大学，上海大学等重点院校。这些教师除承担专业课的教学任务外，还从事全校其他专业公共数学课的教学工作，大部分教师讲授过多门课程，年终考核成绩均为优良以上。整个教学队伍热爱教育事业，具有很强的敬业精神和团结协作精神，近些年来，我们通过优惠政策引进教师，使得师资队伍的职称、年龄、学历结构日趋合理，教师的科研水平、教学水平逐年提高。近 5 年来，教师承担、参与国家、省级自然科学基金项目 14 项，发表论文 28 篇，其中，SCI 收录 24 篇，浙江省"151"第二、三层次人才 1 人，浙江省高校青年年教师资助计划 1 人，大部分教师具有国外访学经历；承担校级教改项目 5 项，高教教学研究改革项目 4 项，出版专著 1 部，主编或参编过各种教材 4 部。

第 5 章　相关专业与考研方向

5.1　数学类专业的相关专业与考研方向

马克思认为："一门科学只有在成功地运用数学时，才算达到了真正完善的地步。"恩格斯也说过，"任何一门科学的真正完善在于数学工具的广泛应用。"从这个意义上说，几乎所有理工类专业都可以认为是数学类专业的相关专业。因此，数学系本科毕业生考研时，不但可以报考数学类专业，而且可以报考其他任何在研究生入学考试中要求考高等数学的专业。有一个更加利好的消息是，数学系本科生因为其良好的数学基础而备受相关专业导师的青睐。正因为如此，有意深造的高中毕业生，往往选择数学作为自己的专业，在报考研究生的时候，再转换到自己喜欢的专业。

我国学科目录分为学科门类、一级学科(本科教育中称为"专业类"，下同)和二级学科(本科专业目录中为"专业"，下同)三级。2011 年颁布的《学位授予和人才培养学科目录》将学科分为哲学、经济学、法学、教育学、文学、历史学、理学、工学、农学、医学、军事学、管理学和艺术学等 13 大门类，每个大门类下设若干一级学科，如理学门类下设数学、物理、化学等 12 个一级学科；一级学科再下设若干二级学科，如数学下设基础数学、计算数学、概率论与数理统计、应用数学、运筹学与控制论等 5 个二级学科。大部分学校在招收研究生的时候，要求考生的报考志愿具体到二级学科，调剂的时候只能在一级学科范围内调剂。

研究生入学考试一般需要考 4 个科目，在绝大部分情况下，科目 1 是思想政治理论，科目 2 是外语(大部分为英语)。经济学、理学、工学、管理学等学科门类下的各专业的科目 3 是数学，农学类专业也有要求考数学的，例如，浙江大学农学类专业的考试科目三是选考数学(农)或化学(农)。科目 4 报考本专业的基础课。数学系的本科毕业生在科目 3 有较大优势，跨专业报考时只需把主要精力放在科目 4。

在报考研究生时，除了选择专业外，选择报考学校也是非常重要的。与高考不同的是，许多研究院(所)也招收研究生，特别是中国科学院、中国社会科学院等国家级研究院，在研究生培养方面有非常雄厚的实力。当然，高校依然是研究生培养的主力军。目前我国的高校大致可以分为入选 985 工程的高校、入选 211 工程的高校、一般院校三个层次，虽然每个层次的高校水平也参差不齐，但这种分类方法至少在目前还具有很高的社会认同度。另外，在一个学校内部，不同学科的水平差异也相当大。那么，如何判断某校某学科的学术水平呢？该校该学科是否为国家重点学科(或省部级重点学科)是一个重要的参考指标。

国家重点学科是根据国家发展战略与重大需求，择优确定并重点建设的培养创新人才、开展科学研究的重要基地，在高等教育学科体系中居于骨干和引领地位，充分体现全国各高校科学研究和人才培养的实力和水平。到 2007 年为止，我国共组织了三次评选工作，最近一次评选出 286 个一级学科国家重点学科、677 个二级学科国家重点学科、217 个国家重点(培育)学科，其中一级国家重点学科所覆盖的二级学科均为国家重点学科。根据国务院《关于取消和下放一批行政审批项目的决定》(国发〔2014〕5 号)，教育部的国家重点学科审批已被取消。但是，该校在该学科是否是国家重点学科还是可以作为我们选择考研目标学校和专业的一个重要参考。

本节我们先介绍数学类的考研方向，然后选择工学门类、经济学门类和军事学门类中与数学联系特别密切的专业予以介绍。

5.1.1　数学类专业的考研方向

北京大学、清华大学、北京师范大学、南开大学、吉林大学、复旦大学、南京大学、浙江大学、中国科学技术大学、山东大学、四川大学的数学一级学科是国家重点学科，所以这些高校在数学学科有较强的实力。数学一级学科下设各二级学科的研究生入学考试科目一般包括数学分析、高等代数和解析几何等。

下面我们分别介绍基础数学、计算数学、概率论与数理统计、应用数学、运筹学与控制论等 5 个二级学科。

1．基础数学

基础数学也叫纯粹数学，专门研究数学本身的内部规律。纯粹数学的一个显著特点是暂时撇开具体内容，以纯粹形式研究事物的数量关系和空间形式。它包含了诸多的研究方向和新的、有活力的交叉学科研究方向。基础数学研究方向一般有代数、数论与代数几何、微分几何、拓扑、调和分析、复分析、几何分析、常微分方程、动力系统、数学物理、偏微分方程及其应用等。

基础数学专业的研究生具有比较扎实宽广的数学基础，并在某一子学科受到一定的研究训练，有较系统的专业知识，初步具有独立进行理论研究的能力或运用数学知识解决实际问题的能力，在某个专业方向上做出过有理论或实践意义的成果，能在科技教育和经济部门从事研究、教学工作或在制造业生产经营及管理部门从事实际应用开发研究和管理工作。对该专业的毕业生而言，IT 业职员、商务人员、中小学教师也是不错的就业选择。

首都师范大学、华东师范大学、厦门大学、武汉大学、中山大学的基础数学二级学科是国家重点学科。

2．计算数学

计算数学也叫数值计算方法或数值分析。计算数学是研究如何用计算机解决各种数学问题的科学，它的核心是提出和研究求解各种数学问题的高效而稳定的算法。

计算数学专业主要培养具有良好的数学基础和数学思维能力，掌握信息与计算科学的基本理论、方法和技能，受到科学研究的训练，能解决信息处理和科学与工程计算中的实际问题的高级专门人才。该专业硕士学位获得者应掌握计算数学的基本内容、基本理论与基本方法，了解本学科的最新进展与动向，能熟练运用计算机，能够熟练掌握常用的高级计算机语言及有关数学软件，并进行数值模拟和数值计算，能够利用计算机网络资源进行信息采集和交流。

　　随着国家经济建设的发展，大专院校、科研院所、经济金融业、政府信息中心对计算数学研究生的需求量会越来越大，本专业就业前景较好。本专业学生毕业后可到学校、科研机构、高新技术企业、金融、电信等部门从事数学研究与教育、图形图像及信号处理、自动控制、统计分析、信息管理、科学计算和计算机应用等工作。

　　西安交通大学、大连理工大学、湘潭大学的计算数学二级学科是国家重点学科。

3. 概率论与数理统计

　　概率论研究随机现象的统计规律性，数理统计则以概率论为理论基础，根据实验或观察得到的数据，对研究对象的客观规律性作出合理的估计和科学的推断。其研究方向有随机过程、随机过程在金融保险中的应用、数量金融与风险投资、实验设计、多元分析、应用统计、统计质量控制等。

　　概率论与数理统计专业的特色在于能紧紧抓住本学科国际研究前沿中的重要方向和课题，针对工农业生产、国民经济和社会发展的实际需要而不断拓宽、更新研究领域，并注重统计的模拟与计算。在我国金融改革、开放、发展力度不断加大的背景下，为适应现代市场经济，培养迫切需要的高素质复合型金融、贸易、保险精算和统计人才。所以本专业有相当好的就业前景。

　　中南大学的概率论与数理统计二级学科是国家重点学科。

4. 应用数学

　　应用数学是应用目的明确的数学理论和方法的总称，研究如何应用数学知识到其他范畴的数学分支。其研究方向有计算几何、应用偏微分方程、工业应用数学、神经网络的数学方法与应用、非线性科学等。

　　本专业研究生应掌握现代应用数学方面的基础理论知识，熟悉本学科理论及应用方面的研究现状和发展趋势，掌握计算机综合应用能力，具备进行应用数学理论的某些领域或数学建模或大型科学计算的科学研究能力和良好的科学作风。

　　应用数学专业属于基础专业，是其他相关专业的"母专业"。无论是进行科研数据分析、软件开发、三维动画制作还是从事金融保险、国际经济与贸易、工商管理、化工制药、通信工程、建筑设计等，都离不开相关的数学专业知识。又由于应用数学专业与其他相关专业联系紧密，以它为依托的相近专业可供选择的比较多，重新择业改行也容易得多，所以本专业的就业前景也不错。

　　本专业的毕业生主要到科技、教育和经济部门从事研究、教学工作或在生产经营及管理部门从事实际应用、开发研究和管理工作。

　　新疆大学的应用数学二级学科是国家重点学科。

5. 运筹学与控制论

　　运筹学与控制论以数学和计算机为主要工具，从系统和信息处理的观点出发，研究解决社会、经济、金融、军事、生产管理、计划决策等各种系统的建模、分析、规划、设计、控制及优化问题。本学科所研究的问题是从众多的可行方案中优选某些目标最优的方案，在社会与经济生活的合理规划、最优设计、最优控制和科学管理中起着十分重要的作用，在自然科学、社会经济中有广泛的应用。

　　运筹学以整体最优为目标，从系统的观点出发，力图以整个系统最佳的方式来解决该系统各部门之间的利害冲突，对所研究的问题求出最优解，寻求最佳的行动方案，因此它也可看成是一门优化技术，提供的是解决各类问题的优化方法。运筹学已被广泛应用于工商企业、军事部门、民政事业部门等，以研究组织内的统筹协调问题，故其应用不受行业、部门的限制。

随着自动化水平的不断提高，控制系统本身也日渐复杂，系统中的控制变量也随之增多，对控制性能的要求也逐步提高，很多情况都要求系统的性能是最优的，如时间最短、误差最小、燃料最省、产量最高、成本最低、效益最大等，而且要求对环境的变化有较强的适应能力，但现在所依据的稳定性、快速性和准确性等设计指标难以满足新的控制要求。因此，现在社会对控制人才的要求也越来越高，该专业的毕业生就业前景也很好。

学生毕业后能在科研、教育等部门从事学术研究、技术管理、教学工作，以及在生产、设计、开发等企事业单位从事应用技术研究和管理决策等工作。

5.1.2　与数学联系较为密切的工学门类专业的考研方向

工学门类各专业对数学要求较高，其研究生入学考试的科目 3 一般是数学 I，所以工学门类的导师比较欢迎数学基础较好的学生。下述专业与数学类关系特别密切。

1．大地测量学与测量工程

大地测量学与测量工程是测绘科学与技术一级学科所属的二级学科。它既是一门测绘科学与技术的基础学科，又是一门工程应用学科。其研究方向包括现代测量数据处理的理论与方法、大型工程精密测量、卫星大地测量与应用、地壳形变监测与大地测量反演、组合导航与应用、工业测量等。

大地测量学与测量工程是一门实用性很强的学科，毕业生的社会需求量大，所以就业前景非常好。本专业毕业生主要到国民经济各部门，在国家基础测绘建设、陆海空运载工具导航与管理、城市和工程建设、矿产资源勘查与开发、国土资源调查与管理等测量工程、地图与地理信息系统的设计、实施和研究、环境保护与灾害预防及地球动力学等领域从事研究、管理、教学等方面的工作。

武汉大学和解放军信息工程大学的测绘科学与技术一级学科是国家重点学科。同济大学的大地测量学与测量工程二级学科是国家重点学科。

2．计算机应用技术

计算机应用技术是计算机科学与技术一级学科所属的二级学科，也是一个应用十分广泛的专业，它以计算机基本理论为基础，突出计算机和网络的实际应用。

计算机的应用极为广泛，在它应用的每一个学科中都已经诞生并继续诞生着新的学科和专业。同时，在计算机的应用中又快速产生着新的专业，像比较时兴的电子商务专业、信息安全专业、办公自动化专业等都有着良好发展势头和前景。

北京大学、清华大学、北京航空航天大学、哈尔滨工业大学、上海交通大学、南京大学、国防科技大学的计算机科学与技术一级学科是国家重点学科。东北大学、东南大学、浙江大学、安徽大学、四川大学、西北工业大学的计算机应用技术二级学科是国家重点学科。

3．控制理论与控制工程

控制理论与控制工程是控制科学与工程一级学科所属的二级学科，主要研究方向有先进控制理论及应用、机器人与智能控制等。它以工程领域内的控制系统为主要研究对象，采用现代数学方法和计算机技术、电子与通信技术、测量技术等，研究系统的建模、分析、控制、设计和实现的理论、方法和技术。

控制理论是自动化技术的基础理论，也是现代科学技术中发展最快的学科之一。近年来也在不断开辟着新的研究领域与应用范围，如智能控制、人工神经网络、模糊控制、非线性系统及其控制、生物信息学等。控制理论与控制工程始终站在经济建设和技术革命的前沿，直接推动工农业的自动化和现代化进程。可见，该专业逐渐渗透到生活的各个领域，从而也为广大毕业生提供了更多的就业机会。

清华大学、西安交通大学、北京航空航天大学、东北大学、哈尔滨工业大学、上海交通大学、浙江大学、华中科技大学、国防科技大学的控制科学与工程一级学科是国家重点学科。北京理工大学、同济大学、华东理工大学、东南大学、山东大学、湖南大学、中南大学、西北工业大学的控制理论与控制工程二级学科是国家重点学科。

4．模式识别与智能系统

模式识别与智能系统也是控制科学与工程一级学科所属的二级学科。它是在信号处理、人工智能、控制论、计算机技术等学科基础上发展起来的新型学科。该学科以各种传感器为信息源，以信息处理与模式识别的理论技术为核心，以数学方法与计算机为主要工具，探索对各种媒体信息进行处理、分类、理解并在此基础上构造具有某些智能特性的系统或装置的方法、途径与实现，以提高系统性能。其主要研究方向有模式识别及图像处理、智能控制与机器人、图像处理及图像数据库系统、数据挖掘与决策支持系统等。

本学科毕业生主要在大、中、小型企业，科技部门，高等院校，金融、电信，政府机关等各行业从事自动化和系统工程相关的科研、开发、设计、研制、生产与管理等工作。

天津大学的模式识别与智能系统二级学科是国家重点学科。

5．飞行器设计

飞行器设计是航空宇航科学与技术一级学科所属的二级学科。其主要研究方向有飞行器总体设计(含直升机、轻型飞机和微小型飞行器)、飞行器结构设计及 CAD、气动弹性数字化设计与主动控制、航空器飞行动力学与控制、航空器飞行安全等。

我国飞行器可供开发的空间很大，许多应该用到飞行器的民用领域目前还未开发利用，在私人使用上也几乎是空白。因此，飞行器设计专业的人才将会是我国将来急需的人才，此专业以后的就业前景是相当不错的。本专业毕业生就业部门主要是国防工业企事业单位、研究所、设计院、高校等部门，主要从事飞行器(包括航天器与运载器)总体设计、结构设计与研究、结构强度分析与试验、通用机械设计及制造的工作。

北京航空航天大学、南京航空航天大学、西北工业大学的航空宇航科学与技术一级学科是国家重点学科。哈尔滨工业大学的飞行器设计二级学科是国家重点学科。

5.1.3　与数学联系较为密切的经济学门类专业的考研方向

经济学门类各专业对数学要求也较高，其研究生入学考试的科目一般是数学Ⅲ。高水平的经济学类专业人士是高薪金领阶层，也经常被大企业重金挖角。经济学类的高薪职业有特许金融分析师、特许财富管理师、基金经理、精算师、证券经纪人、股票分析师等。

经济学门类下列专业与数学关系特别密切。

1．数量经济学

数量经济学是应用经济学一级学科所属的二级学科。它结合经济学、数学、统计学和计算机技术，研究数量经济理论与方法，探讨各种经济数量关系及其发展变化的规律，进行经济活动分析、预测和政策分析，并为决策服务。其主要研究方向有：数理经济学理论与方法，经济计量学理论和方法以及经济计量模型的建立使用，投入产出分析的理论与方法，经济系统优化理论与方法，经济监测、预测和决策，经济系统的计算机模拟与试验，数量经济学的历史与发展，经济核算理论与方法以及它与邻近学科的关系等。

中国人民大学、中央财经大学、南开大学、厦门大学的应用经济学一级学科是国家重点学科，清华大学、吉林大学、华侨大学的数量经济学二级学科是国家重点学科。

2．统计学

统计学也是应用经济学一级学科所属的二级学科。它主要分为一般统计和经济统计两类专业方向。一般统计主要是对统计学的基本理论和方法进行研究；经济统计则是科学地调查、搜集经济信息以及描述、分析经济数据并对社会经济运行过程进行预测、监督的一门科学。统计学可以帮助生产者认识市场、认识自身，也能帮助各级管理部门依据现行经济规律进行宏观决策、调控、监测，以实现社会经济良性运行。总之，统计学已越来越深入地渗透到我们生活的各个方面，成为各行各业分析和解决问题的重要工具和手段。毕业生主要到企业、事业单位和经济、管理部门从事统计调查、统计信息管理、数量分析等开发、应用和管理工作，或在科研、教育部门从事研究和教学工作，就业前景非常好。

天津财经大学、西南财经大学的统计学二级学科是国家重点学科。

3．金融学

金融学也是应用经济学一级学科所属的二级学科。其主要研究方向有证券投资及金融产品开发、金融市场、保险与风险管理、国际金融理论与实务等。虽然金融人才需求旺盛，但进入这个行业的门槛正在水涨船高。金融人才招聘会上，各公司对学历的要求越来越高，比较好的金融机构，几乎都要求硕士以上学历、名校毕业，甚至要海归。从当前的金融学科专业分布来看，比较有发展前景的专业方向有：公司财务、风险管理与控制、金融工程、金融市场、保险精算、证券投资等。

辽宁大学、复旦大学、武汉大学、中南财经政法大学、暨南大学、西南财经大学的金融学二级学科是国家重点学科。

5.1.4　与数学联系较为密切的军事学门类专业的考研方向

密码学是军队指挥学一级学科所属的二级学科，在全国高校布点极少。密码学的主要研究内容是密码的编制技术和破译技术。密码学中研究密码变化的客观规律，用于编制密码以保守通信秘密的称为编码学；而用于破译密码以获取通信情报的称为破译学。在密码学专业的研究生入学考试中，科目 3 一般是数学Ⅰ，科目 4 则为信号与系统、通信原理等，也可选考计算机科学与技术学科、应用数学专业的科目。其主要研究方向有密码设计与分析、密码应用技术、信息系统安全工程等。

密码学专业的主要就业部门有党、政、军管理部门；研究所及部队；金融等电子商务企业；IT 企业特别是通信产品开发企业及电信运营商；高等院校。本专业实力较强的高校有西安电子科技大学、国防科技大学、北京邮电大学、西安交通大学等。

5.1.5 数学类书刊、杂志、网站

1. 数学类网站

想进一步了解数学专业相关的知识的同学可以访问如下网站：

(1) 中国数学会(http://www.cms.org.cn/cms/index.htm)。

(2) 中国工业与应用数学学会(http://www.csiam.edu.cn/)。

(3) 美国数学会(http://www.ams.org/home/page)。

(4) 美国工业与应用数学学会(http://www.siam.org/)。

2. 数学类期刊

比较合适数学专业本科生阅读的期刊有《数学译林》。

《数学译林》是国内唯一的综合性数学译刊，其精选国际各类数学刊物中有关数学发展趋势与现状、数学教学、数学争鸣、数学史及人物传记的重要文章。《数学译林》于1980年创刊。

《数学译林》翻译英、日、法、德、俄等多种文字的资料，选题广泛，内容丰富。数学研究工作者、大学教师、中学教师、研究生、大学生、数学爱好者都能从本刊找到感兴趣和具有保存价值的文献资料。已开设的主要栏目有：

【综合报告】：世界著名数学家在各种会议、讨论班及杂志上发表的对某一学科或专题的综述性文章，从中可窥见世界数学研究的潮流。

【学科与专题介绍】：涉及数学中古老分支与新兴交叉学科或专题的现代研究内容及方法的进展简介，尽快反映数学家近期获得的重要研究成果。介绍重要数学分支和概念的萌发、形成与发展，对数学发展产生重大影响的事件，以及数学家集体的活动。

【人物与传记】：杰出数学家的奋斗之路、研究方法、治学态度及生平轶事，提供启迪思路的精神营养。

【数学争鸣】：选登数学家对数学本质、数学发展前景、数学教育改革等各种问题的见解与争论。读后能开阔眼界、活跃思想、耳目一新。

【数学教育】：各国各级数学教育历史、数学教育改革问题、外国数学博士资格考试试题等。

【数学小品】：为您展现数学宝库中那些晶莹的小宝石。

3. 书籍

比较合适数学专业本科生阅读的书籍有：

(1)《古今数学思想》，英文名为《Mathematical thought: from ancient to modern times》，其作者 M·克莱因是美国数学史家、数学教育家。本书一个较新的中译本由张理京、张锦炎、江泽涵等翻译，于2009年10月由上海科学技术出版社出版。《古今数学思想》在科学界乃至整个学术文化界都有广泛、持久的影响。

本书分为四册，第一册的内容有美索不达米亚的数学、埃及的数学、古典希腊数学的

产生等。第二册的内容有坐标几何、科学的数学化、微积分的创立、17世纪的数学、18世纪的微积分、无穷级数等内容。第三册全面论述了近代数学大部分分支的历史发展，着重论述了数学思想的古往今来，说明了数学的意义、各门数学之间以及数学和其他自然科学的关系。第四册的内容包括实数和超限数的基础、几何基础、19世纪的数学、实变函数论、积分方程、发散级数、抽象代数的出现、张量分析和微分几何、数学基础等。本书论述了从古代一直到20世纪头几十年中的重大数学创造和发展。更为难得的是，作者还论述了对数学本身的看法、不同时期中这种看法的改变以及数学家对于他们自己的成就的理解等。

(2)《什么是数学——对思想和方法的基本研究》既是为初学者也是为专家、既是为学生也是为教师、既是为哲学家也是为工程师而写的。它是一本世界著名的数学科普读物。书中搜集了许多经典的数学珍品，给出了数学世界的一组有趣的、深入浅出的图画，对整个数学领域中的基本概念与方法做了精深而生动的阐述。三位作者中，R·柯朗(Richard Courant)是20世纪杰出的数学家，哥廷根学派重要成员；H·罗宾(Herbert Robbins)是新泽西拉特杰斯大学的数理统计教授；I·斯图尔特(Ian Stewart)是沃里克大学的数学教授，并且是《上帝掷骰子吗——混沌之数学》一书的作者，他还在《科学美国人》杂志上主编《数学娱乐》专栏，他因促进科学为大众理解方面的杰出贡献在1995年获得了皇家协会的米凯勒法拉第奖章。

(3)《走向数学丛书》是20世纪90年代陆续出版的一套旨在让人们真正认识数学、了解数学、热爱数学、走向数学的丛书。该丛书主要面向大学生、研究生、广大数学爱好者以及对数学感兴趣的科技人员，通俗易懂。该丛书共有《数学与电脑》、《曲面的数学》、《滤波及其应用》、《拉姆塞理论》、《计算的复杂性》、《复数、复函数及其应用》、《波利亚计数定理》、《走出混沌》、《有限域》、《信息的度量及其应用》、《凸性》、《双曲几何》、《数学·计算·逻辑》、《绳圈的数学》、《浅论点集拓扑、曲面和微分拓扑》、《计算密码学》、《极小曲面》、《椭圆曲线》等18个分册。

(4)《数学文化小丛书(第1辑)(套装全10册)》精选对人类文明发展起过重要作用、在深化人类对世界的认识或推动人类对世界的改造方面有某种里程碑意义的主题，深入浅出地介绍数学文化的丰富内涵、数学发展史中的一些重要篇章以及一些著名数学家的历史功绩和优秀品质等内容，适于包括中学生在内的读者阅读，包括《人类怎样开始认识太阳系》、《牛顿·微积分·万有引力定律的发现》、《几何学在文明中所扮演的角色：纪念陈省身先生的辉煌几何人生》、《圆周率π漫话》、《黄金分割漫话》、《从赵爽弦图谈起》、《费马大定理的证明与启示》、《二战时期密码决战中的数学故事》、《数学中之类比：一种富有创造性的推理方法》、《连分数与历法》等10个分册。

5.2　应用物理学专业考研方向

5.2.1　各专业考研方向

1. 热能工程

热能工程是研究热能的释放、转换、传递以及合理利用的学科，它广泛应用于能源、动力、空间技术、化工、冶金、建筑、环境保护等各个领域。培养从事热能工程及工程热物理方面的研究、设计、运行管理、产品开发的高级工程技术人员。

2. 热力发动机

热力发动机专业主要研究高速旋转动力装置，包括蒸汽轮机、燃气轮机、涡喷与涡扇发动机、压缩机及风机等的设计、制造、运行、故障监测与诊断以及自动控制。为航空、航天、能源、船舶、石油化工、冶金、铁路及轻工等部门培养高级工程技术人才。毕业生主要从事发电设备与大型电站、航空与航天发动机、船舶发动机与系统动力设备研制、生产、运行等工作。

3. 流体机械及工程

流体机械及工程专业主要研究流体机械及其工作系统自动化，流体循环系统节能等，在水电水利、机械制造、交通运输、石油化工、工程机械、食品纺织、航天航空、舰船武备乃至市政设施、工民建筑等部门都有广泛的应用。

该专业方向包括流体机械及各类流体动力系统的设计、运行及其自动化管理、控制理论及工程应用等，培养从事叶片泵、水轮机、风机、液力、流体传动及控制、湍流控制、微尺度通道流动、粘弹性非牛顿流体力学等方面的研究、设计、制造、运行及产品开发和科学研究的高级工程技术人才。

4. 空调与制冷

空调与制冷专业主要研究制冷与低温技术。该技术广泛应用于能源、航天、航空、汽车、石油化工、食品与药品的生产、医疗设备与空调制冷设备的生产等领域。

本专业方向培养从事空调制冷工程与设备的设计、运行管理、产品开发和科学研究的高级工程技术人才。

5. 大气环境污染控制工程

大气环境污染控制工程专业主要研究大气环境保护理论和技术，应用于能源、动力、化工、冶金、市政等领域的大气环境保护事业。

该专业培养从事大气环境保护理论和技术研究、开发及从事环境管理和规划的高级工程技术人员。

5.2.2 本校能源装备工程硕士点

能源装备工程硕士点研究热流过程的传热、传质和化学反应理论，用实验和数值模拟方法开展热流过程的设计，研究污染物控制的材料和防治技术，研究热物性的检测，以达到能源的高效利用、污染物排放的有效控制。能源工程学科在以下几个主要方向上形成了鲜明特色和优势。

1. 热流理论与数值模拟

热流理论与数值模拟方向主要从事流动、传热、燃烧数学模型和数值模拟方法等方面的研究，突出强调复杂工业问题的数学模型和计算方法。该方向的研究内容有很强的科学和工程应用背景，并取得了重要的工程应用价值。近年来，课题组已在如下几个方面取得一定的成果：

(1) 热流理论、数值模拟和应用研究方面，对多相、化学反应、多场耦合的热流过程理论进行了全面的研究，如对浓淡煤粉燃烧器、煤粉锅炉 SNCR 脱硝、煤粉直接点火燃烧、汽车尾气多孔介质传热、多孔介质燃烧过程、颗粒声波团聚、声波制冷等进行了成功的数值模拟，浓淡煤粉燃烧器、煤粉锅炉 SNCR 脱销等部分成果进行了工业应用。

(2) 两相流 PDF 理论和数值模拟研究，从色噪声理论出发对两相湍流 PDF 理论作了进一步的研究。获得了小参数近似方法、扩维方法和统一色噪声方法的 PDF 模型，研究了湍流各向同性和各向异性的不同结果。提出了高维 PDF 输运方程的"有限分析/颗粒"计算方法，在该方向出版专著一部。

(3) 非线性动力学和软凝聚态物质的理论研究方面近年重点放在螺旋波和回卷波动力学特性及控制策略方面的研究，积累了大量的数值模拟程序和经验，在国际著名期刊上发表了大量论文。

2. 新型能源与污染物控制

本学科方向将针对能源与环境协调发展中的降低化石能源消耗、促进资源综合利用、提高能源利用效率、减少温室气体排放等热点问题，从新型能源及其相关材料的开发、化石能源利用效率的提高、能源使用过程中产生的污染物控制等方面开展工作，推进能源技术的进步。近年来，已在驻极体空气过滤材料的理论和应用、纳米核壳结构热电材料的开发、多空介质新型燃烧技术和 O_2/CO_2 煤粉燃烧及 NO_x 污染物排放控制等方面取得了显著的成果，具体包括：

(1) 在驻极体空气过滤材料的理论和应用研究中，提出了驻极体电荷主要来自"界面陷阱"的理论，并在该理论的指导下，实现了聚丙烯空气过滤材料熔喷成型过程中的驻极体导向晶相结构控制，获得了具有低流阻、高效率、除尘灭菌多功能及对微纳米级粒子突出捕获能力的聚丙烯空气过滤材料产业化生产技术。该系列成果已获发明专利 3 项、实用新型专利 1 项，并已在桐乡健民过滤材料有限公司实现了规模化生产，获得了 2010 年中国纺织工业协会科学技术进步奖二等奖。

(2) 在多孔介质新型燃烧技术方面，系统研究了气体燃烧的往复热循环多孔介质燃烧点火特性和"超焓燃烧"特性；通过液体燃料的多孔介质燃烧研究，为有一定热值的废液处理提供了有效的方法；多孔介质燃气燃烧的民用研究也在进行之中。

(3) 系统开展了煤粉燃烧过程中 NO_x、CO_2、二恶英等污染物的产生机理及控制方法研究，在 O_2/CO_2 煤粉燃烧及 NO_x 污染排放研究方面取得了多项创新性成果，出版专著一部。在国家基金自然科学基金的资助下，二恶英降解量子化学理论模拟及实验研究取得了实质性成果；SNCR 方法用于 NO_x 污染排放控制的研究已经在工业生产中推广应用。

3. 热物性光学检测

热物理检测与优化控制方向主要从事热物性光学非接触检测、光谱分析和光电传感方面的研究，特别在利用虚拟仪器检测热物理参数并进而优化热物理状态控制、光纤布拉格光栅测量热物理参数、废气的光谱成分检测、火焰成像与 3D 温度场分析及其在工程中的应用取得系列成果。

(1) 在光电检测方面，尤其是 CCD 器件制造、红外与远红外成像、成像系统与数据传输、处理、嵌入式应用和虚拟仪器上取得较多的科研成果，从事火焰分层成像、温度场无接触检测，并将技术移植到铸造和铁合金热加工的工艺质量控制、与加热燃烧有关的环境检测，提出了利用瑞利散射检测气溶胶的方法和技术，开发了单片机教学平台，团队在光栅光纤检测上已经开展了一系列的工作，目前在光纤检测、光纤高温检测上已有较长时间的经验积累，开展火工器材改良工作，在光、电、火工专业的结合上有一定的特色，相关工作已申请(及已获)实用新型专利各 9 项、发明专利 3 项。

(2) 在动力设备热物理监测方面，使用光纤光栅、CRAS、光学散射法和光纤光栅等多种测试方法，对汽轮机、风力机叶片等旋转机械、多相流系统进行测试方法研究，取得了大量的成果。基于 MEMS 的测试微尺度下流体流动与传热特性、微系统设计以及激光驱动方法的模拟和实验研究，获得国家基金的资助。

(3) 光谱分析和光学非接触检测上的研究方面，应用高灵敏度、高分辨激光光谱技术研究了多种激发态分子、自由基分子和分子离子的高分辨转动光谱，获得了此类瞬态分子的精细的转动结构，了解了分子内的微扰相互作用，大多结论处于国际先进水平，在国内外核心期刊发表相关学术论文多篇，获得了多项知识产权。研究成果对等离子体系、化学反应过程、燃烧过程的机理分析提供了重要依据。

5.3　光电信息科学与工程专业的相关专业与考研方向

5.3.1　"光电信息科学与工程"相关专业

根据教育部颁布的《普通高等学校本科专业目录(2012 年)》，光电信息科学与工程专业与表 5-1 中专业相关。

表 5-1　与"光电信息科学与工程"专业相关的专业

专业代码	专业名称	专业简介
070202	应用物理学	应用物理学专业培养能掌握物理学的基本理论与方法，以能源智能化为核心，具备较强的物理实验能力、电子技术应用能力与新能源技术应用能力，能在能源科学技术领域从事科研、科技开发和教学的高级专门人才
080301	测控技术与仪器	测控技术与仪器专业是信息科学技术的源头，是光学、精密机械、电子、电力、自动控制、信号处理、计算机与信息技术多学科互相渗透而形成的一门高新技术密集型综合学科，它的专业面广，小到生产过程自动控制，大到火箭卫星的发射及监控
080701	电子信息工程	电子信息工程是一门应用计算机等现代化技术进行电子信息控制和信息处理的学科，主要研究信息的获取与处理，电子设备与信息系统的设计、开发、应用和集成。电子信息工程已经涵盖了社会的诸多方面。电子信息工程专业是集现代电子技术、信息技术、通信技术于一体的专业
080702	电子科学与技术	电子科学与技术专业培养具备微电子、光电子、集成电路等领域宽厚理论基础、实验能力和专业知识，能在电子科学与技术及相关领域从事各种电子材料、器件、集成电路、电子系统、光电子系统的设计、制造、科技开发，以及科学研究、教学和生产管理工作的复合型专业人才

专业代码	专业名称	专业简介
080703	通信工程	通信工程专业是面向通信与信息行业、口径较宽、适应面较广的专业。本专业培养具备通信基础理论、掌握各种现代通信技术，能在信息通信领域从事科学研究、工程设计、设备制造、网络运营和技术管理，以及能在国民经济各领域从事与信息通信技术相关开发及应用的高级技术人才
080603T	光源与照明	光源与照明专业旨在培养具有良好光源与照明专业知识和创新能力，掌握照明用光源尤其是半导体照明材料、装备、工艺及照明控制工程相关的理论知识与技术，具备半导体照明产品的设计、开发、制造、智能化控制、工程设计与施工、产品检测、技术管理等领域的实际工作能力，能够在半导体照明行业及其相关的集成电路设计与制造公司、光电子整机企业等单位胜任微光电子产品的研发、设计、制造、工程应用和性能测试等工作的复合型高级工程技术人才

(1) 国内众多高校物理系都开办了应用物理学专业，其中大多数都设置了光电信息技术方向，所以光电信息科学与工程专业与应用物理学专业有很大的相似度，两专业的基础和方向也相近。

(2) 测控技术与仪器专业包含光学测量以及光电检测技术，与光电信息科学与工程专业的光学、光电课程一致。

(3) 电子信息工程专业的电子技术课程也是光电信息科学与工程专业基础课，两专业在电子技术课程上有很高的一致性。

(4) 电子科学与技术专业包含光电子技术，该专业重点培养光电子系统的设计、制造、科技开发，以及科学研究、教学和生产管理工作的复合型专业人才，因此与光电信息科学与工程专业在光电技术方向上有很高的相似度。

(5) 通信工程专业包含光通信技术，因此与光电信息科学与工程专业的光通信方向相似。

(6) 光源与照明专业包含照明用光源尤其是半导体照明材料、装备、工艺及照明控制工程相关的理论知识与技术，与光电信息科学与工程专业的光电显示技术相似。

5.3.2 "光电信息科学与工程"考研方向

"光电信息科学与工程"专业考研对应的主干学科是"光学工程"，代码为0803。

"光学工程"学科是根据1997年教育部颁布的《授予博士、硕士学位和培养研究生的学科专业目录》，将"仪器科学与技术"一级学科下的"光学仪器"二级学科、"兵器科学与技术"一级学科下的"军用光学"二级学科、"电子学与通信"一级学科下的"物理电子学与光电子学"二级学科中的"光电子学"部分合并共同组成"光学工程"一级学科(工学类，代码0803，其下未设二级学科)。其中"光学仪器"和"军用光学"学科分别在1981年和1984年首批和第2批拥有博士点学位授予权，1985年"光学仪器"学科被批准设立博士后流动站，1988年"光学仪器"和"军用光学"学科都拥有重点学科单位。

几十年来"光学工程"学科随着国家经济建设和国防建设的发展而不断地完善和提高，成为我国高等教育事业中培养高级专门人才、开展科技创新性研究的重要力量。根据国家经济建设对高级专门人才的需求、科技发展的趋势和国家财力的可能，2002 年教育部审核批准了高等学校重点学科，其中清华大学、北京理工大学、天津大学、浙江大学、华中科技大学、南开大学、国防科技大学和长春理工大学 8 个高校的"光学工程"学科被批准为国家级重点学科，共有 9 个光学工程相关实验室被列入国家重点实验室行列，6 个被列入教育部重点实验室行列。此外，中科院有 6 大光机所、国防科工委下属十大工业集团公司下属数十个与光电信息相关的专业实验室以及国防重点实验室，每年有超过千人进入各学校或实验室，从事"光电信息科学与工程"学科的学习和研究工作。

　　"光电信息科学与工程"专业还可报考光学、物理、电子信息、通信、计算机相关专业的研究生。

　　另外，本专业还可以报考如下专业的研究生：

(1) "物理学"学科下的"光学"（代码 070207）；

(2) "仪器科学与技术"学科下的"测试计量技术及仪器"（代码 080402）；

(3) "信息与通信工程"学科下的"通信与信息系统"（代码 081001）；

(4) "控制科学与工程"学科下的"检测技术与自动化装置"（代码 081102）。

第6章　数学建模绪论

随着科技进步和计算机的飞速发展，在生活实践中，运用数学的理论与方法解决各类实际问题已不仅仅局限于自然科学领域，而是遍及经济、生态、人口、社会、政治等各个领域。通常，运用数学的理论和方法解决任何一个实际问题，必须先根据有关条件建立相应的数学模型，然后根据数学模型进行求解、分析及编程计算，进而反映实际问题，求解实际问题。数学建模作为联系数学与实际问题的桥梁，是数学在各个领域广泛应用的媒介，是数学理论知识和应用能力共同提高的最佳结合点。在培养学生过程中，数学建模教学起到了启迪学生的创新意识和创新思维、培养综合素质和实践动手能力的作用，是培养创新型人才的一条重要途径。

6.1　数学建模教学与数学建模竞赛的由来

教育的任务是要教给学生最基本的知识和应用的能力，特别是要教给学生在今后的学习和工作中能展现其智慧和能力的思想、方法和顽强的意志力。数学科学对经济竞争力至关重要，数学是一种关键的，普遍适用并授人以能力的技术，数学除了锻炼人们敏锐的理解力和分析能力以外，还有一个训练全面考虑、科学系统的头脑的开发功能。数学的重要地位已经得到人们的普遍认同，但传统的数学教育还不能够完全适应社会、经济、科技的迅速发展和变化的形势，学生不能充分了解数学对其今后一生的事业和生活的重要性，许多学生学习数学的积极性不够。数学建模教育在很大程度上能够弥补传统数学教育的这种不足，数学建模的教学和竞赛也就应运而生了。

大约在 20 世纪 70 年代末 80 年代初，英国著名的牛津、剑桥等大学专门为研究生开设了数学建模课程，并创设了牛津大学与工业界研究合作的活动。差不多同时，欧美一些工业发达国家开始把数学建模的内容正式列入研究生、大学生甚至中学生的教学计划中去，并于 1983 年开始举行两年一次的"数学建模和应用的教学国际会议"(International Conference on the Teaching of Mathematical Modeling and Applications，ICTMA)。数学建模作为一门崭新的课程在 20 世纪 80 年代进入我国高校，萧树铁先生 1983 年在清华大学首次为本科生讲授数学模型课程，他是我国高校开设数学模型课程的创始人。1987 年由姜启源教授编写了我国第一本数学建模教材。

除了数学建模教学，人们注意到竞赛实际上也是一种培养学生的很好的教学活动。1983 年，美国有些大学教授提出创办一个和传统的数学竞赛不同的应用数学类型的竞赛，经过一年多的讨论，教授的建议得到了认可，并得到美国科学基金会的资助，于 1985 年在美国创办了一个名为"数学建模竞赛"(Mathematical Competition in Modeling 后改名为

Mathematical Contest in Modeling，MCM)，一年一度的大学水平的竞赛，竞赛一般在每年 2 月上旬某个周末(周五 9:00 至下周二 9:00，连续 96 小时，三人组队参赛)举行。我国大学生从 1989 年开始就组队参加美国的 MCM，参赛规模不断扩大，并取得了优异的竞赛成绩。1990 年前后国内开始组织地区性大学生数学建模竞赛，1992 年起我国工业与应用数学学会开始创办"中国大学生数学建模竞赛"(Contemporary Undergraduate Mathematical Contest in Modeling，CUMCM)，竞赛一般在每年 9 月中旬某个周末(周五 8:00 至下周一 8:00，连续 72 小时，三人组队参赛)举行。特别是到了 1994 年，教育部把全国大学生数学建模竞赛确定为少数几项全国大学生课外学科性竞赛活动之一，并得到了各级教学行政领导、广大师生以及企业界的积极响应和支持。从那时开始，全国大学生数学建模竞赛发展迅速，参赛规模越来越大，于 2014 年，来自全国 33 个省/市/自治区(包括香港和澳门特区)及新加坡、美国的 1338 所院校、25347 个队(其中本科组 22233 队、专科组 3114 队)、7 万 6 千多名大学生报名参加本项竞赛。数学建模竞赛已经成为每年最重要的大学生学科性竞赛之一，学生能力的培养越来越被社会认可。据悉，已将美国大学生数学建模竞赛、全国大学生(研究生)数学建模竞赛列入国际国内知名竞赛，而获得过二等奖及以上奖项已作为某些国际国内著名企业"优才引进"计划或招工条件之一。

我校从 1995 年开始开设数学建模选修课，到 1997 年学校决定在原有的基础上，从 97 级学生开始，在部分专业开设数学建模必修课，并同时对其他专业开设数学建模选修课。最初开设选修课是因为参加数学建模竞赛的需要，选修的学生数较少，而且必须是往年成绩较优的学生才允许选修。我们通过以竞赛为平台，加强引导与指导，充分激发学生的学习兴趣和热情。而且通过数学建模竞赛，促进了我校教学内容、教学方法、教学手段的创新，参加过训练和竞赛的学生们普遍感到，以往学多门课程的知识不如参加一次竞赛集训学得全面和扎实。因为数学建模竞赛需要全面掌握本领域相关知识，在深入理解、领会前人知识精髓的基础上，敢于提出自己的想法和观点。只有善于进行创造性学习和运用知识，善于对已知知识进行融会贯通，注意知识积累的同时更注重对知识的处理和运用，才能取得成功。随着数学建模竞赛在我校影响力的增加，同时参加过竞赛的学生能力的提高，要求选修数学建模课程的学生逐年增加，使得开设数学建模必修课有了一定的学生基础，同时开设数学建模课程的目的也转向了竞赛与普及相结合，以提高大学生的综合素质和实践能力作为一个重要目标。目前，已在校近 95% 专业的学生开设不同层次的数学建模必修课、限选课与选修课。对于不同层次，理论教学学时分别为 32、48、64 学时，并辅以上机实践训练。从当初每年几十名学生到目前每年近 2000 名学生修读此课。

为了让学生能更好地应用计算机工具和数学软件来解决各种实际问题，从 2001 年开始我们开设了数学实验课作为数学建模课程的补充和完善，并且目前面向全校开设数学实验选修课。为了进一步推广和普及数学建模，让更多的学生了解和参与数学建模，在原开设多种课程的基础上，在学校以及教务部门的支持下，课程组于 2000 年起结合课程的教学安排，在每年五月底举办全校大学生数学建模竞赛，该项活动得到了全校学生的积极响应。目前，我校数学建模教学已经形成了多个品种、多种层次、多种方式的教学活动格局。此课程于 2003 年被评为浙江省首批精品课程，课程教学团队于 2008 年被评为浙江省数学建模创新教学团队。自 1995 年组织学生参加全国大学生建模竞赛以来，共获全国一等奖 35 项，全国二等奖 77 项，浙江省赛区奖多项。2006 年至今共获美国特等奖 2 项，一等奖 17

项，国际二等奖 46 项。取得了省参赛高校与全国高校中的优异成绩。

　　和传统数学竞赛彻底闭卷的个人竞赛方式完全不同，CUMCM 与 MCM 是一种完全开放的团队的比赛。CUMCM 每年的赛题一般来源于工程技术和管理科学等方面经过适当简化加工的实际问题(MCM 每年的赛题是若干个来自不受限制的任何领域的实际问题，美国数学建模竞赛的赛题最初分 A、B 两个题目，一般一个为偏连续类型，另一个为偏离散类型，现在则增加了交叉学科竞赛题 C、D 题，中国的数学建模竞赛赛题一直是 A、B 两个题目，现在则针对专科学生增加了 C、D 两个题目)，学生以三人组成一队的形式参赛，在所给的若干赛题中任选一题，用三天 72 小时(MCM，四天 96 小时)，完成该实际问题的数学建模的全过程，并就问题的重述、简化和假设及其合理性的论述、数学模型的建立和求解(及相应软件程序)、检验和改进、模型的优缺点及其可能的应用范围的自我评述等内容写成论文。竞赛期间参赛队可以利用任何图书资料、互联网络上的资料、任何类型的计算机和软件等，但不允许队员和队外任何人(包括指导教师)讨论赛题。这种竞赛方式完全模拟了实际工作的环境，为参赛队员创造性地解决问题提供了广阔的空间。

6.2　数学模型与数学建模

6.2.1　数学模型

　　一般来说，在现实中，依照实物的形状和结构按比例制成的物品，我们称之为实物模型，如汽车模型、飞机模型、某单位建筑分布立体模型等；而用一种不同于表达对象的元素代替所要表达事物的模型称为模拟模型，如组织系统图表、算法流程图等；还有一类重要且常见的模型是文字模型，它是用文字或符号去描述实际情况或管理者思想的一系列语言，如产品说明书等。数学模型用文字或数学符号去描述实际问题，因而是一种文字模型。通常，数学模型是指关于部分现实世界为某种目的而作的一种抽象的、简化的数学结构，这种结构由数学语言(包括符号)确定一组变量之间的关系，从而解释或描述某一系统或过程。数学模型对我们其实并不陌生，如公元前 3 世纪欧几里德所写的《几何原本》，利用他提出的五个公设及五条公理，用严格演绎的方法，将古希腊时代积累下来的众多几何知识构建出一个完整的体系，他为现实世界的空间形式构建了数学模型；牛顿第二定律亦是一个典型的数学模型；历史上著名的七桥问题的答案更是一个巧妙的数学模型。一些重要力学、物理学科的基本微分方程，诸如电动力学中的 Maxwell 方程，流体力学中的 Navier-Stokes 方程与 Euler 方程，以及量子力学中的 Schrödinger 方程等，也无不都是抓住了该学科本质的数学模型，成为有关学科的核心内容和基本理论框架。

6.2.2　数学建模

　　数学建模是通过对实际问题进行抽象、简化，反复探索，构成一个能够刻画客观原形的本质特征的数学模型，并用来分析、研究和解决实际问题的一种创新活动过程。在数学建模过程中一般遵循的基本原则是：抓住问题的主要因素，忽略次要因素，建立粗糙模型，再根据实际问题不断去修正、完善，最后达到尽可能接近现实原形。抓住主要因素即抓住了反映问题变化规律最本质的东西，而忽略次要因素的作用是为问题的理解及模型求解、计算带来很大的方便，这样建立的模型基本能够反映问题的本质变化规律，又不会过分陷入复杂的附加次要因素分析中，可大幅度简化对问题的理解及解决。如投掷铅球问题中，如果在整个铅球飞行过程中只考虑重力作用，而忽略空气阻力对投掷距离的影响，那么整个过程的数学模型很容易用牛顿第二定律表示为 $mx'' = 0$，$my'' = -mg$，初始状态满足：$x(0) = 0$，$y(0) = h$，$x'(0) = v_0 \cos\theta$，$y'(0) = v_0 \sin\theta$。但如果考虑空气阻力，问题的理解就不那么简单了，比如：空气阻力和什么因素有关？关系如何？阻力对投掷距离的影响怎样？如果考虑这些附加问题会对建立模型带来一定的困难，那么，为什么还要再根据实际问题不断去修正、完善数学模型呢？实际中，建立问题的模型不一定一次就能成功，不成功时自然需要根据实际问题对模型加以改进、调整，最终让模型接近现实原形，否则，建立不能反映实际状况的模型就没有意义。然而，模型只能近似描述实际问题，不能苛求与真实事物完全吻合。

　　数学建模在现实世界中的重要意义日益明显，数学的应用正在向一切领域渗透，各行各业日益依赖于数学，甚至可以说当今社会正在日益数学化。传统工程技术领域的信息化改造以及大量新工艺、新技术的涌现，使得数学建模大有用武之地，数学建模和与之相伴的计算正在成为工程设计中的关键工具；在高新技术领域，数学建模是必不可少的工具，有人说"高技术本质上是一种数学技术"；数学与诸如经济、人口、生态等学科领域的渗透，产生了计量经济学、人口控制论和数学生态学等新兴交叉学科。

　　数学建模所面临的实际问题是多种多样的，所用到的数学方法也是五花八门，没有定律的。不同的问题，不同的目的，所用的分析方法就会不同，所用到的数学方法也不同，建立起来的数学模型也不同，数学模型可以按照不同的方法分成多种类型。按照模型的应用领域，数学模型可以分成人口模型、交通模型、环境模型、生物数学模型、数量经济学模型，等等。按照建立模型所用数学方法可以分为初等模型、几何模型、微分方程模型、统计模型以及最优化模型，等等。按照模型中变量的表现特性也可以分成确定性模型、随机性模型、模糊性模型，或者静态模型、动态模型，或者离散模型、连续模型。

6.2.3　数学建模基本步骤

　　要建立好的数学模型应该具有几个特点。首先，对所给问题有比较全面的考虑。在全面考虑影响所研究问题的各种因素基础上，选取主要因素计入模型并考虑其他因素，对模型进行修正，在全面考虑基础上，善于在主要因素和次要因素之间，在简单与复杂之间取得适当的调和。其次，模型有一定的创新。无论是采用现成的模型还是自己创造新的模型，创新始终是建立模型的灵魂。第三，结果的合理性。数学模型是对实际问题的数学描述，其结果又要回到实际问题中去，与实际必须相符，经得起实际的检验。

　　通常，在数学建模过程中本不需要遵循固定的步骤，只是在长期的建模工作中，为了使解决问题过程条理化，对建模初学者有个明确的指导方向，大体分了以下 7 个基本过程。

　　(1) 模型准备。本阶段需要了解问题的实际背景，明确建模的目的，然后搜集必需的各种信息，如数据、图像、参量值等，尽量弄清问题对象的特征，初步确定用哪一类数学方法。对问题了解越充分，对建模工作越有帮助。因此，精心做好本环节是建模工作的重点，不能忽视，碰到问题也可虚心向他人请教。

如美国数学建模竞赛 1993 年 A 题是有机混和物合成堆肥问题，要求判别堆肥速率和有机物组成(生菜、碎食物、废报纸)是否有一定的关系。该题显然是一个统计分析方面的问题，但如果一开始就直接用相关分析等方法进行显著性检验，其结果不会有很大说服力，因为真菌的生长活力(决定堆肥速率)与碎食物、生菜和废报纸之间的配比并无直接关系，直接做统计分析所得到的结果只是一个数学结果，而实际意义并不明确。事实上，微生物学知识告诉我们，真菌的生长繁殖与原料中 C、N 元素含量比，环境温度湿度等有密切关系，充分了解这些背景知识，就能以各种元素的含量为中间桥梁把有机混和物组成和真菌生长活力联系起来，在此基础上找出决定堆肥速率的真正因素。

数学模型应当是对问题本质的一般性描述，建立模型首先要分析问题的本质，抓住了本质的东西，建立的模型才具有合理性。

(2) 模型分析与假设。数学建模所面临的问题是完完全全的实际问题，其中总会有多种因素与所研究对象关联，但这些因素有主次之分。在建立合理的模型之前，必须分析清楚哪些是主要的本质的因素，哪些是次要的非本质的因素。为便于建立模型，根据对象的特征和建模的目的，对问题进行必要的、合理的简化。简化常常用确切的假设形式给出，假设的合理性是建模成败的关键，不同的简化假设会得到不同的模型，假设做得不合理或过分简单，会导致模型失败或部分失败；假设做得过分详细，试图把复杂对象的各方面因素都考虑进去，可能导致很难甚至无法继续下一步的工作。通常，假设的依据是多方面的，如对问题内在规律的认识，对数据或现象的分析，也可根据实际问题涉及的生产或生活实际经验来确定模型假设，基本原则是抓住主要因素，忽略次要因素。

全国数学建模竞赛 2000 年 A 题为 DNA 序列的分类问题，DNA 序列中碱基的含量是其重要特征之一，为了简化问题，这里可以假设特定的一种生物的碱基含量服从正态分布。又如美国数学建模 1992 年的 B 题为应急设施的最佳选址问题，为了应急系统设计的方便，这里可以假设：从派遣中心到事故发生地点的距离以两地横坐标之差和纵坐标之差的和为度量，修理队总以每小时 30 千米的平均速度行驶，而且修理队在紧急情况下随时可以正常出发。这里的假设都是一种理想化、简单化的约定，实际情况肯定要复杂得多，但如果要完全真实地考虑实际情形，则可能根本无法建立模型，而且这样的简化，基本上也已经抓住了问题的本质。

(3) 建立模型。根据所作的假设分析对象的因果关系，利用对象的内在规律和适当的数学工具，构造各个量(常量和变量)之间的等式(或不等式)关系或其他数学结构，这种结构通常成为数学模型的主体。本环节是将实际问题转化为理论的关键，对知识的要求较高，除需要一些相关学科的专门知识外，还常常需要较广阔的应用数学方面的知识，以开拓思路。

面对一个实际问题，究竟用什么样的方法来建立数学模型，并没有一个绝对的标准。不同的人可能会用不同的方法。同时，同一个问题，可能要用几个阶段来完成模型，不同阶段用到不同方法，组合起来形成其完整模型。数学模型的形式可以是多种多样的，可以是表格的形式，也可以是图形的形式，不一定非得有数学公式才算是数学模型。

建立起来的数学模型是否能够符合实际，也就是是否合理，是至关重要的。一个模型的优劣，最根本的在于是否采用恰当的方法，合理地描述了实际问题，而不是取决于是否用到了高深的数学工具。

(4) 模型求解。有了数学模型以后，当然就是求解模型。本环节对建立的模型可以采用解方程、画图形、证明定理、逻辑运算、数值计算等各种传统的和近代的数学方法，特别是计算机技术进行求解时，可以自己编写算法程序，也可以采用一些现成软件包，这应当根据问题本身来决定，最后，确定模型所涉及关键参量的结果。

求解模型，得到数学结果之后，问题并未完全解决。数学建模的过程是一个"实际—数学—实际"的过程，在建立模型的过程中我们往往进行了一些简化或者近似，而且模型求解中一般仅仅用到了问题中给出的数据，因此模型的结果是否能够符合实际情况，则需要仔细分析检验。

(5) 模型分析。对模型结果及算法进行理论上的分析，有时要根据问题的性质分析变量间的依赖关系或稳定状况，有时是根据所得结果给出相关预测，有时则可能要给出最优决策或控制，不论哪种情况都常常需要进行误差分析、模型对数据的稳定性或灵敏性分析等。

(6) 模型检验。把理论分析的结果反馈到实际问题，并用实际的现象、数据与之比较，检验模型的合理性和适用性。模型检验的结果如果不符合或者部分不符合实际，问题通常出在模型假设上，应修改、补充假设，重新建模，再检验新模型的合理性，以此类推，直至模型较真实地反映实际问题。

(7) 模型推广，优缺点分析。模型的推广是针对模型的适用性而言的。一个好的模型不应该对题中所给出数据的结构有过多的依赖性，而应该是对一般问题本质的描述。另一方面，数学模型的应用价值取决于其广泛适用性，因此，推广模型是扩大模型的应用范围，从而提高其使用价值。对已经建立的模型，还应该进行优缺点分析，这是对模型特性和本质的更深刻认识。可以从模型的精确性、实用性以及对各种因素的考虑等方面对模型进行优缺点分析评价。一般来说，所得模型仅依靠问题所给数据和信息而建立，不合理性是难以避免的，阐明这些不合理之处，正是表明对问题本质有着比较清醒的认识。

6.3　全国大学生数学建模竞赛赛题分析

纵览 23 年全国大学生数学建模竞赛的本科组 46 个题目：1992A 农作物施肥效果分析，1992B 实验数据分解，1993A 非线性交调的频率设计，1993B 足球队排名，1994A 逢山开路，1994B 锁具装箱问题，1995A 飞行管理问题，1995B 天车与冶炼炉的作业调度，1996A 最优捕鱼策略，1996B 节水洗衣机，1997A 零件的参数设计，1997B 截断切割的最优排列，1998A 一类投资组合问题，1998B 灾情巡视的最佳路线，1999A 自动化车床管理，1999B 钻井布局，2000A DNA 序列分类，2000B 钢管订购和运输，2001A 血管三维重建，2001B 公交车调度问题，2002A 车灯线光源的优化，2002B 彩票问题，2003A SARS 的传播，2003B 露天矿生产的车辆安排，2004A 奥运会临时超市网点设计，2004B 电力市场的输电阻塞管理，2005A 长江水质的评价和预测，2005B DVD 在线租赁，2006A 出版社的资源配置问题，2006B 艾滋病疗法的评价及预测问题，2007A 中国人口的增长预测问题，2008 A 数码相机定位，2008B 高等教育学费标准探讨，2009A 制动器试验台的控制方法分析，2009B 眼科病床的合理安排，2010A 储油罐的变位识别与罐容表标定，2010B 2010 年上海世博会影响力的定量评估，2011A 表层土壤中重金属污染分析，2011B 交巡警服务平台的设置与调度，2012A 葡萄酒的评价，2013B 太阳能小屋的设计，2013A 车道被占用对城市道路通行能力的影响，2013B 碎纸片的拼接复原，2014A 嫦娥三号软着陆轨道设计与控制策略，2014B 创意平板折叠桌。

46 个问题从实际意义分析大体上可分为工业、农业、工程设计、交通运输、经济管理、生物医学和社会事业等七个大类。工业类涉及电子通信、机械加工与制造、机械设计与控制等行业，共有 10 个题，占 21.8%；农业类 2 个题，占 4.4%；工程设计类 7 个题，占 15.2%；交通运输类 6 个题，占 13%；经济管理类 6 个题，占 13%；生物医学类 7 个题，占 15.2%；社会事业类 8 个题，占 17.4%。有的问题属于交叉的，或者是边缘的。

46 个问题从问题的解决方法上分析，涉及到的数学建模方法有几何理论、组合概率、统计分析、优化方法(规划)、图论与网络优化、层次分析、插值与拟合、差分方法、微分方程、排队论、模糊数学、随机决策、多目标决策、随机模拟、灰色系统理论、神经网络、时间序列、综合评价、机理分析等。用的最多的方法是优化方法和概率统计的方法。用到优化方法的共有 26 个题，占总题数的 56.5%，其中整数规划 5 个，线性规划 6 个，非线性规划 15 个，多目标规划 9 个；用到概率统计方法的有 21 个题，占 45.6%；用到图论与网络优化方法的问题有 7 个；用到层次分析方法的问题有 5 个；微分方程的问题有 10 个；用到插值拟合的问题有 7 个；用到神经网络的 6 个；用灰色系统理论的 4 个；用到时间序列分析的至少 3 个；用到综合评价方法的至少 3 个。机理分析方法和随机模拟都多次用到；其他的方法都至少用到一次。大部分题目都可以用两种以上的方法来解决,即综合性较强的题目有 34 个，占 73.9%。

近几年题目有以下特点：

(1) 综合性：一题多解，方法融合，结果多样，学科交叉。

(2) 开放性：题意的开放性，思路的开放性，方法的开放性，结果的开放性。

(3) 实用性：问题和数据来自于实际，解决方法切合于实际，模型和结果可以应用于实际。

(4) 即时性：国内外的大事，社会的热点，生活的焦点，近期发生和即将发生被关注的问题。

(5) 数据结构的复杂性：数据的真实性，数据的海量性，数据的不完备性，数据的冗余性。

6.4 怎样学习数学建模

数学建模课程的学习不同于别的数学课程，它没有完整的理论和固定的内容，仅有一些纲要的引导和常用方法介绍，不同的教材在内容上也可以有很大差异。学习数学建模，就是要学会到什么地方，找到什么样的数学方法，来解决什么样的实际问题。这看起来是容易的，但实际上也正是数学建模的困难所在。由此，在数学建模过程及个人能力培养上，还需要有意识地强化以下的潜在能力，以提高建模水平。

(1) 体会数学的应用价值，培养数学的应用意识，强化"学以致用"的能力。

(2) 通过知识应用，增强学习数学的兴趣，提高分析和解决问题的能力。

(3) 从最原始的实际问题出发，了解数学知识的发生过程，培养数学创造能力。

数学建模与其说是一门技术，不如说是一门艺术，技术大致是有章可循的，艺术无法归纳成普遍适用的准则，所以在建模的过程中需要具备丰富的想象力、敏锐的洞察力和准确的判断力。通常在进行数学建模培训的时候，分成两个阶段进行：第一阶段主要是基础知识的学习，主要学习数学建模过程中所用的建模方法和计算机软件工具的使用；第二阶段是强化训练阶段，主要是历年真题的学习和模拟训练，学习、分析、评价和改进别人做过的模型，然后以组为单位动手做几个实际的题目，学会到什么地方找到什么样的数学方法、来解决什么样的实际问题。

根据数学建模竞赛章程，三人组成一队。希望组队的三位成员有不同的学科背景，这样可以有好的知识互补。一般这三人中必须有一人数学基础较好，一人应用数学软件(如 Matlab、Lingo、Spss 等)和编程(如 C，C++等)的能力较强，一人科技论文写作的水平较高。三人既要合作，又要适当分工。组长要能够总揽全局，包括任务的分配，相互间的合作和进度的安排。但每小部分由主要承担人负责组织讨论，做到合作愉快。从民主讨论，到和谐集中完成课题。既要有充分讨论，又要从讨论中产生"1+1+1">3 的效果。

6.5　案　　例

6.5.1　商人们怎样安全过河

(1) 问题提出。

3 名商人各带一名随从过河，随从们密约，在河的任一岸，一旦随从的人数比商人多，就杀人越货，但乘船渡河的方案由商人决定。3 名商人在不被随从谋杀和小船最多能容 2 人的情况下，将如何安全过河？

(2) 问题分析。

本题针对商人们能否安全过河的问题，需要选择一种合理的过河方案。该问题可视为一个多步决策模型，通过对每一次过河方案的筛选优化，最终得到商人们全部安全到达河对岸的最优决策方案。对于每一次的过河过程都看成一个随机决策状态量，商人们能够安全到达彼岸或此岸可以看成目标决策允许的状态量，通过对允许的状态量的层层筛选，从而得到过河的目标。

(3) 问题的假设。

假设过河的过程中不会发生意外事故；假设当随从人数多过商人时，不会改变杀人越货计划；假设所有人最终都必须到达河对岸。

(4) 模型的构成。

记 x_k 为第 k 次渡河前此岸的商人数，y_k 为第 k 次渡河前此岸的随从数，$k = 1$，2，…，x_k，$y_k = 0$，1，2，3；将二维向量 $s_k = (x_k, y_k)$ 定义为状态；安全渡河条件下的状态集合为允许状态集合，记作 S。

$$S = \{(x, y) \mid x = 0, y = 0, 1, 2, 3; x = 3, y = 0, 1, 2, 3; x = y = 1, 2\} \tag{6.1}$$

不难验证，S 对此岸和彼岸都是安全的。

记第 k 次渡船上的商人数为 u_k，随从数为 v_k；将二维向量 $d_k = (u_k, v_k)$ 定义为决策；允许决策集合记作 D，由小船的容量可知

$$D = \{(u, v)\} \mid 1 \le u + v \le 2, \ u, \ v = 0, \ 1, \ 2 \tag{6.2}$$

因为 k 为奇数时小船此岸驶向彼岸，k 为奇偶数时小船彼岸驶回此岸，所以状态 s_k 随决策 d_k 变化的规律是

$$S_{k+1} = S_k + (-1)^k d_k \tag{6.3}$$

式(6.3)称为状态转移律。这样，制订安全渡河方案归结为如下的多步决策模型：

求决策 $d_k \in D$（$1, 2, \cdots, n$），使 $s_k \in S$ 并按照转移律(6.3)，由初始状态 $S_1 = (3, 3)$ 经有限步 n 到达状态 $S_{n+1} = (0, 0)$。

(5) 模型求解。

根据式(6.1)～式(6.3)编一段程序用计算机求解上述多步决策问题是可行的。不过对于商人与随从人数不大的简单状况，用图解法解这模型更为方便。

在 oxy 平面坐标系上画出方格，方格点表示状态 $s = (x, y)$。允许状态集合 S 用圆点标出的 10 个格子点表示。允许决策 d_k 沿方格线移动 1 或 2 格，k 为奇数时向左、下方向移动，k 为偶数时向右、上方向移动。要确定一系列的 d_k 使 $s_1 = (3, 3)$ 经过那些圆点最终移动到原点 $(0, 0)$。

若在状态的二维向量中再添加第三个分量，1 表示划船到河的彼岸，0 表示划船到河的此岸。最终得到商人们安全渡河的方案有如下四种。

第一种方案：$(3, 3, 1) \rightarrow (2, 2, 0) \rightarrow (3, 2, 1) \rightarrow (3, 0, 0) \rightarrow (3, 1, 1) \rightarrow (1, 1, 0) \rightarrow (2, 2, 1) \rightarrow (0, 2, 0) \rightarrow (0, 3, 0) \rightarrow (0, 1, 0) \rightarrow (1, 1, 1) \rightarrow (0, 0, 0)$。

第二种方案：$(3, 3, 1) \rightarrow (2, 2, 0) \rightarrow (3, 2, 1) \rightarrow (3, 0, 0) \rightarrow (3, 1, 1) \rightarrow (1, 1, 0) \rightarrow (2, 2, 1) \rightarrow (0, 2, 0) \rightarrow (0, 3, 0) \rightarrow (0, 1, 0) \rightarrow (0, 2, 1) \rightarrow (0, 0, 0)$。

第三种方案：$(3, 3, 1) \rightarrow (3, 1, 0) \rightarrow (3, 2, 1) \rightarrow (3, 0, 0) \rightarrow (3, 1, 1) \rightarrow (1, 1, 0) \rightarrow (2, 2, 1) \rightarrow (0, 2, 0) \rightarrow (0, 3, 0) \rightarrow (0, 1, 0) \rightarrow (1, 1, 1) \rightarrow (0, 0, 0)$。

第四种方案：$(3, 3, 1) \rightarrow (3, 1, 0) \rightarrow (3, 2, 1) \rightarrow (3, 0, 0) \rightarrow (3, 1, 1) \rightarrow (1, 1, 0) \rightarrow (2, 2, 1) \rightarrow (0, 2, 0) \rightarrow (0, 3, 0) \rightarrow (0, 1, 1) \rightarrow (0, 2, 0) \rightarrow (0, 0, 0)$。

图 6-1 给出了第四种安全渡河的方案图解法。

(6) 评注。

这里介绍的模型是一种规格化的方法，所建立的多步决策模型可以用计算机求解，从而具有推广意义。譬如当商人和随从人数增加或小船的容量加大时，靠逻辑思考就困难了，而用这种模型则仍可方便地求解。读者不妨考虑四名商人各带一个随从的情况(小船同前)，或思考更一般，m 名商人与 n 随从安全渡河问题。适当地设置状态和决策，并确定状态转移律，是有效解决很广泛的一类问题的建模方法。

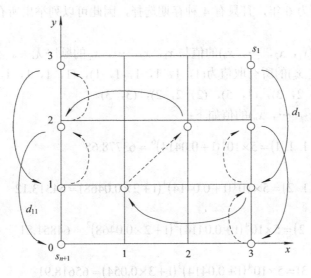

图 6-1　安全渡河问题图解法

6.5.2　最佳存款问题

(1) 问题提出。假设目前银行整存整取的年利率如下表：

存期	一年期	二年期	三年期	五年期
年利率%	4.14%	4.68%	5.4%	5.85%

现有一位刚升入初一的学生，家长欲为其存 5 万元，以供 6 年后上大学使用。请为其设计一种存款方案，使 6 年后所获收益最大，并求出最大收益。

(2) 问题的假设与模型。

假设：存款期限内利率不变。

设存款分 n 次进行，每次的存期分别为 x_1，x_2，$\cdots$，x_n，这里 $1 \leqslant n \leqslant 6$，$\sum_{i=1}^{n} x_i = 6$，存期集合为 $S = \{1, 2, 3, 5\}$。存期为 x_i 时，对应年利率为 r_i。当 $x_i = 1$ 时，$r_i = 0.0414$；当 $x_i = 2$ 时，$r_i = 0.0468$；当 $x_i = 3$ 时，$r_i = 0.0540$；当 $x_i = 5$ 时，$r_i = 0.0585$。

设将 5 万元分 n 次进行，每次存期分别为 x_1，x_2，$\cdots$，x_n，所得的收益为 $f(x_1, x_2, \cdots, x_n)$。则此问题的数学模型为

$$\max f(x_1, x_2, \cdots, x_n) = 5 \times 10^4 \prod_{i=1}^{n} (1 + x_i r_i) \tag{6.4}$$

$$\text{s.t.} \quad \sum_{i=1}^{n} x_i = 6 \qquad 1 \leqslant n \leqslant 6, \ x_i \in S \tag{6.5}$$

(3) 问题的求解。

由于存款期限为 6 年，且只有 4 种存期选择，因此可以列举出所有可能的存期方案以供选择。

又易知函数 $f(x_1, x_2, \cdots, x_n)$ 的值与 $x_1, x_2, \cdots, x_n$ 的顺序无关。不妨设 $x_1 \leqslant x_2 \leqslant \cdots \leqslant x_n$，则 $(x_1, x_2, \cdots, x_n)$ 的所有取值为 (1, 1, 1, 1, 1, 1)，(1, 1, 1, 1, 2)，(1, 1, 2, 2)，(1, 1, 1, 3)，(1, 2, 3)，(1, 5)，(2, 2, 2)，(3, 3)。

现计算 $f(x_1, x_2, \cdots, x_n)$ 的值如下：

$$f(1, 1, 1, 1, 1, 1) = 5 \times 10^4 (1 + 0.0414)^6 \approx 63778.65$$

$$f(1, 1, 1, 1, 2) = 5 \times 10^4 (1 + 0.0414)^4 (1 + 2 \times 0.0468) \approx 64313.12$$

$$f(1, 1, 2, 2) = 5 \times 10^4 (1 + 0.0414)^2 (1 + 2 \times 0.0468)^2 \approx 64851.81$$

$$f(1, 1, 1, 3) = 5 \times 10^4 (1 + 0.0414)^3 (1 + 3 \times 0.054) \approx 65618.91$$

$$f(1, 2, 3) = 5 \times 10^4 (1 + 0.0414)(1 + 2 \times 0.0468)(1 + 3 \times 0.054) \approx 66168.65$$

$$f(1, 5) = 5 \times 10^4 (1 + 0.0414)(1 + 5 \times 0.0585) \approx 67300.51$$

$$f(2, 2, 2) = 5 \times 10^4 (1 + 2 \times 0.0468)^3 \approx 65395.15$$

$$f(3, 3) = 5 \times 10^4 (1 + 3 \times 0.054)^2 \approx 67510.75$$

故最佳存款方案为：先存三年期再续存一个三年期，所得的最大收益为 67510.75 元。

6.5.3 城市污水治理规划

(1) 问题提出。

城镇的生活污水和工业废水向河流直接排放，严重污染了河水，给沿河的人们及河中的生物带来了严重的后果。治理污染，严禁向河中排放超标污水的呼声日益高涨。

现有 C_1、C_2、C_3 三城镇均向附近的 T 河排放污水，其地理位置及排污量如图 6-2 所示。现要求每个城镇均需独立或与其他城镇联合建造污水处理厂以做到达标排放。

建污水处理厂的费用为 $C_T = 73Q^{0.712}$(万元)，铺设管道的费用为 $C_P = 0.66Q^{0.51}L$(万元)，其中 Q 为污水排放量，单位为 m³/s，L 为管道长度，单位为 km。请制定一种最经济的建污水厂的方案，并对各城镇所承担的治理费用提出合理的建议。

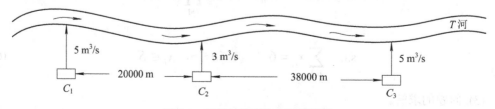

图 6-2　三城镇地理位置及排污量

(2) 问题分析。

问题的目的是给出一种最经济的建污水厂的方案。各城镇可以独立或相互联合建造污水处理厂，方案的关键是污水处理厂建在什么位置。若建在城镇间的位置，则按位置不同有无数种方案。此种情况，若在城市中间某位置即取得最优，可能短期最好，但长期未必好。若建在某一城镇，则此种情况有 10 种不同方案。从环保角度考虑，联合建厂的话，污水处理厂建在下游城镇，则此种情况有 5 种方案。假设不一样，方案种数情况不同，我们需要在合理假设与问题简化之间折中。

(3) 问题的假设与记号。

假设：联合建厂的话，污水处理厂建在下游城镇。

记号：$C(i)$ 是第 i 城镇建厂的费用（$i = 1，2，3$），$C(i，j)$ 为第 i、j 城镇联合在 j 处建厂的费用（$i，j = 1，2，3$），$C(i，j，k)$ 为第 i、j、k 城镇联合在 k 处建厂的费用（i、j、$k = 1，2，3$），D 为总投资。

(4) 建厂方案。

由于城镇的数量只有 3 个，因此可以列举出所有的可能的建厂方案以供选择。

方案 1：每城镇建一厂。这样每个城镇所花费用为

$$\begin{cases} C(1) = 73 \times 5^{0.712} = 230 \,(\text{万元}) \\ C(2) = 73 \times 3^{0.712} = 160 \,(\text{万元}) \\ C(3) = 73 \times 5^{0.712} = 230 \,(\text{万元}) \end{cases}$$

总投资为

$$D = C(1) + C(2) + C(3) = 620 \,(\text{万元})$$

方案 2：C_1 和 C_2 联合在 C_2 处合建一厂，C_3 自建一厂。

$$C(1，2) = 73 \times (5+3)^{0.712} + 0.66 \times 5^{0.51} \times 20 = 350 \,(\text{万元})$$

$$C(3) = 73 \times 5^{0.712} = 230 \,(\text{万元})$$

总投资为

$$D = C(1，2) + C(3) = 580 \,(\text{万元})$$

方案 3：C_1 自建一厂，C_2 和 C_3 联合在 C_3 处合建一厂。

$$C(2，3) = 73 \times (3+5)^{0.712} + 0.66 \times 3^{0.51} \times 38 = 365 \,(\text{万元})$$

$$C(1) = 73 \times 5^{0.712} = 230 \,(\text{万元})$$

总投资为

$$D = C(2,3) + C(1) = 595 \,(\text{万元})$$

方案 4：C_2 自建一厂，C_1 和 C_3 联合在 C_3 处合建一厂。

$$C(1，3) = 73 \times (5+5)^{0.712} + 0.66 \times 5^{0.51} \times 58 = 463 \,(\text{万元})$$

$$C(2) = 73 \times 3^{0.712} = 160 \,(\text{万元})$$

总投资为

$$D = C(1，3) + C(2) = 623 \,(\text{万元})$$

事实上，$C(1，3) = 463 > C(1) + C(3) = 460$，合作不会实现。

方案 5：C_1、C_2 和 C_3 联合在 C_3 处共建一厂。

$$D = C(1,\ 2,\ 3) = 73 \times (5+3+5)^{0.712} + 0.66 \times 5^{0.51} \times 20 + 0.66 \times 8^{0.51} \times 38 = 556\,(\text{万元})$$

从以上方案来看，最好选择方案 5，即用管道将 C_1、C_2 两城的污水引至 C_3，在 C_3 建一个大污水处理厂，这样总投资最小。虽然方案已给，但要合作成功，需有合理的费用分摊方案。

(5) 费用分摊方案。

给出最节省的建厂方案是三城镇联合在下游 C_3 城建一个污水处理厂后，接下来就是建厂所需费用的分摊了。

总投资 D 包含建厂费（$D_1 = 73 \times (5+3+5)^{0.712} = 453\,(\text{万元})$）与管道费两部分，从城 C_1 到城 C_2 的管道费 $D_2 = 0.66 \times 5^{0.51} \times 20 = 30\,(\text{万元})$，从城 C_2 到城 C_3 的管道费 $D_3 = 0.66 \times (5+3)^{0.51} \times 38 = 73\,(\text{万元})$。从费用的构成，若协商费用的分摊，城 3 会建议：D_1 按 $5:3:5$ 分担，D_2、D_3 由城 C_1、城 C_2 担负，即按设施利用比例分配方法（按各城市污水流量等比例地将费用分给各个城）。

这样就有下面的结果：

城 C_3 分担 $D_1 \times \dfrac{5}{13} = 174 < C(3)$，城 C_2 分担 $D_1 \times \dfrac{3}{13} + D_3 \times \dfrac{3}{8} = 132 < C(2)$，城 C_1 分担

$D_1 \times \dfrac{5}{13} + D_3 \times \dfrac{5}{8} + D_2 = 250 > C(1)$。

显然，城 C_1 不同意，合作不成功。因此，上述方案貌似合理，其实不合理性显而易见。对于 C_1 城镇，经联合建厂所需承担的费用较单独建厂还要高。若如此分配，C_1 城宁愿单干也不会愿意联合了。看来上述方案对 C_2、C_3 城有利，而 C_1 城的负担就过重了。其实，我们可以从 n 人合作对策理论的一些概念里得到一些帮助。

既然合作的话，要让各方有利可图。

设 x_1，x_2，x_3 分别为三城镇结盟建厂较单独建厂所节省的费用，那么应有

$$x_1 + x_2 + x_3 = 620 - 556 = 64 \tag{6.6}$$

$$x_1 \geqslant 0,\ x_2 \geqslant 0,\ x_3 \geqslant 0 \tag{6.7}$$

$$x_1 + x_2 \geqslant C(1) + C(2) - C(1,\ 2) = 40 \tag{6.8}$$

$$x_2 + x_3 \geqslant C(2) + C(3) - C(2,\ 3) = 25 \tag{6.9}$$

$$x_1 + x_3 \geqslant \max\{C(1) + C(3) - C(1,\ 3),\ 0\} = 0 \tag{6.10}$$

其中式(6.8)说明三城镇联合建厂对 C_1、C_2 城市节省的费用应较这两个城镇联合建厂所节省的费用高。式(6.9)、(6.10)的意义与式(6.8)类似。

为了求出满足上述 5 个不等式的 x_1、x_2、x_3，可以用平面图形表示上述不等式。用水平轴表示 x_1，垂直轴表示 x_2。则由式(6.6)和式(6.7)可知：

$$x_1 + x_2 \leqslant 64 \tag{6.11}$$

再由式(6.6)和式(6.9)可得

$$x_1 \leqslant 64 - 25 = 39 \tag{6.12}$$

由式(6.6)和式(6.10)可知

$$x_2 \leqslant 64 \tag{6.13}$$

在 $0x_1x_2$ 平面上做出式(6.7)、(6.8)、(6.11)、(6.12)和(6.13)如图 6-3 所示。

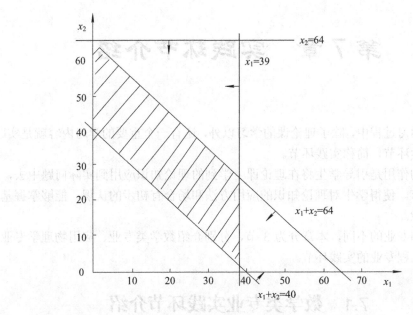

图 6-3　满足五个条件的分配可行方案

图中阴影部分中的点都可作为满足不等式(6.6)～(6.10)的解，由此可见满足要求的费用分摊方案可以有很多。

一般地，可取阴影部分的中心点作为参考确定可行性方案，这样对三个城镇来说较公平。通过简单计算可知中心点的坐标为

$$(x_1, \ x_2) = (19.5, \ 32.5)$$

因此，可与三城市协商取 $x_1 = 19.5$(万元)，$x_2 = 32.5$(万元)，$x_3 = 64-19.5-32.5 = 12$(万元)作为三城联合建厂节省费用 64 万元的分摊方案。

这样，可得三城镇在总投资 556 中的分担的费用为

城 1：$C(1)-x_1 = 210.5$(万元)

城 2：$C(2)-x_2 = 127.5$(万元)

城 3：$C(3)-x_3 = 218$(万元)

这样，这三个城镇较满意了。

注意，对于获利分配 x_1、x_2、x_3 亦可用 Shapley 合作对策方法求解。

(6) 方案的评价与改进。

以上我们从经济效益的角度，选择了建厂方案中的第 5 个方案，并依据对策论的基本思想给出了三城市分摊费用方案，这些方案既合理又经济，从经济的观点，三城市是乐于接受的。

实际中，对建厂和费用分摊方案的选择还应从其他方面多做考虑。例如，从生态学方面，从污水处理设备及管道的可靠性方面，从建污水厂所能带动的相关产业和带来的就业机会等方面进行综合考虑。因为这些方面不仅影响建厂方案的选择，也对费用分摊方案有影响。可以召开专家论证会和各界人士参加的听证会，听取各方面的意见，谨慎裁定。

第 7 章　实践环节介绍

在大学的学习过程中，除了理论课的学习以外，还有一个重要的学习内容就是实践课，或称为实践教学环节，简称实践环节。

实践环节的作用是引导学生将在理论课上学到的理论知识应用到实际问题中去，通过这样的学习环节，使得学生对理论知识的应用方法和场合有初步的认识，能够掌握基本的应用方法和技能。

根据学科和专业的不同，本章分为 3 节，分别介绍数学类专业、应用物理学专业、光电信息科学与工程专业的实践环节。

7.1　数学类专业实践环节介绍

7.1.1　数学类专业公共实践环节平台

数学类专业有几个实践环节是公共的，主要有 C 语言课程设计、数学实验、数学建模课程设计。

1．C 语言课程设计

本课程设计与"C 语言程序设计"课程配套同步学习，强调编程能力培养。本课程设计以 C 语言课程的进度为线索，在 C 语言的重点和难点上设置了一些问题，使学生通过本课程设计的学习，在编程能力上得到提高。同时在 VC++ 6.0 编译器的使用方面得到训练，学会动态调试，为以后的课程设计打下一个良好的基础。本课程设计是理学院学生公共的一项实践性教学环节，课程注重实际编程能力的培养，采用实践课的教学模式，在教学时间中，教师讲课时间约占课程时间的 1/3，其余 2/3 时间让学生在课堂上编写、调试程序，教师在实验室对学生进行现场指导。

在内容方面，本课程要求学生重点掌握 C 语言的高级功能，即类型定义、结构、指针、动态申请空间、文件操作等内容。本课程设计是理学院各专业的第一个编程类课程实践性教学环节，因此本课程设计也同时为学生在掌握编程环境、程序调试方法等上机操作的基本技能、写好实验报告等方面得到初步的训练，为以后的课程设计打下一个良好的基础。

本课程注重学生学习的过程管理，每次课均要求学生完成一个编程问题并上交程序和实验报告。本课程考试采用上机笔试的方法，学生需要现场编写程序，调试通过后，在试卷上写出程序和结果。

2．数学实验

本课程是大学数学课程的重要组成部分，是与数学分析、高等代数、概率论与数理统计等课程同步开设或继这些课程以后的重要教学环节，它将数学知识、数学建模与计算机应用三者融为一体，通过"数学实验"使学生深入理解数学基本概念和基本理论，熟悉常用的数学软件，培养学生运用所学知识建立数学模型，使用计算机解决实际问题的能力。

本课程为学生以后学习"数学建模"课程打下良好的软件使用基础，使得在数学模型课程中学到的理论和方法得以迅速的实现。

本课程以实验的形式学习 MATLAB 软件，主要介绍：矩阵的基本运算、MATLAB 的图形功能初步、MATLAB 的程序结构、MATLAB 在线性代数中的应用、线性方程组的求解、函数极限和微分运算的 MATLAB 实现、不定积分和定积分的 MATLAB 实现、二次曲面的 MATLAB 绘制、二重积分及其 MATLAB 计算、三重积分及其 MATLAB 计算、MATLAB 在级数中的应用、MATLAB 与傅里叶级数、微分方程和微分方程组的解析解、对弧长的曲线积分及其 MATLAB 计算、对坐标的曲线积分及其 MATLAB 计算、对面积的曲面积分及其 MATLAB 计算、对坐标的曲面积分及其 MATLAB 计算、MATLAB 中的概率统计函数、统计量计算、实验数据插值的 MATLAB 实现、实验数据拟合的 MATLAB 实现、非线性方程和方程组的求解、用 MATLAB 求解线性规划问题、用 MATLAB 求解非线性规划问题、有约束非线性多变量优化问题、MATLAB 在复变函数中的应用、分形初探、数字图像处理初探、数字图像的边界提取、Bezier 曲线的绘制等内容。

本课程注重学生学习的过程管理，每次课均要求学生完成一个编程问题并上交程序和实验报告。本课程考试采用上机笔试的方法，学生需要现场编写程序，调试通过后，在试卷上写出程序和结果。

3. 数学建模课程设计

本课程设计系为配合数学建模的相关课程而开设。数学类专业虽然没有开设数学建模课程，但是数学建模课程的主要内容已经分布在多门相关的课程中，唯独缺少一门综合相关知识并加以综合应用的课程，因此开设了本课程设计。本课程设计着眼于原理与应用的结合，将学生在相关课程中学到的知识用于解决实际问题。通过本课程设计，使学生对数学建模的认识从书本真正走向实践，使学生能够按照全国大学生数学建模竞赛的要求，在规定的时间内，完整地解决一个数学建模问题，包括审题、查找资料、提出模型、求解模型、撰写论文、打印论文的整个过程。通过该课程设计，使学生在运用所学知识建立数学模型及使用计算机解决实际问题的基本技能和科学作风方面受到比较系统和严格的训练。

课程的内容包括：确定性的连续问题数学模型的讨论，要求完成建模的所有步骤；确定性的离散问题模型的讨论，要求完成建模的所有步骤；随机问题的模型，要求完成建模的所有步骤。课程包括问题的求解、论文撰写、报告、讨论以及老师对学生论文的点评等环节。

本课程设计可以单独完成或 3 人一组完成。3 人一组是因为全国大学数学建模竞赛规定为 3 人一组组队参赛，为模拟参赛环境，定为 3 人一组，同时也是为了对学生的分工合作、团结协调能力进行培养。每队需确定一名组长，负责协调、分配任务与讨论。在课程设计过程中要求每位学生都能在建模、编程、写作等方面得到锻炼。

7.1.2　信息与计算科学专业的课程设计

除了公共实践环节，信息与计算科学专业还有数据结构课程设计、算法分析与设计课程设计、数字图像处理课程设计、计算机图形学课程设计、数据库课程设计、计算机网络课程设计、软件开发与案例分析等实践环节。

1．数据结构课程设计

本课程设计是与信息与计算科学专业的重要专业基础课数据结构配套的课程设计，属于集中实践教学环节，是在学习了 C 语言和数据结构后开设的。其任务是培养学生进一步理解和掌握所学的各种基本抽象数据类型的逻辑结构，存储结构和操作实现算法，以及它们在程序设计中的使用方法，提高学生进行算法设计与分析能力，提高学生程序设计、实现和调试能力。

本课程设计根据使用的教材综合有关章节知识选定设计题目；根据设计的题目，参考有关资料，对所解决的问题进行论述与分析。考虑题目的具体要求，确定最后的软件设计方案；详细设计及编程，测试所实现的功能；编写课程设计实习报告：1) 对所设计的问题进行需求分析，明确问题的内容和关键；2) 给出问题的设计方案，包括概要设计和详细设计；3) 编写用户手册，并给出测试结果。

本课程设计包括：线性表各种操作的实现，栈和队列的应用，树的应用，图的应用，排序算法的应用，综合问题。

本课程采用实习报告和实际编程相结合，并加上与每位同学进行个别交流，即有部分程序需要向指导教师面交并回答指导教师提出的问题。一般实习报告占 30%，编程部分占 30%，程序面交占 40%。考核成绩采用五级记分制：优、良、中、及格、不及格。

2．算法分析与设计课程设计

本课程设计为配合"算法分析与设计"课程而开设。"算法分析与设计"课程是理学院信息与计算科学专业的专业基础课程，主要介绍算法分析与设计的一般概念、原理及方法。通过对算法的系统学习与研究，掌握算法设计的主要方法，培养对算法的计算复杂性正确分析的能力，为独立设计算法和对算法进行复杂性分析奠定基础。通过本课程设计，使学生能够结合实际问题，学会选用和设计解决问题的具体算法，使理论与实际相结合，对算法分析和设计及其实现等内容加深理解；同时使学生在程序设计方法，上机操作等基本技能受到比较系统和严格的训练。

通过本课程设计的实践及其前后的准备与总结，复习、领会、巩固和运用算法分析与设计课堂上所学的方法和知识。为学生适应毕业后综合应用本专业所学习的多门课程知识(例如，软件工程、程序设计语言、数据结构、算法分析与设计等)创造实践机会。使学生通过参加开发实践，了解算法设计在解决实际应用问题中的重要性，并且重点深入掌握好一、两种较新或较流行的软件工具或计算机应用技术、技能。通过富有挑战性的算法设计实践，为学生提供主动学习深入实践的机会，并且通过课程设计实践中，提高学生的自学能力、书面与口头表达能力、创造能力和与团队其他成员交往和协作开发软件的能力，提高学生今后参与实际项目和探索未知领域的能力和自信心。

本课程设计要求学生通过学习研究课程设计指导书，进行选题，明确任务；选择、准备、试用开发平台及其他有关开发工具；根据自己承担的任务利用各种途径(图书馆、因特网等)进行针对性的学习并收集相关资料；每个学生要特别发挥积极主动精神投入课程设计和开发活动。除了实验室正式安排的课程设计时间之外，学生需要充分利用好课余时间，自己有计算机的学生更要充分利用有利条件以取得尽可能好的开发成果，力争获得最大收获。每个学生可以与同学进行互相研讨、帮助，但必须独立完成自己承担的任务与文档编制任务，不得抄袭他人成果。在课程设计进行期间，建议每个学生建立自己个人的开发记录或日志。记录的内容可以包括：个人承担的任务、计划与进度；软件工具学习内容摘要与存在问题、难点；好的创意与建议；开发或学习心得；文档草稿；重要信息与线索记录等。这样做有助于开发工作和自己的学习，也有助于最后完成个人和小组的课程设计报告。

课程设计可供选择的问题主要有：N 皇后问题、第 k 小元素查找问题、子集和问题、装箱问题、平面图着色问题、背包问题、算 24 点问题、最长公共子序列问题-动态规划技术、最少费用购物-动态规划技术、正则表达式匹配问题-动态规划技术、会场安排问题-贪心策略、最优合并问题-贪心策略等。

每个学生需要提交符合格式要求的课程设计报告，及可运行程序、源代码等。

3．数字图像处理课程设计

本课程设计系为配合"数字图像处理"课程而开设。它着眼于原理与应用的结合，使学生把书本上学到的知识用于解决实际问题。通过学习使用 OpenCV，使学生对数字图像处理的算法实现有更好的理解；并使学生在程序设计方法、上机操作等基本技能等方面受到比较系统和严格的训练。

课程的内容和要求是：OpenCV 获取与编译，以及初步使用方法：通过学习 OpenCV 工程的建立与编译，掌握在 Windows 下用 VC 建立工程的方法。掌握图像的装载，数据读取与修改等方法；颜色模型、图像数字化、图像文件格式：掌握图像的表示方法；图像几何变换：编程实现图像平移、比例缩放、旋转等算法；离散傅里叶变换：使用 OpenCV，掌握离散傅里叶变换在图像处理中的应用；图像的增强：编程实现灰度线性变换、图像去噪、图像锐化的算法，运用 OpenCV 实现图像的同态滤波算法；图像恢复：使用 OpenCV 进行图像恢复，了解图像恢复的常用方法；图像压缩：编程实现图像压缩的香农-费诺编码算法，使用 OpenCV 进行静态图像与视频文件的压缩；图像分割：编程实现图像分割的边缘点检测与边缘线跟踪算法，并与 OpenCV 中的 Canny 算法的分割结果进行比较；图像描述：使用 OpenCV 进行如下图像特征描述：图像几何性描述、矩描述、纹理描述。

本课程的成绩采用实习报告和实际编程相结合，并加上与每位同学进行个别交流，即有部分程序需要向指导教师面交并回答指导教师提出的问题。一般实习报告占 30%，编程部分占 30%，程序面交占 40%。考核成绩采用五级记分制。

4．计算机图形学课程设计

本课程设计系为配合"计算机图形学"课程而开设。它着眼于原理与应用的结合，使学生把书本上学到的知识用于解决实际问题。通过学习使用 OpenGL，使学生对计算机图形学的算法实现有更好的理解；并使学生在程序设计方法、上机操作等基本技能等方面受到比较系统和严格的训练。

本课程设计的主要内容和要求是：OpenGL 初步：掌握在 VC 中使用 OpenGL 进行编程的基本框架，了解 OpenGL API；二维几何图元生成：掌握线段、圆弧、多边形等二维图元的绘制方法，编写二维图形应用程序；输入与交互：掌握事件驱动输入编程，掌握交互式程序设计方法；三维图形：掌握变换的齐次坐标表示、视-模变换，编程建立一个彩色立方体，了解 OpenGL 三维应用程序的编程接口，掌握观察与消影，编程实现投影算法，生成阴影的算法，并用 OpenGL 所得结果相对比；光照和明暗：掌握 Phone 光照模型，编程实现单个点光源照射下的透明体、半透明体的光照效果，掌握用 OpenGL 进行材质、光源的设置方法；建立一个中等复杂程度的场景：使用 OpenGL 编程，建立一个具有中等复杂程度的场景。

考核方式与成绩评定方法为：采用实习报告和实际编程相结合，并加上与每位同学进行个别交流，即有部分程序需要向指导教师面交并回答指导教师提出的问题。一般实习报告占 30%，编程部分占 30%，程序面交占 40%。考核成绩采用五级记分制。

5. 数据库课程设计

本课程是为了配合数据库原理与技术课程开设的，通过设计一完整的数据库，使得学生掌握数据库设计各阶段的输入、输出、设计环境、目标和方法。熟练掌握两个主要环节——概念结构设计与逻辑结构设计；熟练地使用 SQL 语言实现数据库的建立、应用和维护。

要求掌握数据库设计的每个步骤，以及提交各步骤所需图表和文档。通过使用目前流行的 DBMS，建立所设计的数据库，并在此基础上实现数据库查询、连接等操作和触发器、存储器等对象设计。有条件的同学可以结合熟悉的高级语言设计数据库应用系统界面。

本课程的具体内容为：需求分析：选择一设计实例(也可以自定)，通过各种渠道调研业务流程，并对业务进行详细分析，绘制 DFD、DD 图表以及书写相关的文字说明；概念结构设计：根据第一步得到的文档和图表，抽象设计出所选实例的概念模型，绘制局部、总体 E-R 图，并优化；逻辑结构设计：将 E-R 图转换成等价的关系模式，按需求对关系模式进行规范化，对规范化后的模式进行评价，调整模式，使其满足性能、存储等方面要求；根据局部应用需要设计外模式；物理结构设计：选定实施环境，存取方法等；数据实施和维护：用 DBMS 建立数据库结构，加载数据，实现各种查询、链接应用程序，设计库中触发器、存储器等对象，并能对数据库做简单的维护操作。可以结合熟悉的高级语言设计数据库应用系统界面。

本课程的考核方式为设计报告与上机实验相结合，主要考虑以下几个方面：小组内各成员之间的协作情况；从需求分析到物理模型设计阶段的文档的正确与完整性，适当参考各成员负责部分设计；各成员实施阶段文档和调试情况(随机检查)。

成绩以等级制评定。包含设计文档、实施过程中程序脚本、考勤情况。

6. 计算机网络课程设计

计算机网络课程是一门实践性较强的技术，课堂教学应该与实践环节紧密结合。课程设计题目配合教学过程，由学生循序渐进地独立完成网络编程任务，以达到深入理解网络基本工作原理与实现方法、掌握处理网络问题的基本方法的目的。通过本课程设计，使学生在对计算机网络技术与发展整体了解的基础上，掌握网络的主要种类和常用协议的概念及原理，初步掌握以 TCP/IP 协议族为主的网络协议结构，培养学生在 TCP/IP 协议工程和 LAN、WAN 上的实际工作能力，学会网络构建、日常维护以及管理的方法，使学生掌握在信息化社会建设过程中所必须具备的计算机网络组网和建设所需的基本知识与操作技能。

本课程设计包括以下内容：

(1) 使用数据拷贝线组网：学会使用并行电缆(数据拷贝线)实现双机通信和资源共享，使用直接电缆实现两台 PC 机之间的通信，需要微机、并行电缆等材料。

(2) 制作交叉双绞线组网实验：了解双绞线的相关知识，学会制作交叉双绞线，掌握用交叉双绞线实现两台计算机之间的对连。

(3) 制作直通双绞线组网：了解双绞线的相关知识，学会制作直通双绞线，掌握用双绞线实现集线器和计算机之间的互连。

(4) 无线网络的组建：认识无线局域网，掌握无线接入点与无线网卡的安装与配置，安装与配置好无线接入点和网卡，实现一个小型的无线局域网，实现 PC 机间的通信。

(5) CISCO IOS 基本使用：熟悉 CISCO IOS 系统及其 IOS 设备，能够识别路由器或交换机之间连接所需要的连接组件，并能正确连接，在路由器(或交换机)与一个终端之间建立控制台连接，登录并认识和使用它们的基本命令，使用 Help 并编辑特性，保存路由器的配置，设置口令、主机名、描述、IP 地址及时钟。

(6) 交换机基本使用：使用交换机组网，交换机基本管理配置，验证交换机配置。

(7) VLAN 的设置：认识和使用交换机，了解虚拟局域网 VLAN 的含义以及划分 VLAN 的目的，在使用交换机组建网络的基础上，进行基于端口的 VLAN 配置；通过两台交换机将八台主机组建为两个 VLAN，VLAN1 包含 4 台主机，两台连接到交换机 1 的两个端口上，另两台连接到交换机 2 的端口上；VLAN2 也包含 4 台主机，两台连接到交换机 1 的两个端口上，另两台连接到交换机 2 的端口上。通过配置交换机最后实现 VLAN 内的机器可以通信。

(8) 路由器基本使用：加深对路由器的认识；初步掌握路由器的一些常规配置，了解静态路由的优缺点及适用范围；掌握配置静态路由实现网络互通的方法，利用路由器、静态路由实现组网。

(9) 动态路由配置：了解动态路由的优缺点及适用范围，掌握配置动态路由实现网络互通的方法，用 RIP、OSPF 协议进行配置，用 shiproute 命令显示路由表，用路由器和动态路由协议组建指定拓扑结构的网络。

(10) 网络环境管理：掌握获取与其直接相邻的设备信息的方法，熟悉远程获取远端设备的信息；能进行密码恢复，掌握路由器 IOS 升级方法，掌握利用 CDP 协议获取与其直接相邻的设备信息的方法，熟悉用 Telnet 来获取远端设备的信息；能进行密码恢复，拷贝配置文件到 TFTP server，能进行 IOS 升级。

(11) 管理访问控制表：掌握利用访问控制表来实现网络控制方法，管理标准 IP 访问控制表。

(12) NOS 及其网络服务配置：熟悉并掌握组建网站的基本技术，在前面实验的基础之上进行本次实验，用一台主机作服务器，对其进行 Web 和 FTP 配置，以提供 Web 和 FTP 服务，使得其他连入的主机能进行上传与下载。最后将自己制作的网页(需以小组为单位在课外预先完成)上传到服务器，并在其他主机上对网页进行浏览。

要求每个参加实验的学生要认真做好实验前的准备工作，查询必要的相关资料，拟好实验的步骤和预期结果等。各个实验可以综合考虑及实施，并注意它们的连续性；实验小组要注意实验过程中的步骤和操作，并需在实验过程中作好较详细的记录。每个实验小组要认真、整洁、及时书写完成每一个实验报告(见模板)，每个成员至少要执笔完成1～2个实验报告；最后按实验项目序号装订各组实验报告汇总成册。

考核方式：平时考勤；报告书写是否认真、工整，独立分析解决问题的能力和创新精神；是否有抄袭现象。成绩按五级计分制评定。

7. 软件开发与案例分析

本课程设计是为信息与计算科学专业的学生开设的实践类课程。通过具体的项目实践，完成项目的需求、设计、开发、测试与文档编制和总结，使学生初步认识、掌握如何从实际问题出发，通过需求调查建立需求模型，通过选择合适软件架构进行软件概要设计，了解软件概要设计和详细设计的主要成果，使学生掌握软件设计的基本方法，为适应未来的工业化软件开发奠定基础。在整个设计过程中，让学生通过集体讨论、共同探讨，分工协作，提高学生运用已学过的知识去解决问题的能力，并培养学生系统分析应用能力和相互配合协同工作的合作精神。

掌握软件需求调查和需求分析的基本方法和表示方法，掌握软件概要设计的主要内容和表示方法，了解软件架构在软件开发中的作用和常用软件架构的特点，掌握软件详细设计的主要内容、设计方法、表示方法和评价标准，了解软件设计成果物的主要表现形式、软件开发计划等。

对项目需求仔细研究、分析，拟定出本小组要开发软件的问题定义与软件原型基本功能与特色、开发技术与工具、设计初步方案、开发计划与成员分工等文档。按照本课程设计指导书的各项要求进行设计、开发、测试与文档编制和总结。项目的分析与设计可以采用传统的结构化分析与设计方法，也可以采用面向对象的分析与设计方法。

7.1.3　数学与应用数学专业的课程设计

除了公共的课程设计以外，数学与应用数学专业还有数值分析课程设计、应用回归分析课程设计、统计案例分析实践、统计分析课程设计、金融数据处理课程设计、现代投资综合课程设计、投资组合课程设计、数据库系统课程设计等。

1. 数值分析课程设计

数值分析是一门实践性很强的课程，尤其是随着计算机科学的发展，数值分析成为一门日益受到工程领域欢迎和越来越具有实践性的课程。为了让数值分析真正得到应用，我们开设了数值分析课程设计，以强化学生对数值分析的应用能力。

本课程设计的作用依然是加强学生编程能力的训练与培养，通过这一课程设计，使学生能够用 C 语言编写数值分析课程中涉及的主要算法，使得课程中学过的算法能够实际应用。

本课程设计共有七个问题，分别是插值、拟合、线性方程组的直接法求解和迭代求解、数值积分、非线性方程的求解、常微分方程初值问题的数值解。

每个课程设计问题分为目的、基本知识回顾、基本问题、算法描述、程序实现和编程问题六个部分来叙述，其中算法描述是使我们编写的程序结构合理、思路清晰的一个重要步骤，程序实现部分是我们给出的实例，编程问题则是需要学生完成的作业。

本课程设计系为配合数值分析而开发。它着眼于数值分析课程中主要算法的程序实现，培养学生的编程能力，重点掌握 C 语言的高级功能，即类型定义、结构、指针、动态申请空间、文件操作等内容在数值分析课程中的应用。

具体内容有：

(1) 插值函数的编程实现：巩固多项式插值的概念，理解插值的具体方法，掌握几种常用插值方法的编程实现，如 Lagrange 插值、分段线性插值、分段二次插值等。

(2) 曲线拟合的编程实现：巩固数据拟合的概念、理解数据拟合的具体方法，掌握数据拟合方法的编程实现，主要为多项式拟合。

(3) 数值积分的编程实现：巩固数值积分的概念，理解数值积分的具体方法，掌握数值积分的编程实现，掌握指向函数的指针的运用。

(4) 线性方程组直接解法的编程实现：巩固有关线性方程直接解法的基本概念，理解直接解法的具体方法，线性方程组直接解法的编程实现。

(5) 线性方程组迭代解法的编程实现：巩固有关线性方程迭代解法的基本概念，理解迭代解法的具体方法，线性方程组迭代解法的编程实现。

(6) 非线性方程求解的编程实现：巩固有关非线性方程求解的基本概念，理解二分法和迭代法的具体方法，非线性方程二分法和迭代解法的编程实现。

(7) 常微分方程数值解的编程实现：巩固有关常微分方程初值问题数值解的基本概念，理解具体方法，编程实现求解常微分方程数值解的 Euler 法，改进的 Euler 方法和龙格-库塔(Runge-Kutta)方法。

本课程注重学生学习的过程管理，每次课均要求学生完成一个编程问题并上交程序和实验报告。本课程考试采用上机笔试的方法，学生需要现场编写程序，调试通过后，在试卷上写出程序和结果。

2．应用回归分析课程设计

通过本课程的学习，使学生巩固、应用和补充课堂讲授的理论知识，增强学生的动手能力和理论联系实际的能力，让学生会应用回归分析中的诸多方法进行数据分析和建模，通过和不同的学科知识相结合，对所考虑具体问题给出合理的推断。提高学生发现问题、分析问题、解决问题和撰写科研论文的能力。帮助学生获得回归分析的基本知识，掌握基本应用技能，了解本学科的特点和发展前沿。让学生在接受知识熏陶的同时，思维能力得以加强，数学修养得以提高。引导学生既重视理论知识又重视实际应用，努力培养复合型实用人才。

本课程设计要求学生掌握对实际问题的问题描述，收集相关的数据；了解对于实际问题如何建立回归模型，掌握一元线性回归、多元线性回归模型的参数估计和回归方差的显著性检验；了解异常值和强影响值；掌握异方差性的诊断、自相关性的诊断、多重共线性的诊断和它们的建模处理；理解逐步回归和非线性回归，会分析模型的结果并进行上机操作，能够对结果进行合理的分析。

3．统计案例分析实践

通过本课程实习，应使学生掌握统计学的基本理论、统计研究的基本方法，掌握统计综合指标的计算和应用、统计指数的编制和分析、抽样调查的基本理论和方法，掌握统计预测的理论、方法及应用；培养学生具备对经济运行的实际内容进行具体的计算分析，培养学生用统计方法解决实际问题的能力。通过具体而全面的统计案例实习来启发学生的悟性，挖掘学生的潜能，培养学生用统计理论和统计方法解决实际问题的动手能力和创新能力，提高学生的统计素质。

在已学习了统计学、市场调查与分析和统计学案例等课程的前提下，要求学生既能够独立完成各项实习，又能够养成团队协作的精神，共同撰写实习报告。

该实践是在学习了统计学、市场调查与分析相关理论和方法的基础上，将相关理论和方法运用于实际问题的解决，拉近理论与现实的距离，使统计学专业的学生更好地掌握统计综合指标的计算和应用，抽样调查的基本理论和方法，统计预测的理论、方法及应用，并提高实践动手能力和综合分析能力。

4．统计分析课程设计

本课程设计以各种统计分析方法的基本理论为基础，深刻体会各种统计分析方法的基本思想，并以统计软件 Excel 作为一种实现手段，熟悉各种统计分析方法在其中的操作步骤，指导学生完成统计分析和社会调查的过程。在切实培养提高学生实践动手能力的同时，不断培养学生独立思考、综合分析、推理判断的能力，培养学生的统计思维能力、创新意识和自学能力以及相互协作的团队精神。

学生以小组为单位进行社会调查，明确分工与任务，掌握 Excel 处理数据的方法，并能够绘制出符合要求的统计图和统计表，为决策的制定提供一定的数据参考。在统计调查的基础上，根据收集的资料反映出某一问题的现状，找出存在的问题及其原因，并能够提出具有一定现实意义的解决对策，最终形成完整的统计分析报告。调查报告要有大量的统计数据、适量的统计图表，定量分析与定性分析相结合，同时具有较强的针对性、时效性和实用性。

5．金融数据处理课程设计

本课程设计是配合"金融数据处理"课程而开设的一门实践课程，是应用统计学、数学与应用数学专业的专业必修课。通过课程设计，使学生能够熟练使用统计软件，掌握金融数据处理的基本方法和步骤，培养学生运用数学、经济学、金融学知识和统计软件分析问题和解决问题的能力，为实际工作奠定基础。

掌握金融数据处理的基本方法和步骤，在熟练使用统计软件的基础上，能够运用实际的统计数据和统计方法分析经济与金融问题，研究常见的金融活动中表现出的数量关系，并能够利用统计软件完成数据的清理和标准化处理。

本课程设计的主要内容有：

(1) 金融数据库介绍，主要内容包括 crsp 简介；股票数据库结构和数据文件描述；指数数据库结构图和数据文件描述；路透终端和终端屏幕；其他数据库(包括 compustat、pacap、datastream、ibes、sdc 等)。

(2) SAS 编程基础，主要内容有 SAS 系统快速入门；数据步创建 SAS 数据集；访问外部数据文件(分别通过 Import 过程、通过 Libname 语句和库引擎、通过 Access 过程、通过 Odbc 等)；SAS 函数及其应用(包括 SAS 函数的定义与分类、日期时间函数、概率分布函数、分位数函数、样本统计函数等)。

(3) SAS 数据加工，主要内容有数据步文件管理(包括 data 语句、input 语句、cards 语句、put 语句、by 语句、set 语句、merge 语句、update 语句、modify 语句、file 语句、nfile 语句等);数据加工整理(包括修改与选择观测、循环与转移控制、变量与信息控制)。

(4) SAS 高级编程技术,主要内容有过程步通用语句(包括 proc 语句、var 语句与 modle 语句、id 语句与 where 语句、class 语句与 by 语句、output 语句与 quit 语句、format 语句与 attrib 语句、label 语句等);全程通用语句(包括注释语句、dm 语句与 x 语句、title 语句与 footnote 语句、run 语句与 endsas 语句、libname 语句、filename 语句等)。

6. 数据库课程设计

本课程设计是实践性教学的一门重要课程。通过该课程学习,使学生掌握数据库的基本概念、原理和技术,将理论与实际相结合,应用已有的数据建模工具和数据库管理系统软件,独立自主、规范地完成一个小型数据库应用系统的设计与实现及其应用。本课程旨在培养学生运用所学的数据库课程知识发现、分析实际问题的能力;培养学生掌握数据库设计和实现的技术手段、设计信息查询类课题的方法;提高学生调查研究、查阅技术文献、资料、手册以及编写文档说明的能力;培养学生的数据挖掘能力,提高学生利用计算机解决实际问题的能力。

要求学生认真阅读有关规范、文献资料等,按照每章相应内容的任务书,在教师指导下进行上机实现,按时独立完成任务。

数据库课程设计采用 MySQL 实现, GUI 客服端管理软件采用 MySQL Administrator。SQL 编辑器可采用 UltraEdit 或者 EditPlus 等编辑器。

上交作业中,每章节作业必须含有实验报告、MySQL 的 SQL 源代码,不得抄袭,否则按照学校相应规定处理。

设计数据库时,实验报告必须含有 E-R 图、关系模式,以及表与表之间的关系。

如果作业有前台要求,所选工具不限,由学生自行决定。

学生需要完成的主要任务有:MySQL 环境的安装与配置;数据库、表格的建立与相关操作;数据库和表;数据库查询操作与多表关联操作;数据库的查询和视图;数据完整性实现;过程、函数、触发器的建立及其应用;MySQL 语言结构;过程式数据库对象;数据的备份、恢复及安全策略;综合数据库课程设计。

7.1.4　应用统计学专业的课程设计

本专业的实践环节主要有:C 语言课程设计、数学实验、数学建模课程设计、数值分析课程设计、金融数据处理课程设计、应用回归分析课程设计、统计案例分析实践、统计分析课程设计、毕业设计等,具体内容参见数学与应用数学的相关实践环节介绍。

7.2　物理类专业实践环节介绍

7.2.1　专业实验室介绍

本学科实验室由四个实验室和一个仿真中心组成:新能源发电技术实验室(包括太阳能

光伏发电试验系统、风光互补发电系统各一)、新型燃烧技术实验室(主体为多孔介质新型燃烧试验台)，能源装备及材料实验室、能源热物性测试实验室、仿真中心，为在研的国家自然科学基金项目、省自然科学基金项目和各类企业委托横向项目的顺利进行提供了硬件研究条件，并承担本专业和相关专业学生的教学实验任务，为学生创造了优良的学习、实验、实习、科技活动等条件。

7.2.2　普通物理系列实验

1. 实验教学目标

物理学是一门实验科学，物理规律的发现及其理论的建立，都必须以严格的物理实验为基础，并受到实验的检验。普通物理实验课是对学生进行科学实验基础训练的一门独立的必修课，它在培养大学生实践能力和知识方面有其他课程不可替代的作用，将为学生终生学习和继续发展奠定必要的基础，其目的是通过实验知识、实验方法的教学和实验技能的训练，能使学生了解科学实验的全过程，为今后的学习和工作奠定良好的实验基础，同时把理论与实际、方法与技能结合起来，促使学生既动手又动脑，在实践中学习，培养创新精神和科学实验能力，提高学生的科学素养、实事求是的科学作风和严肃认真的工作态度，遵守纪律、爱护公共财产的优良品德。

2. 实验基本要求

普通物理实验是在理论思想指导下为达到某项目标而进行的实验，物理实验的语言是数据，实验的成功与失败必须用测量数据来说明。要求掌握测量误差的基本知识，具有正确处理实验数据的能力，熟悉物理实验中基本的实验方法，能够进行常用物理量的一般测量，常用实验装置的调整与基本的操作技术，了解常用仪器的性能，并学会使用方法。

(1) 自行完成实验预习，独立进行实验，撰写规范的实验报告。

(2) 掌握常用实验装置的调整与基本的操作技术，例如：零位校准，水平及铅直调整，光路的同轴等高调整，视差的消除，逐次逼近调节，正确连接电路等。

(3) 熟悉物理实验中基本的实验方法，例如：比较法、转换测量法、模拟法、补偿法和干涉法等。

(4) 能够进行常用物理量的一般测量，例如：长度、质量、时间、力、温度、电流强度、电压、电阻、磁感应强度、折射率等。

(5) 了解常用仪器的性能，并学会使用方法，例如：测长仪器、计时仪器、测温仪器、直流电桥、电位差计、示波器、信号发生器、分光计等。

(6) 掌握测量误差的基本知识，具有正确处理实验数据的能力，其中包括下列内容：测量误差的基本概念；直接测量结果的误差表示；间接测量结果的误差估算；处理实验数据的一些重要方法，例如列表法、作图法和最小二乘法等。

3. 实验项目与内容

普通物理实验包含的项目与内容见表 7-1。

表 7-1　普通物理实验项目与内容

序号	实验项目	实验时数	实验类型				内容提要	是否为必修
			综合	设计	验证	演示和其他		
1.1	绪论	3				√	误差知识，数据处理，实验方法和实验仪器的介绍	必修
1.2	密度的测定	2			√		掌握游标卡尺、螺旋测微计、天平的使用，学会测量物体的密度，练习实验数据的处理方法	选修
1.3	空气比热容比的测定	3	√				测定空气的定压比热容与定容比热容之比	必修
1.4	导热系数的测定	3	√				掌握热电偶测温原理，学习用稳态法测量材料的导热系数	必修
1.5	转动惯量的测量	3	√				学习用扭摆法测刚体的转动惯量，掌握数据处理及误差计算的基本方法	必修
1.6	液体表面张力系数的测量	3			√		学会仪器调整，测量弹簧的倔强系数，测液体表面张力系数	必修
1.7	液体粘滞系数的测定	3			√		观察液体的内摩擦现象，了解小球在液体中下落的运动规律；用落球法测定液体的粘滞系数；学习用外延扩展法获得理想条件的思想方法	必修
1.8	固定均匀弦振动的研究	3			√		了解固定均匀弦振动传播的规律，观察固定均匀弦振动传播时形成驻波的波形，测定横波传播的速度	必修
1.9	气垫导轨实验	3			√		掌握气垫导轨的调整技术，观察直线运动、匀变速直线运动，测定物体运动速度和加速度，验证牛顿第二定律；了解完全弹性碰撞和完全非弹性碰撞的特点，验证动量守恒定律	必修

续表一

序号	实验项目	实验时数	实验类型				内容提要	是否为必修
			综合	设计	验证	演示和其他		
1.10	拉伸法测定金属丝杨氏弹性模量	3	√				学习望远镜的结构原理和使用方法，掌握光杠杆测微法，运用拉伸法测量杨氏模量	必修
1.11	动态杨氏模量的测定	3	√				正确调节仪器，用动态悬挂法测定杨氏模量	选修
1.12	波尔共振仪研究共振	3	√				用波尔共振仪测定机械受迫振动的幅频特性和相频特性，利用频闪法测定动态的物理量—相位差	必修
2.1	电表的改装与校准	4.5		√			掌握将微安表改装成较大量程的电流表和电压表的原理和方法；学会用比较法校准电表	必修
2.2	电位差计校准电表和测电阻	4.5		√			学会测量电路的设计和测量条件的选择，掌握补偿测量原理及应用	必修
2.3	RC 串联电路	4.5		√			研究 RC 串联电路的稳态特性：幅频特性和相频特性；进一步熟悉示波器的使用	必修
2.4	简易欧姆表的设计	3		√			巩固电学基本仪器的使用方法和误差处理的原则，设计并组装一个不带量程变换的欧姆表	选修
2.5	示波器的使用	3			√		了解示波器工作的物理原理，熟悉其使用方法，用示波器检测波形，测量频率	必修
2.6	惠斯登电桥实验	3			√		学习电桥中的桥式测量法，掌握检流计等精密电学仪器的使用，必做内容为直流电桥测量电阻 R 并正确计算误差。选做内容为直流电桥的优化测量和交流电桥测阻抗	选修

序号	实验项目	实验时数	实验类型				内容提要	是否为必修
			综合	设计	验证	演示和其他		
2.7	霍尔效应及应用	3	√				掌握霍尔效应的物理本质，学习各种副效应的消除方法，精确测定长螺线管中轴向磁场的分布	必修
2.8	硅光电池特性的及其应用	3	√				了解硅光电池的主要参数和基本特性，学习使用硅光电池探测的实验方法及应用原理	必修
2.9	静电场的描绘	3			√		用模拟法描绘静电场的分布	选修
2.10	电桥法测中低值电阻	3			√		掌握电桥法测电阻的原理，学习使用箱式惠斯登电桥测中低值电阻，学会自搭电桥测电阻，并学习用交换法减小和修正误差	选修
2.11	RLC 电路谐振特性的研究	3			√		研究和测量 RLC 串联电路的幅频特性，掌握幅频特性的测量方法	必修
2.12	电子束的偏转与聚焦及电子荷质比的测定	3			√		掌握电子束电偏转和电聚焦的基本原理，学会测量电偏转灵敏度系数；掌握电子束磁偏转和磁聚焦的原理，测定磁偏转灵敏度系数；掌握测量电子荷质比的原理和方法	必修
2.13	伏安法测非线性电阻	4.5		√			设计实验方案，测量非线性电阻的伏安特性	必修
2.14	电位差计校准毫安表	4.5		√			设计一个校准毫安表的控制电路，选取适当的参数，做校准曲线并对校准表精度做出评价	必修
2.15	铁磁材料的磁滞回线和基本磁化曲线	3			√		了解铁磁材料的磁化规律，比较不同材料的铁磁物质的动态磁化特性，测定样品的基本磁化曲线，测绘样品的磁滞回线，估算其磁滞损耗	选修

续表三

序号	实验项目	实验时数	实验类型				内容提要	是否为必修
			综合	设计	验证	演示和其他		
3.1	分光计的调节与使用	3			√		了解分光计的结构，学习分光计的调节方法，测定三棱镜的顶角和最小偏向角，测量三棱镜的折射率	必修
3.2	薄透镜焦距的测定	3			√		了解透镜成像原理，掌握简单光路的分析与调整方法，掌握测量透镜焦距的方法	选修
3.3	光的等厚干涉—牛顿环、劈尖	3			√		观察和研究等厚干涉现象及特点，掌握读数显微镜的使用，用干涉法测量透镜的曲率半径、微小直径	必修
3.4	迈克尔逊干涉实验	3	√				掌握迈氏干涉仪的使用方法，观察干涉的定域性，测定激光波长和钠黄光双线的波长差	必修
3.5	光栅特性的研究	4.5		√			掌握用分光计测定光学元件特性参数，加深对理论规律的理解	必修
3.6	平行光管的调节和使用	3			√		了解平行光管的结构和工作原理，学会用平行光管测量凸透镜的焦距和透镜的分辨率	必修
3.7	单缝和双缝衍射的光强分布	3	√				了解光的衍射现象，掌握夫琅禾费单缝和双缝衍射的光强分布，学会光强分布的光电测量方法，测定单缝的宽度	必修
3.8	测量三棱镜的折射率和角色散率	3			√		巩固分光计的调节技术和使用方法，测定棱镜的角色散率	必修
3.9	旋光现象与旋光仪的使用	3	√				了解旋光仪的结构和原理，观察线偏振光通过旋光物质的旋光现象，学会用旋光仪测量旋光性溶液的旋光率和浓度	选修

序号	实验项目	实验时数	实验类型				内容提要	是否为必修
			综合	设计	验证	演示和其他		
3.10	单色仪的标定和测定镨钕玻璃的吸收波长	3			√		了解单色仪的结构原理，掌握标定单色仪的方法，测定镨钕玻璃的吸收波长，观察、比较不同光源的光谱	必修
3.11	用小型棱镜读谱仪测定光波波长	3			√		了解小型棱镜读谱仪的构造原理，掌握调节方法，学会用小型棱镜读谱仪测量光谱线的波长	选修
3.12	偏光显微镜	3			√		了解偏光显微镜的构造原理，学会使用偏光显微镜，并测量单轴晶和双轴晶试片的光性正负	选修
3.13	激光椭圆偏振仪测量薄膜厚度和折射率	3			√		了解椭圆偏振法测量薄膜参数的基本原理和使用方法，并测定薄膜厚度和折射率	必修
3.14	空气折射率的测定	3			√		了解空气折射率与压强的关系，学会用迈克尔逊干涉仪测定空气的折射率	选修
4.1	楼梯灯延时电路制作	6		√			了解整流电路、二极管、极性电容的基本特性，设计一个电路并制作，观察楼梯灯延时的现象	必修
4.2	断线式防盗报警电路	6		√			了解 555 定时器构成的多谐振荡器，观察断线式防盗报警现象，掌握断线式防盗报警器的原理，设计一个电路实现防盗报警器	必修
4.3	水位控制器电路制作	6		√			了解水位控制原理，熟悉 555 集成芯片，掌握控制水位原理的电路及电路调试方法。设计一个电路实现水位自动控制功能	必修

序号	实验项目	实验时数	实验类型				内容提要	是否为必修
			综合	设计	验证	演示和其他		
4.4	扩音器电路制作	6		√			了解扩音系统原理，熟悉 TDA2822 芯片，掌握电路设计及调试方法	必修
4.5	声光控开关的设计与制作	6		√				选修
4.6	迈克尔逊干涉仪的深入研究	6	√				掌握迈克耳孙干涉仪的结构与原理，并掌握它的调节方法的基础上，自行设计 2～3 个实验，对各种干涉现象进行深入的研究与讨论，从而深切理解光的波动本性，并提高设计实验的能力	选修
4.7	声速测定仪的研究与内容拓展	6	√				了解声速测定仪的结构与原理，掌握声速测定的实验原理，自行设计方案进行研究声速测定方法或利用声速测定仪扩展测定其他内容	选修
4.8	小型蛇摆的制作与研究	6		√			查阅文献资料，研究小球摆动周期与摆长的关系，设计实验方案，制作一个 10 个小球以上的蛇摆，完成制作并提交研究报告	选修
4.9	LED 灯单片机控制	6	√					选修
4.10	数码管单片机控制	6	√					选修
4.11	双机通信 LED 灯单片机控制	6	√					选修
4.12	双机通信数码管单片机控制	6	√					选修

4. 教学方式、考核方式及要求

为满足个性化教育的需要，建立了大学物理实验网上选课系统，实验操作做到一人一组，在教师指导下独立完成。物理实验课程的主要教学环节及学习方式如下：

(1) 实验预习：课前要仔细阅读教材及有关资料，了解实验原理，方法、实验条件，根据实验任务预先设计好记录数据表格。

(2) 实验操作：正确调整仪器，安全操作，仔细观察物理现象、记录数据。

(3) 实验总结：撰写实验报告是对实验工作的全面总结，报告力求文字通顺、字迹端正、图表规范、结果正确、讨论认真。

通过该课程教学，使大学生系统掌握物理实验的基本知识，基本方法和技能，培养与提高学生科学实验能力，并为后继的专业实验课程打下良好的基础。

大学物理实验为考试课程。期末总成绩由平时成绩和期末考核成绩两部分组成，平时成绩占 70%，期末考核成绩占 30%。平时成绩为每次实验课的成绩总评，每次实验课的成绩细分为预习分、操作分、实验报告分。期末考核采取操作考试与笔试相结合的形式。

5. 教材与参考书

(1) 教材：《大学实验物理教程》，由胡建人主编，科学出版社 2010 年 2 月出版。

(2) 参考书：①《物理实验教程》，由丁慎训主编，清华大学出版社 1991 年出版。②《大学物理实验》，由张兆奎等主编，华东理工大学出版社 1990 年出版。③《近代物理实验》；④《能源电子技术实验》；⑤《能源技术实验》。

7.2.3 近代物理系列实验

1. 实验教学目标

近代物理实验是继普通物理实验后的一门重要的基础实验课程，主要由在近代物理学发展中起过重要作用的著名实验，以及体现科学研究中不可缺少的现代实验技术的实验组成。它所涉及的物理知识面广，是理论课程学习与实践相结合的一门课程。通过该课程的学习，能使学生受到著名物理学家的物理思想和探索精神的熏陶，激发学生的探索、创新精神。通过这些实验的训练，学生可进一步了解近代物理的基本原理，学习科学实验的方法、科学仪器的使用和典型的现代实验技术，进一步培养学生严谨的科学作风、从事科学研究的基本能力和综合素质。

2. 实验基本要求

本课程从近代物理主要领域中选取一些在物理学发展史上起过重要作用的著名实验以及在实验方法与技术上有代表性的实验进行教学。具体要求如下：

(1) 学习如何用实验方法和技术研究物理现象与规律，培养学生从实验过程中发现问题、分析问题和解决问题以及创新的能力。

(2) 学习近代物理某些主要领域中的一些基本实验方法和技术，掌握有关的仪器的性能和使用方法。

(3) 通过实验加深对近代物理的基本现象及其规律的理解。

(4) 巩固和加强有关实验数据处理及误差分析方面的训练。

(5) 培养实事求是、踏实细致、严肃认真的学习态度和克服困难、坚韧不拔的工作作风以及良好的实验素养。

3. 实验项目与内容

近代物理实验的项目与内容见表 7-2。

表 7-2 近代物理实验项目与内容

序号	实验项目	实验时数	实验类型	内 容 提 要	是否为必修
1.1	光电效应测普朗克常数	4	综合	理解光电效应理论，掌握光电效应仪的使用，测量普朗克常数，完成一份实验报告	必修
1.2	弗兰克-赫兹实验	4	验证	测定贡原子的第一激发电位和证明原子能级的存在，完成一份实验报告	必修
1.3	氢原子光谱的同位素移位	4	验证	熟悉光栅光谱仪的性能与用法；测量氢和氘谱线的波长求质子与电子的质量比；求里德伯常数；完成一份实验报告	选修
1.4	半导体变温霍尔效应	4	综合	了解半导体中霍耳效应的产生原理；掌握霍耳系数和电导率的测量方法，完成一份实验报告	选修
1.5	巨磁阻材料的磁阻效应	4	验证	初步掌握室温磁电阻的测量方法；完成一份实验报告	必修
1.6	光速测量仪的研究与内容拓展	16	设计	了解光拍频的概念；学习声光调制的基本原理；掌握光拍法测量光速的技术，研究拓展实验内容；完成一篇小论文	选修
1.7	超声光栅仪的研究与内容拓展	16	设计	掌握超声光栅仪的原理及其使用方法，利用超声光栅仪完成拓展实验；完成一篇课内论文	选修
2.1	微弱振动的双光栅测量	3	综合	熟悉一种利用光的多普勒频移形成光拍的原理，精确测量微弱振动位移的方法；作出外力驱动音叉时的谐振曲线；完成一份实验报告	选修
2.2	电子衍射实验	3	验证	利用多晶体的电子衍射现象，测量运动电子的波长；验证德布罗意关系；完成一份实验报告	选修
2.3	塞曼效应	4	验证	掌握塞曼效应理论，确定能级的量子数与朗德因子，绘出跃迁的能级图；掌握法布里-珀罗标准具的原理及使用；完成一份实验报告	选修
2.4	金属逸出功的测量	3	综合	用里查逊直线法测定钨的逸出功；完成一份实验报告	选修
2.5	密立根油滴仪测量电子的电量	4	验证	采用密立根油滴实验测定电子的电荷值；完成一份实验报告	选修
2.6	蒸汽冷凝法制备纳米微粒	4	综合	采用聚集法中的蒸气冷凝法制备不同气压下铜纳米颗粒。通过实验使学生了解冷凝法制备纳米颗粒铜的原理、方法，研究不同压力下颗粒大小和色泽；完成一份实验报告	选修
2.7	高温超导体基本特性测量	4	综合	了解超导现象，利用动态法测量超导材料的电阻随温度的变化关系；掌握利用液氮容器内的低温空间改变氧化物超导材料温度、测温及控温的原理和方法；学习利用四端子法测电阻和消除热电势等基本实验方法以及实验结果的分析与处理；完成一份实验报告	选修
2.8	晶体磁光效应实验	4	综合	掌握法拉第磁光效应的原理，测量磁旋光玻璃的费尔德常数；完成一份实验报告	必修
2.9	铁磁材料居里温度的测定	4	综合	了解铁磁物质由铁磁性转变为顺磁性的微观机理；学习测定居里温度的原理和方法；测定铁磁样品的居里温度；完成一份实验报告	选修

序号	实验项目	实验时数	实验类型	内 容 提 要	是否为必修
2.10	全息照相	4	综合	了解全息照相技术的基本原理和主要特点；学习拍摄静态全息照片的有关技术；完成一份实验报告	必修
2.11	AFM 原子力显微镜技术及应用	16	设计	学习和了解 AFM 的结构和原理；掌握 AFM 的操作和调试过程，并以之来观察样品的表面形貌；学习用计算机软件来处理原始数据图像；完成一篇小论文	选修
2.12	XRD 衍射仪原理及应用	16	设计	了解 XRD 衍射仪原理，学会 XRD 衍射仪的使用；初步研究晶体形貌；完成一篇课内论文	选修
2.13	激光技术及应用	16	设计	了解 Nd：YAG 固体激光器的结构，学会固体激光器的调整；掌握激光器特性的测定方法；初步研究激光打孔技术；完成一篇课内论文	选修
2.14	光栅光谱仪的应用	16	设计	掌握光栅光谱仪的原理及其使用方法，并利用光栅光谱仪测量各种光源光谱的发射谱线(汞灯、钠灯、白炽灯、溴钨灯)；研究不同入射狭缝和出射狭缝大小时对光谱谱线的影响；完成一篇课内论文	选修
2.15	全息光栅制作与分析(须先做全息照相)	16	设计	掌握全息光栅的原理和制作全息光栅的实验方法。分别制作一个低频和高频全息光栅，并观察和分析实验结果；完成一篇课内论文	选修
2.16	全息透镜的制作与分析(须先做全息照相)	16	设计	掌握全息透镜的原理和制作方法。制作一个全息透镜，并观察和分析实验结果；完成一篇课内论文	选修
2.17	半导体薄膜的霍尔效应测试	16	设计	半导体薄膜的测试很重要的工作是制备电极。本测试要求自制电极来测试。掌握半导体薄膜霍尔效应和电导率的测试原理和方法，测试半导体薄膜的霍尔系数和导电率；完成一篇课内论文	选修
2.18	磁性薄膜 MFM 相关测试	16	设计	学习和了解磁性薄膜的形貌、磁畴等性能的测试方法；利用现有设备进行测试；完成一篇课内实验报告	选修
2.19	双光栅微弱振动位移测量应用(微弱振动的双光栅测量)	16	设计	经过双光栅微弱振动位移测量实验，结合实际应用分析其优点，并自行设计一套关于双光栅微弱振动实际应用的可行性方案；完成一篇小论文	选修
2.20	法拉第磁光效应的应用(研究性实验，须先做磁光效应实验)	16	设计	掌握法拉第磁光效应的原理，自行设计实验实现磁光效应的一种应用；完成一篇课内论文	选修
2.21	利用超声光栅仪测定液体浓度和温度	16	设计	掌握超声光栅仪的原理及其使用方法,选择合适的液体(如酒精，NaCl 溶液)利用超声光栅仪测定液体浓度和温度；完成一篇课内论文	选修
2.22	利用超声光栅仪实现水质净化与检测	16	设计	掌握超声光栅仪的原理及其使用方法，并利用超声光栅仪实现水质净化与检测；完成一篇课内论文	选修

4. 教学方式、考核方式及要求

(1) 1 系列课程总学时数为 32 学时，短学期内完成。2 系列总学时数为 32 学时，短学期内完成。

(2) 1 系列课程共开设 7 个实验项目，要求完成 4 个必做实验和 1 个综合设计实验。2 系列课程共开设 22 个实验项目，要求完成 4 个必做实验和 1 个研究创新性实验。

(3) 本实验以开放形式为主，教师指导下由学生独立完成实验。

(4) 本课程为考试课程，考试成绩由平时成绩与期终考核成绩综合评定。平时成绩根据学生实验预习情况、实验操作情况和实验报告质量进行评定。期终考核采取撰写课内论文和参加课内论文答辩的方式。

5. 教材与参考书

(1) 教材：《近代物理实验》，自编讲义。

(2) 参考书：

① 《新编近代物理实验》，由沙振舜、黄润生主编，南京大学出版社 2002 年出版。

② 《近代物理实验》，由张天喆等主编，科学出版社 2004 年出版。

③ 《近代物理实验(基本实验)》，由吴思诚、王祖铨主编，北京大学出版社 2002 年出版。

7.2.4　能源电子技术系列实验

1. 实验教学目标

(1) 通过实验使学生能进一步对所学的电路分析课程理论知识的理解，巩固理论知识的掌握。

(2) 训练学生进行科学实验的基本技能，锻炼学生的动手能力，学会借助实验手段发现问题、分析问题和解决问题。

(3) 学会常用测试仪表及电子仪器的选择和使用，重点掌握指针万用表、数字万用表、数字示波器的使用，了解仪器、仪表的结构及工作原理。

(4) 要求每一个学生在实验中，能够通过积极地思考、认真地预习准备，细心合理地进行实验操作，实事求是地测量和记录实验数据，仔细地分析、总结，写出完整的实验报告。

2. 实验基本要求

掌握电工仪表的使用与测量误差的计算；掌握电路元件伏安特性的测量；了解直流电路中电位、电压的关系；理解基尔霍夫定律、叠加定理；研究掌握戴维南定理和诺顿定理、电压源与电流源的等效变换；研究分析受控源；掌握 RC 一阶电路的动态过程、二阶动态电路响应、RLC 元件在正弦电路中的特性、RLC 串联谐振电路、双口网络、RC 选频网络特性测试。了解 Proteus 电路仿真软件使用、电路仿真；学习掌握电路焊接知识。

3. 实验项目与内容

能源电子技术系列实验项目与内容见表 7-3。

表 7-3　能源电子技术系列实验项目与内容

序号	实验项目	实验时数	实验类型	内容提要	是否为必修
1.1	（实验一）　电工仪表的使用与测量误差的计算； （实验二）　电路元件伏安特性的测量； （实验三）　直流电路中电位、电压的关系研究； （实验四）　基尔霍夫定律； （实验五）　叠加定理的验证	4	验证	电工仪表的使用与测量误差的计算；电路元件伏安特性的测量；直流电路中电位、电压的关系研究；基尔霍夫定律；叠加定理的验证	必修
1.2	（实验六）　戴维南定理和诺顿定理的验证； （实验七）　电压源与电流源的等效变换	4	验证	戴维南定理和诺顿定理的验证；电压源与电流源的等效变换	
1.3	（实验八）　受控源特性测试； （实验九）　RC 一阶电路的动态过程研究实验	4	综合	受控源特性测试；RC 一阶电路的动态过程研究实验	
1.4	（实验十）　二阶动态电路响应的研究； （实验十一）　RLC 元件在正弦电路中的特性实验	4	综合	二阶动态电路响应的研究；RLC 元件在正弦电路中的特性实验	
1.5	（实验十二）　RLC 串联谐振电路的研究；		综合	RLC 串联谐振电路的研究	
1.6	（实验十三）　双口网络测试； （实验十四）　RC 选频网络特性测试；	4	验证	双口网络测试；RC 选频网络特性测试	
1.7	（实验十五）　电子设计制作		设计	无线话筒设计制作与焊接	
1.8	（实验十六）　电路仿真实验	4	设计	Proteus 电路仿真软件使用、电路仿真	
2.1	（实验一）　常用电子仪器使用练习、用万用表测试二极管、三极管； （实验二）　单级放大电路	4	验证	常用电子仪器使用练习、用万用表测试二极管、三极管；掌握单级放大电路的静态工作点调节	必修
2.2	（实验三）　场效应管放大器； （实验四）　两级放大电路	4	验证	掌握场效应管放大器的调节、两级放大电路的使用	必修
2.3	（实验五）　负反馈放大电路； （实验六）　差动放大电路	4	验证	负反馈放大电路；差动放大电路	必修
2.4	（实验七）　比例求和运算电路； （实验八）　积分与微分电路	4	综合	比例求和运算电路；积分与微分电路	必修
2.5	（实验九）　波形发生电路； （实验十）　有源滤波器	4	综合	波形发生电路；有源滤波器	必修
2.6	（实验十一）　电压比较器； （实验十二）　集成电路 RC 正弦波振荡器	4	综合	电压比较器；集成电路 RC 正弦波振荡器	必修
2.7	（实验十三）　模电电路设计与制作	4	设计	模电电路设计与制作	必修

序号	实验项目	实验时数	实验类型	内容提要	是否为必修
2.8	(实验十四) 模电电路仿真实验	4	设计	Proteus 电路仿真软件使用和仿真	必修
3.1	(实验一) 门电路电参数的测试； (实验二) 门电路逻辑功能及测试	4	验证	门电路电参数的测试；门电路逻辑功能及测试	必修
3.2	(实验三) 组合逻辑电路； (实验四) 触发器(一)	4	验证	组合逻辑电路；触发器(一)	必修
3.3	(实验五) 集成计数器及寄存器； (实验六) 译码管和数据选择器	4	验证	集成计数器及寄存器；译码管和数据选择器	必修
3.4	(实验七) 波形产生及单稳态触发器； (实验八) 555 时基电路	4	综合	波形产生及单稳态触发器；555 时基电路	必修
3.5	(实验九) 模数、数模转换电路实验	4	综合	模数、数模转换电路实验	必修
3.6	(实验十) 智力竞赛抢答器电路	4	综合	智力竞赛抢答器电路	必修
3.7	(实验十一) 数字电路设计与制作	4	设计	数字电路设计与制作	必修
3.8	(实验十二) 数字电路仿真实验	4	设计	Proteus 电路仿真软件使用和仿真	必修

4. 教学方式、考核方式及要求

(1) 教学方式：实验教学。实验教学分为两个模式，一是集中实验环节教学模式，二是分散时间教学模式。在集中环节，教师集中介绍实验基本内容、仪器仪表使用注意事项；抽查学生实验预习情况；与学生进行现场实验研讨。在分散环节，以学生单独完成实验为主，教师协助为辅，锻炼学生独立实验技能。

(2) 考核方式及要求：考查。成绩以平时实验预习、操作、报告为主，辅以设计实验成绩。

5. 教材与参考书

使用教材为《能源电子技术实验讲义》(自编)。

7.2.5　能源技术系列实验

1. 实验教学目标

本课程是新能源方向的选修实验课。本课程的目的是通过实验教学，加深学生对能源和动力理论知识的理解和掌握，培养学生的实际动手能力和分析解决问题的能力，掌握基本的能源利用中的实验测试方法和手段，扩大学生知识面，培养节能意识，掌握节能技术，重视节能环保问题，提高科学素质。通过实验，使学生学会太阳能光伏发电系统、风力发电系统性能测试方法、燃料电池的化学能量转换原理，熟悉实验设备和仪器的使用，学会实验数据的测取与处理，并把理论与实验结果进行对比，根据理论判断实验得到的规律是否正确，加深对课程的理解。

2. 实验基本要求

通过实验教学，加深学生对能源和动力理论知识的理解和掌握，培养学生的实际动手能力和分析解决问题的能力，掌握基本的能源利用中的设计计算工具与基于单片机的传感器设计方法。

实验基本要求：

(1) 能理解根据新能源发电原理，设计实验系统，正确选择测量仪表的方法。

(2) 弄清风光互补与燃料电池实验设备、测量仪表的作用、工作原理、使用方法，能正确地操作和采集数据。

(3) 掌握数据处理的方法，能合理地处理数据，得出结果分析并加以分析。

(4) 能独立编写出完整的实验报告。

3. 实验项目与内容

能源技术系列实验包含的项目与内容见表 7-4。

表 7-4 能源技术系列实验项目与内容

序号	实验名称	实验时数	实验类型	内容提要	是否为必修
1.1	常用工具软件高级应用技巧	4	演示	介绍 Excel 计算工具软件在能源领域的高级应用技巧，包括：(1) Excel 工作环境；(2) 数据导入与显示技巧；(3) 排序、筛选与汇总；(4) 公式与函数；(5) 数据透视表；(6) 图表的制作；(7) 宏的应用与 VBA 开发	是
1.2	传热流动设计计算实验	4	设计	以水泵输送案例为例介绍泵与风机的水力计算，包括：(1) 流量计算；(2) 阻力计算；(3) 扬程计算；(4) 汽蚀余量计算	是
1.3	计算机辅助绘图基础实验	4	演示	介绍 AutoCAD 绘图工具软件在能源领域的高级应用技巧，包括：(1) 二维图形的绘制；(2) 二维图形的修改；(3) 标注与测量；(4) 图层、颜色、字体设置；(5) 打印与出图	是
1.4	设计计算与辅助绘图综合实验	4	设计	在给定某地形图的基础上，设计并绘制从水源处向另外一处输水的系统图，要求给出初步的计算过程，并绘制简图	是
1.5	泵与风机选型计算与绘图实验	4	综合	查找阻力系数，给出详细的计算数据并选择最合适的泵与风机，最终完成输水系统的设计	是
1.6	基于单片机的温度传感器设计实验	4	设计	在给定温度传感器，单片机芯片，晶振等外围电路的基础上，利用 C 编程实现温度传感仪器的设计	是
1.7	基于单片机的压力传感器设计实验	4	设计	在给定压力传感器，单片机芯片，晶振等外围电路的基础上，利用 C 编程实现温度传感仪器的设计	是

序号	实验名称	实验时数	实验类型	内容提要	是否为必修
1.8	单片机与PC机通信实验	4	设计	在给定温度传感器，单片机芯片，晶振等外围电路的基础上，利用C编程实现温度传感仪器的数据传送到PC机	是
2.1	流体阻力实验装置搭建	4	综合	无	是
2.2	空气流动状态演示实验	4	综合	无	是
2.3	空气流动阻力性能测试实验	4	综合	无	是
2.4	液体雾化输送系统安装与调试	4	综合	无	是
2.5	液体雾化动态演示分析实验	4	综合	无	是
2.6	液体雾化测试与分析实验	4	综合	无	是
2.7	燃气灶温度测试分析实验	4	验证	无	是
2.8	燃气灶烟气成分分析测试实验	4	验证	无	是
3.1	太阳能光伏方阵的安装	2	综合	将单晶硅光伏电池组件串并联，计算工作电压	是
3.2	光伏供电装置组装	2	综合	完成光伏供电装置的组装	是
3.3	光伏供电系统接线	2	综合	电源控制单元、输出显示单元、供电控制系统的接线	是
3.4	光线传感器	2	综合	操作光伏供电控制单元	是
3.5	光源跟踪系统设计	2	设计	光伏电池组件光源跟踪的程序设计	是
3.6	太阳能日照特性测试	2	综合	室外太阳能日照特性综合测试	是
3.7	光伏电池的输出特性	2	综合	改变负载阻值，记录输出电压、电流及输出功率，绘制伏安特性曲线	是
3.8	蓄电池的充放电特性	3	综合	蓄电池的充、放电检测	是
3.9	风力发电机组装	3	综合	组装水平轴永磁同步发电机组	是
3.10	侧风偏航装置组装	2	综合	完成侧风偏航装置组装	是
3.11	模拟风场测试	2	综合	完成模拟风场的测试	是

序号	实验名称	实验时数	实验类型	内容提要	是否为必修
3.12	逆变器的参数测试	2	设计	实测逆变器的基波、SPWM、死区等波形	是
3.13	逆变器的负载安装与调试	2	设计	安装逆变器、逆变电源控制单元	是
3.14	风力机输出特性测试	2	综合	实测风力发电机的输出特性	是
3.15	发电系统控制程序设计	2	设计	设计合理的控制程序	是
3.16	监控系统的通信	2	设计	制作上位机与各单元的通信线缆，实现通信	是
3.17	燃料电池基本理论讲解	2	综合	了解燃料电池的基本原理，熟悉实验台结构和软件的使用	是
3.18	燃料电池负载演示实验	3	综合	观察燃料电池在空载和运行负载时的电压、电流和功率	是
3.19	燃料电池阻性负载实验	3	综合	通过实验了解燃料电池转化为电能后与阻性负载的关系	是
3.20	燃料电池感性负载演示实验	3	综合	掌握燃料电池的化学能量转换成电能后的电源性质	是
3.21	燃料电池与电子负载定电压模式实验	3	设计	了解燃料电池作为负载使用时，不同电压模式下的电流，功率和电阻变化	是
3.22	燃料电池与电子负载定电流模式实验	3	综合	了解燃料电池作为负载使用时，不同电流模式下的电流，功率和电阻变化	是
3.23	燃料电池与电子负载定功率模式实验	3	综合	了解燃料电池作为负载使用时，不同功率模式下的电压、电流和电阻变化	是
3.24	燃料电池与电子负载定电阻模式实验	3	综合	了解燃料电池作为负载使用时，定功率模式下的电压，电流和电阻值	是
3.25	手动控制燃料电池实验	3	综合	了解风机开度和放气周期对燃料电池的影响	是
3.26	燃料电池恒温模式实验	3	综合	了解温度和放气周期对燃料电池的影响	是
3.27	操作考试与期末实验设计	3	综合	考察燃料电池综合技术的各项技能掌握程度	是

4. 教学方式、考核方式及要求

严格按照培养计划，按照 2～3 人一个小组，采取班长与授课教师负责制，进行上述实习技术实验。由班长具体实施负责，班长对各实验小组长负责，实验小组长对各小组成员负责，实行逐级负责与领导管理方式，并由授课老师统一协调与管理；通过考查方式，主要是以实验平时表现与实验报告相结合进行考核。

5. 教材与参考书

(1) 教材:《实验实践教学方案与报告》(自编)。

(2) 参考书:《风光互补发电系统实验指导书》、《燃料电池发电系统实验指导书》。

7.3 光电信息科学与工程专业的实践环节介绍

7.3.1 光电信息科学与工程专业的实践环节

本专业实践环节分六个模块:普通物理实验、近代物理实验、光电技术实验、光电信息技术实验、光电课程设计、毕业设计。实践环节的时间跨度为四年,从第一学期开始,到第八学期结束。先是进行普通物理实验、近代物理实验,然后是光电技术实验、光电信息技术实验、光电课程设计,最后是毕业设计。每个实验模块构建三个层次实践环节,即:基础型实验、综合型实验、设计研究创新型实验。通过基础实验,培训学生掌握基本实验技能;再通过综合型实验,提高学生综合实验能力,最后通过设计、研究、创新实验,提高学生的研究创新能力。

1. 普通物理实验

普通物理实验是学生进行科学实验基本训练的一门独立的、必修的基础课程,是应用物理学和光电信息科学与工程专业的学生进入大学后受到系统实验方法和实验技能训练的开端,是对学生进行科学实验训练的重要手段。通过该课程的学习,使大学生系统掌握力学、热学、电磁学、光学、原子物理学等实验的基本知识、基本方法和技能,使学生了解科学实验的全过程,培养与提高学生科学实验能力,为今后的学习和工作奠定良好的实验基础。同时把理论与实际、方法与技能结合起来,促使学生既动手又动脑,在实践中学习,培养创新精神和科学实验能力。提高学生的科学素养、实事求是的科学作风和严肃认真的工作态度,遵守纪律、爱护公共财产的优良品德。

实验项目:46 个,其中基本实验占 58.7%;设计综合实验占 41.3%。

实验项目有:用拉伸法测定金属丝的杨氏模量、转动惯量的测定、用焦利秤测液体表面张力系数、气垫导轨研究物体的运动、动态悬挂法测固体的杨氏模量、液体的粘滞系数测定、固定均匀弦振动实验、波尔共振仪研究受迫振动、空气比热容比测定、导热系数的测定、螺线管轴向磁场测定、示波器的使用、电位差计的原理和使用、用电位差计校准电流表、电子荷质比的测量、自组电桥及箱式电桥的使用、电表的改装与校准、PN 结正向压降温度特性实验、RC 串联谐振特性的研究、智能磁滞回线测试、LRC 电路的稳态特性的研究、伏安法测非线性电阻、光电效应测定普朗克常数、分光计的调整和使用、光栅特性的研究、迈克尔逊干涉仪的调整和使用、光的等厚干涉实验、三棱镜的折射率和角色散率的测定、测量钠黄双线的波长差、单缝衍射光强分布的测定、平行光管的调节和使用、激光椭圆偏振仪测薄膜厚度和折射率、偏光显微镜研究单轴晶体的正负性、光学度盘旋光仪测溶液的浓度、小型棱镜摄(读)谱仪测波长、反射式单射仪的定标和测吸收光波长、薄透镜焦距的测量、空气折射率的测定、简易欧姆表的设计、弹簧简谐振动的研究、楼梯灯延时电路制作、断线式防盗报警电路、水位控制器电路制作、扩音器电路制作、测定透明液体的折射率、数字电压表的制作与应用。

2. 近代物理实验

近代物理实验是继普通物理实验后的一门重要的基础实验课程,主要由在近代物理学发展中起过重要作用的著名实验,以及体现科学研究中不可缺少的现代实验技术的实验组成。它所涉及的物理知识面广,是理论课程学习与实践相结合的一门课程。通过该课程的学习,能使学生受到著名物理学家的物理思想和探索精神的熏陶,激发学生的探索、创新精神。通过这些实验的训练,学生可进一步了解近代物理的基本原理,学习科学实验的方法、科学仪器的使用和典型的现代实验技术,进一步培养学生严谨的科学作风、从事科学研究的基本能力和综合素质。

开设实验项目:23 个,其中基本实验占 43.5%;设计综合占 26.1%;研究创新占 30.4%。

实验项目有:高温超导材料 R-T 特性研究、电子衍射实验、塞曼效应实验、金属钨逸出功测定、铁磁材料居里点测试、弗兰克-赫兹实验、光栅光谱仪测氢的同位素位移、用油滴仪测电子电荷、全息照相实验、光拍频法和光速的测量、脉冲核磁共振、晶体的磁光效应、蒸汽冷凝法制备纳米微粒、半导体变温霍尔效应、巨磁阻材料的磁阻效应、XRD 衍射、原子力显微镜实验、全息透镜的制作与分析、全息光栅的制作与分析光栅光谱仪测同位素位移、超声光栅测声速实验、光电效应实验、双光栅微弱振动测量仪、压电陶瓷特性及振动的干涉测量。

3. 光电技术实验简介

光电技术实验包含光电技术实验 1、光电技术实验 2、光电技术实验 3。

“光电技术实验”课程是高等学校光电信息科学与工程、应用物理学专业中培养学生光电信息技术应用能力和创新能力的一门主干学科实践课,是学习专业课程和从事光电信息技术应用和研究的必备基础。本课程的任务是使学生对光电技术的基本概念、原理和方法有较全面的认识和系统的了解,初步掌握光电技术的理论、分析与计算,以及科学思维与研究方法,提高学生独立获取知识的能力和综合分析光电问题的能力,为今后从事光电领域的研究和工作打下必要的技能基础。

“光电技术实验 1”课程内容包含戴维南定理和诺顿定理、电压源与电流源的等效变换、受控源特性测试、RC 一阶电路的动态过程研究实验、二阶动态电路响应的研究、RLC元件在正弦电路中的特性实验、RLC 串联谐振电路的研究、双口网络测试、RC 选频网络特性测试、电子设计制作、电路仿真实验等。

“光电技术实验 2”课程内容包含常用电子仪器使用练习、用万用表测试二极管和三极管、单级放大电路、场效应管放大器、两级放大电路、负反馈放大电路、差动放大电路、比例求和运算电路、积分与微分电路、波形发生电路、有源滤波器、电压比较器、集成电路 RC 正弦波振荡器、模电电路设计与制作、模电电路仿真实验等。

“光电技术实验 3”课程内容包含门电路电参数的测试、门电路逻辑功能及测试、组合逻辑电路、触发器、集成计数器及寄存器、译码管和数据选择器、波形产生及单稳态触发器、555 时基电路、模数与数模转换电路实验、智力竞赛抢答器电路、数字电路设计与制作、数字电路仿真实验等。

4. 光电信息技术实验

光电信息技术实验简介包含光电信息技术实验 1、光电信息技术实验 2。

"光电信息技术实验"课程是高等学校光电信息科学与工程、应用物理学专业中培养学生光电信息技术应用能力和创新能力的一门主干学科实践课，是学习专业课程和从事光电信息技术应用和研究的必备基础。本课程的任务是使学生对光电信息技术的基本概念、原理和方法有较全面的认识和系统的了解，初步掌握光电信息技术的理论、分析与计算，以及科学思维与研究方法，提高学生独立获取知识的能力和综合分析光电问题的能力，为今后从事光电领域的研究和工作打下必要的技能基础。

"光电信息技术实验 1"课程内容包含传感技术实验、光电传感技术实验、光纤传感技术实验、液晶光阀信息光学综合实验、现代通信原理实验等。

"光电信息技术实验 2"课程内容包含：晶体的电光效应、晶体的声光效应、激光光信息技术研究实验、光谱测量(傅立叶变换光谱，半导体激光光谱测量)、傅里叶光学的空间频谱与空间滤波、图像加减、数字全息设计与研究实验、光电四象限准直实验、光纤光栅传感研究实验、光电检测电路设计与制作、光纤传感设计与制作、光纤通信技术实验等。

5. 光电课程设计

"光电课程设计"课程是高等学校光电信息科学与工程、应用物理学专业中培养学生光电信息技术应用能力和创新能力的一门主干学科实践课，是学习专业课程和从事光电信息技术应用和研究的必备基础。

光电课程设计内容包含单片机应用设计、数字全息设计与应用、光电检测设计、光学镜头设计、光纤跳线设计与制作、光纤耦合器设计与制作、光通信仿真与设计、无线传感器及物联网设计、3D 显示设计、3D 扫描与打印设计、光纤传感设计、全站仪综合设计实验等。

本课程的任务是使学生对光电信息技术的基本概念、原理和方法有较全面的认识和系统的了解，初步掌握光电信息技术的理论、分析与计算，以及科学思维与研究方法，提高学生独立获取知识的能力和综合分析光电问题的能力，为今后从事光电领域的研究和工作打下必要的技能基础。

7.3.2　光电信息技术实验室与典型仪器简介

1. 光电信息技术实验室简介

光电信息技术实验室主要面向光电信息科学与工程专业，以及应用物理学转专业的学生开设专业相关实验。现有实验室面积 350 m²，仪器设备总值 400 万，设备数 500 台件，10 万元以上设备有 2 台。

光电信息技术实验面向光电行业需求，构建完整的实验培养框架，努力培养掌握光电信息技术的人才。实验内容涵盖光电电子技术、信息光学技术、光电检测技术、光通信技术、3D 测量与打印技术等。通过对光电产品和仪器的分析，帮助学生建立一个完整光电产品(仪器)认识，从设计、制作、测试、调试等环节入手，把握光电产品(仪器)的整体结构和功能，努力实现设计要求。

该实验室具有一支具有丰富科研和教学经验的教师队伍，一个光电硕士点——光机电信息技术及仪器。具有先进齐全光电实验设备与环境，覆盖了光电电子技术、光电信息技术、激光技术、光纤通信技术、光学镜头加工制作技术、光通信无源器件制作技术、光学 3D 测量与打印技术、物联网与无线传感技术等实验项目。具有光信息处理、光电检测与处理、光学镜头设计加工、光通信无缘器件设计加工实验条件，实验室教师承担多项国家、省部级研究课题。实验室自主编写实验讲义 10 本。

实验室老师自制光电信息技术仪器有：光探头级光功率检测器、小型光传输电路设计、小型手机充电器、小型数码显示温度计、小型波浪发电机、车载全景监控器等。

实验室从一年级就开始对本专业学生开展课外实践、研究创新、就业实践等培训，重点培训光电电子技术、光学镜头加工制作技术、光通信无源器件设计制作技术，努力提高他们的实践动手技能。通过开展交互式的课堂实验教学和课外实验教学，以及通过实习基地、开放实验室、研究课题驱动、组建研究团队、竞赛活动等措施，鼓励引导学生自主做实验、开展科研创新。通过定制实验技能培训模块，采取一对一或小团队形式，培训和提高学生实验动手技能。

实验室支持专业学生开展课外科研与竞赛，已获得国家创新培训项目两项，浙江省大学生科技创新项目暨浙江省新苗人才计划十项；获得全国光电大学生设计竞赛三等奖两项、浙江省大学生物理科技创新竞赛一等奖四项。

2. 光电信息技术典型仪器简介

(1) 光电技术实验箱：可完成电路分析实验、模拟电路实验、数字电路实验，如图 7-1 所示。

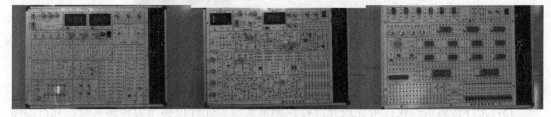

图 7-1　光电技术实验箱

(2) 传感技术实验仪：可完成压力、温度、电磁传感实验，如图 7-2 所示。

图 7-2　传感技术实验仪

(3) 光电传感实验仪：可完成光电器件、光电传感、光纤传感实验，如图 7-3 所示。

图 7-3　光电传感实验仪

(4) 激光技术信息光学实验平台：可完成激光检测、信息光学实验，如图 7-4 所示。

图 7-4　激光技术信息光学实验平台

(5) 光纤传感实验仪：可完成光纤特性测量实验、光纤位移压力传感实验、光纤温度传感实验，如图 7-5 所示。

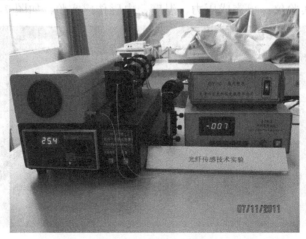

图 7-5　光纤传感实验仪

图 7-6～图 7-23 所示为光电信息技术的典型实验仪器。

图 7-6　光纤光栅传感实验仪

图 7-7　全息测位移、振动实验平台

图 7-8　光全息综合实验平台

图 7-9　光学信息安全实验平台

图 7-10　光纤调制实验平台

图 7-11　几何光学综合实验平台

图 7-12　线扫描三维测量仪

图 7-13　三维光学测量与实时显示实验系统

图 7-14　3D 打印机

图 7-15　激光和光学测绘测量系统

图 7-16　光纤跳线制作系统

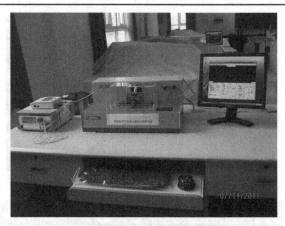

图 7-17　熔融拉锥光纤耦合器制作系统

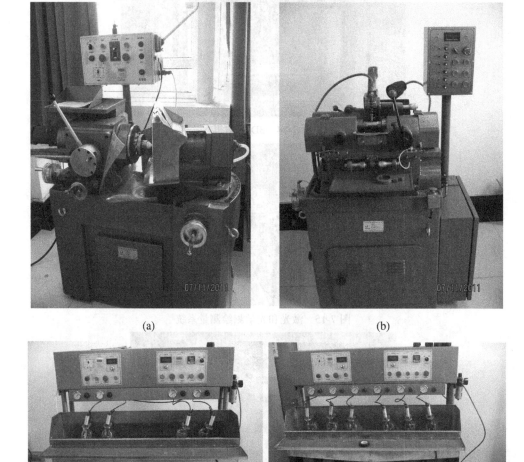

(a)　　　　　　　　　　　　　　(b)

(c)　　　　　　　　　　　　　　(d)

图 7-18　光学镜头加工制作系统

图 7-19 现代通信原理综合实验箱

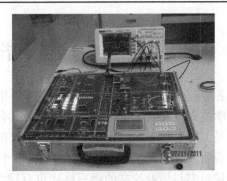

图 7-20 光纤通信综合实验箱

图 7-21 ZDreid 3G 移动互联网应用平台

图 7-22 物联网 RFID 教学实验系统　　图 7-23 ZWireless 无线传感器网络实验箱

7.4　毕业论文

各专业学生均需完成毕业论文。本科毕业论文是本科学生毕业前提交的一份旨在取得学士学位而撰写的学位论文，也是一份具有一定理论和实际价值的学术论文；本科毕业设计则是工科学生毕业前提交的一份旨在取得学士学位而进行的工程设计，其撰写的为毕业设计说明书。本科毕业设计(论文)的内容千差万别，文科与理工科的要求明显不同，毕业设计说明书与毕业论文的撰写格式也有较大的差别。但是，就本科毕业设计(论文)的写作规范和格式而言，仍然是类似的。

为了提高学士学位论文的质量，做到学位论文在内容和格式上的规范化与统一化，根据由国家标准局批准颁发的 GB 7713—1987《科学技术报告、学位论文和学术论文的编写格式》，参考省教育厅组织编撰的《普通高等学校本科毕业设计(论文)指导》，特作如下规定：

论文或设计说明书内容一般应由八个主要部分组成，依次为：题目，中、英文摘要，关键词，目录，文本主体，致谢，参考文献，附录(必要时)。各部分的具体要求如下。

1．题目

题目应该用极为精炼的文字把论文的主题或总体内容表达出来。题目字数一般不宜超过 20 个汉字。有特殊要求的，如为了给题目加以补充说明，或为了强调论文所研究的某一个侧面等，则可加注副标题。

2．中、英文摘要

本科毕业设计(论文)摘要包含中文摘要与英文摘要两种。论文摘要以简要文字介绍研究课题的目的、方法、内容及主要结果。在论文摘要中，要突出本课题的创造性成果或创新见解。中文摘要一般不超过 400 个汉字，英文摘要的内容则要与中文摘要相一致。

3．关键词

本科毕业设计(论文)关键词包括中文与英文两种。关键词是表述论文主题内容信息的单词或术语，其数量一般为 3~6 个。每一个英文关键词必须与中文关键词相应。

4．目录

目录是论文各组成部分的小标题，文字应简明扼要。一般来说，本科毕业设计(论文)目录按三级标题编写，应标明页数，以便阅读。目录中的标题应与正文中的标题一致。目前通用的标题次序结构有以下两种，文科类一般采用第一种，理工科类一般采用第二种。

第一种次序：一、(一)、1……

第二种次序：1.、1.1、1.1.1……

5．文本主体

本科毕业设计(论文)正文要符合一般学术论文的写作规范，要求文字流畅、语言准确、层次清晰、论点清楚、论据准确、论证完整严密，有独立的观点和见解，应具备学术性、科学性和一定的创造性。毕业设计(论文)文本主体一般不得低于 15000 个汉字。

　　文本主体一般包括引言(或称前言、序言等)、正文和结论三部分。引言宣示课题的"来龙",说明本课题的意义、目的、主要研究内容、范围及应解决的问题。也有的本科毕业设计(论文)正文不用引言,而是直接从第一章写起,则第一章就相当于引言。

　　正文是毕业设计(论文)的核心。在正文里,作者要对课题的内容和成果做详细的表述、深入的分析和周密的论证。毕业论文的正文一般包括前人对课题研究的进展综述、理论分析、本课题进行的研究工作的内容、研究成果、总结和讨论等内容;毕业设计说明书的正文一般包括方案论证与比较、理论分析及计算、结构设计及软件设计、系统测试、方案校验等。对于不同学科的毕业设计(论文),其正文论述的方式和内容也有所不同,这里不作具体说明,详见《普通高等学校本科毕业设计(论文)指导》。

　　结论是全文的思想精髓和文章价值的体现。应概括说明所进行工作的情况和研究成果,分析其优点和特色,指出创新所在,并应指出其中存在的问题和今后的改进方向,特别是对工作中遇到的重要问题要着重指出,并提出自己的见解。它集中反映作者的研究成果和总体观点,阐明课题的"去脉"。结论要简单、明确,措词严密,篇幅不宜过长。结论部分可以用"结语"、"结束语"等标题来表明,也可以不用标题表明。

6. 致谢

　　简述自己通过做毕业设计(论文)所获得的体会,并对指导教师以及相关人员致谢。致谢的文字虽不多,却是论文不可缺少的内容。

7. 参考文献

　　参考文献是毕业设计(论文)不可缺少的组成部分,也是作者对他人知识成果的承认和尊重。参考文献的引用和著录应符合规范,引用的资料具有权威性,并对毕业设计(论文)有直接的参考价值。所列出的参考文献不得少于 10 篇,其中外文文献不得少于 2 篇,发表在期刊上的学术论文不得少于 4 篇。参考文献应按文中引用出现的顺序来编序,附于文末。

8. 附录

　　附录包括不宜放在正文中但又直接反映工作成果的资料,如调查问卷、公式推演、编写程序、实验数据等内容。附录的篇幅不宜过大,若附录部分内容较多,可单独装订成册。

　　另外,毕业论文还有专门的格式要求,以后专题和大家讨论。

第 8 章　新生生涯规划

本章主要是让新生认识到生涯规划的意义，初步了解新生所在行业和专业的职业发展前景、发展机会，适时调整自己对大学的预期与计划，为接下来的大学精彩生活而努力奋斗。

大学生活已经开始，你们开始生涯规划了吗？

生涯这个词听起来既熟悉又陌生。熟悉，是因为我们经常能够听到谁谁的篮球生涯怎么样了，谁的政治生涯怎么样了……生涯这个词经常被用到，但是很少有人真的知道什么是生涯。美国著名生涯研究专家舒伯(SUPER)认为，生涯是指一个人在一生中所扮演的角色的综合及结果，这些角色包括子女、学生、休闲者、公民、职业人、配偶、家庭人员、父母、退休者九项。简单地说，生涯不仅仅是一份职业或工作，也是决定人们怎样生活且贯穿一生的过程。生涯规划是指人们对其一生中所承担角色相继历程的预期和计划，其作用在于为生涯找出目标，并计划好达成目标而采取的行动。

对于刚考入大学的你们，"大学生"就是你们新的生涯角色名称。然而说到规划，从小学到高中，你们基本不需要自己规划自己，因为路已经被家长和学校铺好，你们只要埋头努力就行。经历了千军万马过独木桥的高考，拿到录取通知书的那一刻，相信很多人开始对未来的大学生活抱有众多期许：部分同学把大学想像得很美好，高中老师的那句"考上大学就好了"曾伴随你们度过了中学生活，然而当梦想照进现实，你们接下来会逐渐感受到现实与梦想之间的差距。

你们为什么会感受到压力呢，那是因为你们已经开始进入了一个全新的环境和阶段。也许你们带着新鲜和好奇开启了大学生活的第一页，然而面对学习、生活、人际关系、情感、工作、社会实践，这些纷繁复杂的事情井喷一样地出现在你们面前时，你们也许会感受到身边少了父母和亲朋好友的照料和庇护还真有点不适应。当你们要学会不同程度地独立面对生活时，那种郁闷、忙乱、困惑以及之后的迷茫，就不期而至了。也许这时，就需要你们尽快调整自己，早日融入大学，规划自己的行动，为自己在大学的发展奠定基础。

大学生活很新鲜，生涯规划离你们真的很遥远？

生涯规划包括学业、生活、工作等诸多方面。对于大学新生这个群体，谈到职业、工作，很多学生都觉得非常遥远，"那是很久以后的事情"，好不容易熬过高中、考上大学，为何一进校就要思考就业这么严肃的事情，现在就想着将来出路似乎有点不合时宜。然而理智地讲，如果不清楚将来要做什么和怎么做，大学的路又怎能走得踏实而精彩呢？

大一新生对于生涯规划的陌生和抗拒，很值得理解；然而将来要做什么，会决定了大学期间怎样做正向积累，去赢得未来人生赛场上的幸福和成功。不妨来看看过来人的经验和教训吧。我们通过对毕业生的调查，发现大学生在求职准备方面呈现出几个明显倾向：第一，在职业能力的自我评估上，许多大学生存在高估或低估的倾向，呈现出明显偏差；第二，在职业信息的了解上，大学生们过于关注职业是否符合自身需要，却忽略了职业要求与自身素质的匹配程度；第三，在职业准备的投入上，大多数学生比较被动。而以上这些偏差大多是因为他们在大学阶段没有做好生涯规划或者说在大学期间没有提前做好相应的准备造成的。于是，作为生涯老师的我们一直在思考："对于新生，我们能否做点什么？"如何能找到一个好的切入点开展生涯教育，以此来促使学生认真规划自己的大学学习和生活。

通过以往给新生上生涯规划课、做职业咨询，我们发现了一个有趣的现象，就是尽管新生觉得职业生涯太遥远，但谈到怎样过好大学生活，每个大一新生都有自己的想法。下面就让我们来解读一些现象，也请各位新生自己体会下是否有同感。

现象一：很多新生对大学生活有瑰丽的憧憬：既想读书又想玩，既想学习又想恋爱，有太多事情想尝试，想当班干部还怕耽误时间，想轻松快乐还想成绩好。很多大一新生的典型心理是：我什么都想要。

解读：什么都想要，就是不知道是否都如愿，生命资源是有限地，毫无聚焦地"逛大学"可以收获眼前的快乐，但大学阶段是要为下一个人生阶段：走入社会就业服务的，如果这个阶段没有定向的积累，那你将来的步入社会打拼的优势在哪里。

现象二：也有不少新生没想过太多，对于大学生活有点迷茫，脑袋里写满了问号，不知道大学生活怎样过。

解读：没有目标就需要我们去探索目标。很多迷茫期的人都会问：我要怎么走下面一段路？而我们总是下意识地说一句：怎么走，取决于你要到哪里去。

现象三：而有些新生一心读书，将来考研、出国。未来几年，他们想要一个什么样的生活，对他们而言最重要的是什么。

解读：看上去他们是最省心的一批学生，目标笃定，思路清晰。但实际的职业生涯咨询中，不少人并非看上去那么坚定。深造是为将来职业发展服务的，还是逃避压力？我们还得帮助学生看清楚来路。

现象四：有些新生带着各种各样的不情愿，一幅"被逼上学"的无奈。

解读："抱怨"是现代社会的常见情绪问题。我们经常会问一个问题：假设没有了父母之命、亲友建议，你们是否有更好的选择？你们会做出什么选择？

现象五：不少学生来到大学，却带来了深深的自卑。

解读：有人还没从高考目标大学失利的阴影中走出来，有人家境拮据，有人和同学的特长相比产生了挫败……不妨问：如果羡慕别人，那么为了得到羡慕的东西，那么你愿意做些什么？如果高考留下了一些遗憾，如何不让这个遗憾继续？

以上大一新生的这现象不尽相同，但仔细看来，会发现这些现象的背后又有着相同的期待，有个共同的声音在询问：大学这段路我要怎么走？这句话也是大学生生涯规划里最常见的问题。规划好了大学几年的学习、生活，自然毕业工作的时候，也会有更多的筹码去应对职场的挑战。如果新生觉得生涯规划还有些遥远，那我们就从唤醒生涯意识入手来谈谈新生的大学规划。

你们的生涯规划，从生涯意识的唤醒开始！

通过调查我们发现，大一新生面临的生涯问题主要集中在对自己未来的迷茫，一方面，多年的中小学教育使大多数学生已经把"完成老师交付的学习任务"作为了自己的全部目标，而失去了对个人理想从长远性与个性化等角度的思考机会；另一方面，由于生涯规划意识的薄弱，使得上大学之前，学生没有太多思考过自己上大学的真正目的。

如果不能及时把学习与自己的生涯理想有效结合起来，也就是把学习变为"自己的事情"，不仅会造成学习动力缺乏，学习效果不良，还会出现长期处于迷茫状态而带来的对学习失去兴趣、沉迷网络游戏和娱乐、消极思维等适应不良。为此，对于新生的生涯规划，我们特别选择从生涯意识的唤醒开始。在这里，我们需要新生在课堂上完成几项填空题，主要表现为要完成两个核心主题环节："转化"与"开启"的问答。在完成这个项目之前，有必要介绍下何为生涯规划中的"转化"和"开启"。

所谓转化，就是希望你们能清楚地意识到大学生活与高中生活之间的差别。可以说，大学之前，只需要行动，因为目标基本是由老师和家长来确立的，只要做到"听话"就会有明确的期待可以实现。而大学与中学的差别不仅包括更多的独立自主性，还有随之而来的自我责任感，这需要学生一方面增加对时间分配的意识，另一方面要明白自我管理的重要性，以此来增强大学适应能力。

所谓开启，就是希望新生清楚无论大学之前经历了什么，也无论大家是怎样来到大学的，那些都已经成为过去，人生从此翻开了新的一页，所有人经历了一次"大洗牌"之后，再次站到了新的起跑线上。新的跑道上，没有了随时的监督，也没有了高频度的考核，更没有固定的终点。每个人都需要有一个属于自己的理想作为目标或者心里的终点来指引接下来的行动。基于自己的理想，才有可能去做好有效的选择，而这些选择中有课程的选择，有时间的分配，还有更多的自我决策，等等。

根据转化和开启这两个环节，我们分别介绍生涯转化之盾和理想之旅这两种工具给大家使用(见表 8-1 和表 8-2)，来做好生涯规划。

(1) "转化"环节：生涯转化之盾。

生涯转化之盾分为两个部分，一个是对高中生活的回顾，另一个是对大学生活的期待。在对自己高中生活回顾和总结的部分中，希望你们发现"这些事件之间有哪些相似或者相关性"、"通过对自己高中生活主要经历的回顾，你有哪些发现"、"通过刚才的讲述和分享，你有哪些思考"，从而增加对自己和对别人的理解。另一部分内容是对大学生活的期待，不仅包括学业上的期待，还需要有人际关系，自我成长，兴趣发展，性格完善等方面。最后部分是总结分析。

(2) "开启"环节：理想之旅。

每个人都有理想，有的人理想一直很固定，有的人理想会不断发生一些变化，而有的人理想一直是模糊不清的。我们认为，真正的理想对现实的行动具有很好的指引方向、激励意志的作用。通过对理想发展过程的回顾，希望大家重新找到自己的理想，并且利用目标分解原则，逐渐从遥远理想(长远)到近期理想(3~5 年)，再从近期理想到当前计划(本学期、本月、本星期)，使理想逐渐清晰化，并且具有真正的指引与促进作用。

表 8-1　生涯转化之盾

生涯转化之盾
从高中到大学，我们的人生发生了新的转折，对过去经历的总结，有助于我们更好地了解自己，也有助于我们更好的发展未来。请认真完成下面的栏目，并和他人展开分享讨论，看一看，你有哪些新的发现。
假如用 3～5 个关键词来概述我的高中生活，那是：

高中时我最快乐的一件事：	高中时我最自豪的一件事：

高中时我最难忘的一件事：	高中时我最遗憾的一件事：

假如用 3～5 个关键词来概述我对大学生活的期待，那是：

表8-2　理想之旅

理想之旅
经历了高考，我们来到了大学。高中学习的目标视乎就是"考上大学"，这个目标曾经激励着我们为之刻苦努力。而今，这个目标已经成为了过去，面对未来，我们需要有新的目标来指引我们的行动。请认真完成下面的栏目，并和他人展开分享讨论，看一看，你有哪些新的发现。
很小很小的时候，我的理想是：＿＿＿＿＿＿＿＿＿＿＿＿＿＿＿＿＿＿＿＿＿＿＿＿＿＿ 　　天真烂漫的小学，我的理想是：＿＿＿＿＿＿＿＿＿＿＿＿＿＿＿＿＿＿＿＿＿＿＿＿＿ 　　初中的花季雨季，我的理想是：＿＿＿＿＿＿＿＿＿＿＿＿＿＿＿＿＿＿＿＿＿＿＿＿＿ 　　高中的奋斗岁月，我的理想是：＿＿＿＿＿＿＿＿＿＿＿＿＿＿＿＿＿＿＿＿＿＿＿＿＿ 　　现在，来到大学，我的理想是：＿＿＿＿＿＿＿＿＿＿＿＿＿＿＿＿＿＿＿＿＿＿＿＿＿ 　　以上这些理想的同通之处是：＿＿＿＿＿＿＿＿＿＿＿＿＿＿＿＿＿＿＿＿＿＿＿＿＿＿ 　　通过这样的探索，我发现：＿＿＿＿＿＿＿＿＿＿＿＿＿＿＿＿＿＿＿＿＿＿＿＿＿＿＿ 　　基于现实，我想到实现自己理想的具体计划有：＿＿＿＿＿＿＿＿＿＿＿＿＿＿＿＿＿ ＿＿＿ ＿＿＿ ＿＿＿ 　　在实现理想的过程中，我渴望获得的支持是：＿＿＿＿＿＿＿＿＿＿＿＿＿＿＿＿＿＿ ＿＿＿

　　生涯转化之盾和理想之旅这两个环节，需要课堂上的同桌或者室友一起参与完成，这样才有比较和分享。这样做的目的是为了理清自己的发展思路，唤醒生涯意识。通过生涯转换之盾，重温高中的特殊事件，增加对自己过去的了解。对于这个部分，如果有小组讨论也可以增加新生之间的互相理解。通过理想之旅，在对自己理想的回顾中也许会发现，自己的理想很多时候并没有根本的变化，所不同的只是随着自己的成长，对于理想的表现形式发生了一些改变。我们希望借助此类活动，促使新生由此产生"从此踏入崭新的征程，并且开始为自己的期待去行动"的意识。

▌ 当前大学生就业形势与就业去向解读

　　本讲的最后一块内容，我们会讲授当前大学生就业形势与就业去向解读，即针对新生专业的就业和创业前景分析、往届学生就业或考研及出国情况分析等，但这个模块的讲授，我们将邀请有关师生到新生导论课的课堂上现身说法，互动交流及分享。

　　最后，我们希望新生经常使用 5 个 "W" 的思考模式，既在今后的大学生活中，时常问自己：我是谁？我想干什么？我能干什么？环境支持或允许我干什么？我最终的职业目标是什么？这样做的初衷是希望你们在 "衡外情，量己力" 的情形下，提醒自己要努力去开创在大学的精彩人生。新生，多么亲切的一个称呼。所谓新，一方面代表着新鲜、新颖，另一方面也代表着对旧的一种挑战。所以，就请你们微笑着面对这一切的不一样，以崭新的面孔、崭新的思想、崭新的行动去迎接大学里的每一次挑战吧！

参 考 文 献

[1] 娄兆文，甘永超，赵锦慧，等，自然科学概论[M].北京：科学出版社，2012

[2] 刘华，梅光泉. 自然科学概论[M]. 北京：北京海洋智慧图书有限公司，2002

[3] 王永昌. 近代物理学[M]. 北京：高等教育出版社，2006

[4] 卡普拉. 现代物理学与东方神秘主义[M]. 成都：四川人民出版社出版(走向未来丛书)，1984

[5] 伊萨克·牛顿. 自然哲学的数学原理[M]. 王克迪，译. 西安：陕西人民出版社，2001

[6] 伊夫斯. 数学史概论[M]. 李文林，译. 哈尔滨：哈尔滨工业大学出版社，2009

[7] 哈里·亨德森. 数学：描绘自然与社会的有力模式[M]. 王正科，赵华，译. 上海：上海科学技术文献出版社，2008

[8] 黄可心. 科学带你走向未来. 计算机[M]. 长春：吉林教育出版，2000

[9] 杨洋. 对数学学科性质的再认识(N). 2011

[10] 苏德矿. 中美大学数学教育研究之比较(N). 2011

[11] 林夏水. 论数学的本质[J]. 哲学研究，2000，23 (9)：66-70

[12] 林夏水. 数学本质·认识论·数学观——简评"对数学本质的认识"[J]. 数学教育学报，2002，11(3)：26-29

[13] 孙宏安. 对"数学是什么"的哲学思考[J]. 大连理工大学学报：社会科学版，2001，22(3)：36-40

[14] 周光照. 中国大百科全书·物理学[M]. 2 版. 北京：中国大百科全书出版社，2009

[15] 约安·詹姆斯，戴吾三，戴晓宁. 物理学巨匠—从伽利略到汤川秀树[M]. 上海：上海科技教育出版社，2014

[16] 倪光炯. 改变世界的物理学[M]. 上海：复旦大学出版社，2005

[17] 霍布森，秦克诚，刘培森，等. 物理学的概念与文化素养[M]. 北京：高等教育出版社，2008

[18] 梁宗巨，王青建，孙宏安. 世界数学通史(上、下册)[M]. 沈阳：辽宁教育出版社，2004

[19] 王青建. 数学史简编[M]. 北京：科学出版社，2004

[20] 张奠宙. 数学史选讲. 上海：上海科学技术出版社，1997

[21] J.F.斯科特. 数学史[M]. 侯德润，张兰，译. 桂林：广西师范大学出版社，2002

[22] 卡茨. 数学史通论[M]. 李文林，等，译. 北京：高等教育出版社，2004

[23] H. 伊夫斯. 数学史概论[M]. 欧阳绛，译. 太原：山西经济出版社，1986

[24] 李迪. 中外数学史教程[M]. 福州：福建教育出版社，1993

[25] 王幼军. 数学发展简史[R]. 2010

[26] 英国用数学方法研究医学[N]，中华医药报，1999-01-30.

[27] Adrian.E.Rafyery.统计学在社会学中的应用 1950—2000：一个简要的回顾[R].北京大学社会调查研究中心.2006-12-23.

[28] F.C.Hoppensteadt，C.S.Peskin. Mathematics in Medicine and the Life Sciences[M].

Springer-Verlag，1997

[29] 金哲. 数学向哲学社会科学渗透的新趋向[J].社会科学. 1990(6)

[30] 敬志伟. 数学化：当代哲学社会科学发展的必然趋势[R]. 2014

[31] 郭奕玲，沈慧君. 物理学史[M]. 北京：清华大学出版社，2005

[32] 弗·卡约里，戴念祖，范岱年. 物理学史[M]. 南宁：广西师范大学出版社，2008

[33] 胡化凯. 物理学史二十讲[M]. 合肥：中国科学技术大学出版社，2009

[34] 郭奕玲，沈慧君. 诺贝尔物理学奖一百年[M]. 上海：上海科学普及出版社，2002

[35] 杨禾. 改变世界的 100 大科学发现[M]. 武汉：武汉出版社，2008

[36] 杭州电子科技大学教务处. 杭州电子科技大学本科专业培养方案(2015 版)

[37] 浦昭邦. 光电测试技术[M]. 北京：机械工业出版社，2010

[38] 苏显渝，李继陶. 信息光学[M]. 北京：科学出版社，2011

[39] 周海宪，程云芳. 全息光学——设计、制造和应用[M]. 北京：化学工业出版社，2006

[40] 张伟刚. 光纤光学原理及应用[M]. 天津：南开大学出版社，2012

[41] 郭建强. 光纤通信原理与仿真[M]. 成都：西南交通大学出版社，2013

[42] 张广军. 视觉测量[M]. 北京：科学出版社，2008

[43] 陈家璧. 激光原理及应用[M]. 北京：电子工业出版社，2008

[44] 刘均. 光学设计[M]. 北京：国防工业出版社，2014

[45] 李学海. PIC 单片机实用教程：基础篇[M]. 2 版. 北京：北京航空航天大学出版社，2007

[46] 李文峰. 光电显示技术[M]. 北京：清华大学出版社，2010

[47] 江月松，李亮，钟宇. 光电信息技术基础[M]. 北京：北京航空航天大学出版社，2005

[48] 钱惠国. 光电信息专业实践训练指导(21 世纪高等学校电子信息工程规划教材)[M]. 北京：清华大学出版社，2014

[49] 江月松. 光电技术与实验(高等教材) [M]. 北京：北京理工大学出版社，2000

[50] 王庆有. 光电信息综合实验与设计教程[M]. 北京：电子工业出版社，2010

[51] 陈瑜. 电子技术应用实验教程(综合篇)[M]. 成都：电子科技大学出版社，2011

[52] 姜启源，谢金星，叶俊. 数学模型[M]. 4 版. 北京：高等教育出版社，2011

[53] 杨启帆，谈之奕，何勇. 数学建模[M]. 杭州：浙江大学出版社，2006

[54] 韩中庚. 数学建模方法及其应用[M]. 北京：高等教育出版社，2005

[55] 谭永基，蔡志杰，俞文呲. 数学模型[M]. 上海：复旦大学出版社，2009

[56] 陈光亭，裘哲勇，等. 数学建模[M]. 2 版. 北京：高等教育出版社，2014

[57] 雷功炎. 数学模型讲义[M]. 2 版. 北京：北京大学出版社，2009

[58] 杭州电子科技大学教务处. 杭州电子科技大学本科课程教学大纲(2015 版)

[59] 北森生涯. 北森 Careeridea 创刊号：新生生涯教育专辑[EB/OL].